JN247031

工学系の
関数解析

小川英光［著］

森北出版株式会社

まえがき

物事を理解するためには，個々の事象に着目するのではなく，ある性質を満たす事象の全体を捕え，その集合のもつ構造に着目することが重要である．数学の世界でも同じことである．ある性質を満たす関数やベクトルや作用素の全体を考え，その集合のもつ構造に着目することによって，理解が格段に深まってくる．そのような構造は，大きく代数的構造と位相的構造に分けることができるが，この両者が融合したところに，関数解析とよばれる世界が開けてきたのである．

関数解析の守備範囲は広い．これまでにも，多くの関数解析の書籍が出版されてきた．それらは，微分方程式を目指すもの，ノルム環の理論を目指すもの，数値解析を目指すもの，制御理論を目指すものなど，それぞれに特徴をもっていた．本書は，広い意味での推定問題，あるいは，逆問題を目指すものになっている．すなわち，信号・画像の最適復元や，CT 画像再構成問題，標本化定理，機械学習，パターン認識などの問題を論じる際に必要となる関数解析の手法をまとめたものである．

ところで，数学の本には証明がつきものである．物理学や工学を目指す読者には，証明よりも，たとえばその定理がもっている意味を理解することを中心に考え，証明の部分を省いてしまう人がいるかもしれない．しかし，証明の部分はぜひ丁寧に読んでいただきたい．証明には 2 種類の役割がある．第 1 は，いうまでもなく，論理的な正しさを示すためである．しかし，論理的に正しい事柄しか書いてないはずであるから，この目的だけであれば，著者を信用することにすれば，証明を読む必要はなくなる．重要なことは，証明のもつ第 2 の役割である．それは，証明を読むことによって初めて，その定理を真に理解することができるということである．定理にはさまざまな条件がついている．それらの条件がなぜ必要なのか，それらの条件がどのような働きをしているのか，それらの条件が崩れたときどのような事態が生じるのか，それがわかってはじめて，なぜ定理が成立するのかということが理解できるのである．

本書は，東京工業大学の電気・情報系の学生を対象に行った講義に，大幅に加筆したものである．本書の執筆にあたり，東京工業大学の山下幸彦准教授には多くの貴重な意見をいただいた．それらの意見は，本書の随所に反映されている．記して感謝する．また，本書実現のために大変お世話になった森北出版株式会社の石田昇司氏と上村紗帆氏に感謝の意を表す．

2009 年 7 月

小川英光

目　次

第1章　線形空間

1.1　線形空間

まず，最も基礎的な代数的構造の一つである線形空間の話から始める．本書で述べる事柄はすべて，この線形空間の上に構築された理論である．

集合 X を考える．X の要素は，実数であっても複素数であってもよいし，ベクトルであっても関数であってもよい．集合の中身にこだわらないで，そこに導入された構造だけに着目するのが，現代数学の特徴である．そうすることによって，連立一次方程式と積分方程式を統一的に扱うことができるし，工学や物理学等，幅広い分野で威力を発揮することになる．なお，集合の要素を元とよんだり，点とよぶこともある．

定義 1.1 (線形空間)　集合 X の任意の 2 元 f, g と，任意の複素数または実数 a に対し，和 $f \oplus g \in X$ および積 $a \circ f \in X$ とよばれる演算が定義されていて，それらが次の条件 (i)〜(vii) を満たしているとき，X を**線形空間** (linear space) という．ただし，(i)〜(vii) において，f, g, h は X の任意の元であり，a, b は任意の複素数または実数である．

(i)　$(f \oplus g) \oplus h = f \oplus (g \oplus h)$　(和の結合律)

(ii)　任意の $f \in X$ に対して $f \oplus \theta = f$ となる元 $\theta \in X$ が存在する．(零元の存在)

(iii)　各元 $f \in X$ に対して，$f \oplus f' = \theta$ となる元 $f' \in X$ が存在する．(逆元の存在)

(iv)　$(ab) \circ f = a \circ (b \circ f)$　(積の結合律)

(v)　$1 \circ f = f$

(vi)　$a \circ (f \oplus g) = (a \circ f) \oplus (a \circ g)$　(分配律)

(vii)　$(a + b) \circ f = (a \circ f) \oplus (b \circ f)$　(分配律)

混乱の恐れがないときは，$f \oplus g$ を $f + g$ で表し，$a \circ f$ を af で表すことが多い．本書の第 1 章では，公理論的扱いに慣れていただくために $f \oplus g$ および $a \circ f$ を用いるが，第 2 章以降では，$f + g$ および af を用いることにする．

積 $a \circ f$ を f のスカラー倍という．X の元に掛けられる数 a の全体を**係数体** (field of scalars) という．係数体として実数全体 $\mathbf{R}$ を採用したとき，X を実線形空間 (real linear space) といい，複素数全体 $\mathbf{C}$ を採用したとき，複素線形空間 (complex linear space) という．多くの場合，複素線形空間に関する命題は，係数体を実数に限ることにより，そのまま実線形空間に対しても成立する．そこで以下では，主として複素線形空間について議論を進めていくことにし，これを単に線形空間とよぶことにする．なお，係数体としては，$\mathbf{R}$ および $\mathbf{C}$ のほかにも，代数学でいうところの体 (field) をとることもできる．

(i)〜(vii) を，線形空間の公理という．公理とは，理論の大前提になるものであり，線形空間に関する命題はすべて，(i)〜(vii) だけを使って証明しなければいけないのである．逆にいえば，こうして得られた種々の結果は，(i)〜(vii) の条件さえ満たされていれば，どのような対象に対しても適用できることになる．

(i)〜(iii) は和の演算に関する条件であり，線形空間が和に関して，代数学でいうところの群 (group) になることを示している．(iv) と (v) は積に関する条件である．しかしこれだけでは，和と積の 2 種類の演算がばらばらであり，同時に考える意味がない．両者を融合するものが，(vi) と (vii) の分配律である．

上の公理に現れる θ を**零元**といい，f' を f の**逆元**という．混乱の恐れがないときは，θ を 0 で表し，f' を $-f$ で表すことが多い．線形空間の公理では，零元と逆元に関しては，その存在しか要請していない．しかし，あとで示すように，この公理系の (i)〜(iii) により，それらは自動的に一意に定まってしまうのである．また，和の演算も自動的に可換になる．すなわち，交換律

$$f \oplus g = g \oplus f \tag{1.1}$$

が成立する．換言すれば，線形空間は和の演算 $\oplus$ に関して可換群 (commutative group) になっている．

これらの性質を示す準備として，次の補題を証明する．

□補題 1.2　線形空間 X の元に対して，次の関係が成立する．

$$f \oplus g = f \oplus h \quad \text{ならば} \quad g = h$$

証明　次の関係を示すことから始める．

$$f' \oplus f = \theta \tag{1.2}$$

$$\theta \oplus f = f \tag{1.3}$$

まず，式 (1.2) を示す．f'' を f' の逆元とする．線形空間の公理 (i)〜(iii) より，

$$f = f \oplus \theta = f \oplus (f' \oplus f'') = (f \oplus f') \oplus f'' = \theta \oplus f''$$

となり，

$$f = \theta \oplus f''$$

となる．よって，再び線形空間の公理 (i)〜(iii) より，

$$f' \oplus f = f' \oplus (\theta \oplus f'') = (f' \oplus \theta) \oplus f'' = f' \oplus f'' = \theta$$

となり，式 (1.2) が成立する．

式 (1.3) を示す．線形空間の公理 (i)〜(iii) と式 (1.2) より，

$$\theta \oplus f = (f \oplus f') \oplus f = f \oplus (f' \oplus f) = f \oplus \theta = f$$

となり，式 (1.3) が成立する．

以上の準備のもとに，補題の証明を行う．式 (1.2)，(1.3) と線形空間の公理 (i) より，

$$\begin{aligned} g &= \theta \oplus g = (f' \oplus f) \oplus g = f' \oplus (f \oplus g) = f' \oplus (f \oplus h) \\ &= (f' \oplus f) \oplus h = \theta \oplus h = h \end{aligned}$$

となり，補題 1.2 が成立する． ■

補題 1.2 よりただちに，次の定理が成立する．

定理 1.3 零元および逆元は一意に定まる．

このように，線形空間の公理の中の (i)〜(iii) だけから，零元および逆元の一意性が導かれるのである．

式 (1.2)，(1.3) はそれぞれ，和の演算 $\oplus$ に関して f と f' および f と θ が可換であることを示している．次に，X の任意の元に対して和の交換律が成立することを示す．

定理 1.4 和の演算は可換である．すなわち，X の任意の元 f, g に対して式 (1.1) が成立する．

証明 線形空間の公理 (vi)，(vii)，(v)，(i) より，

$$\begin{aligned} (1+1) \circ (f \oplus g) &= \{(1+1) \circ f\} \oplus \{(1+1) \circ g\} \\ &= \{(1 \circ f) \oplus (1 \circ f)\} \oplus \{(1 \circ g) \oplus (1 \circ g)\} \\ &= (f \oplus f) \oplus (g \oplus g) \\ &= f \oplus (f \oplus g) \oplus g \end{aligned}$$

となり，

$$(1+1) \circ (f \oplus g) = f \oplus (f \oplus g) \oplus g \tag{1.4}$$

となる．一方，線形空間の公理 (vii)，(v)，(i) より，

$$(1+1) \circ (f \oplus g) = \{1 \circ (f \oplus g)\} \oplus \{1 \circ (f \oplus g)\}$$

$$= (f \oplus g) \oplus (f \oplus g)$$
$$= f \oplus (g \oplus f) \oplus g$$

となり，

$$(1+1) \circ (f \oplus g) = f \oplus (g \oplus f) \oplus g \tag{1.5}$$

となる．式 (1.4)，(1.5) より，

$$f \oplus \{(f \oplus g) \oplus g\} = f \oplus \{(g \oplus f) \oplus g\}$$

となる．したがって，補題 1.2 より，

$$(f \oplus g) \oplus g = (g \oplus f) \oplus g$$

となる．よって，線形空間の公理 (ⅰ)〜(ⅲ) より，

$$\begin{aligned} f \oplus g &= (f \oplus g) \oplus \theta \\ &= (f \oplus g) \oplus (g \oplus g') \\ &= \{(f \oplus g) \oplus g\} \oplus g' \\ &= \{(g \oplus f) \oplus g\} \oplus g' \\ &= (g \oplus f) \oplus (g \oplus g') \\ &= (g \oplus f) \oplus \theta \\ &= g \oplus f \end{aligned}$$

となり，式 (1.1) が成立する．■

この証明からわかるように，和の交換律が成立することを示すために，線形空間の公理の中の (iv) 以外のすべてが使われている．特に，分配律 (vi)，(vii) の巧妙な使い方が印象的である．

線形空間の公理 (ⅰ)〜(vii) および補題 1.2，定理 1.3，定理 1.4 より，線形空間の元に対しては，ベクトル空間にみられるような通常の算法がすべて成立することがわかる．たとえば，次のとおりである．

□**補題 1.5**　線形空間 X の元に対して次の関係が成立する．ただし，f'' は f の逆元 f' の逆元である．

$$0 \circ f = \theta \qquad \text{(零元の表現)} \tag{1.6}$$

$$a \circ \theta = \theta \tag{1.7}$$

$$(-1) \circ f = f' \qquad \text{(逆元の表現)} \tag{1.8}$$

$$(f \oplus g)' = f' \oplus g' \tag{1.9}$$

$$(a \circ f)' = (-a) \circ f = a \circ f' \tag{1.10}$$

$$f'' = f \tag{1.11}$$

$$a \circ f = a \circ g \quad \text{かつ} \quad a \neq 0 \quad \text{ならば} \quad f = g \tag{1.12}$$

$$a \circ f = b \circ f \quad \text{かつ} \quad f \neq \theta \quad \text{ならば} \quad a = b \tag{1.13}$$

証明 典型的な三つの式の証明を示す．残りの式も同様に証明できる．まず式 (1.6) を示す．X の任意の元 g に対して，式 (1.2) と線形空間の公理 (ii), (i), (v), (vii) より，

$$\begin{aligned}
g \oplus (0 \circ f) &= (g \oplus \theta) \oplus (0 \circ f) \\
&= (g \oplus (f' \oplus f)) \oplus (0 \circ f) \\
&= (g \oplus f') \oplus ((1 \circ f) \oplus (0 \circ f)) \\
&= (g \oplus f') \oplus ((1 + 0) \circ f) \\
&= (g \oplus f') \oplus f \\
&= g \oplus (f' \oplus f) \\
&= g \oplus \theta \\
&= g
\end{aligned}$$

となり，

$$g \oplus (0 \circ f) = g$$

となる．したがって，$0 \circ f$ は X の零元になる．そして，零元の一意性より，式 (1.6) が成立する．

式 (1.9) を示す．式 (1.8) と線形空間の公理 (vi) より，

$$(f \oplus g)' = (-1) \circ (f \oplus g) = ((-1) \circ f) \oplus ((-1) \circ g) = f' \oplus g'$$

となり，式 (1.9) が成立する．

式 (1.13) を示す．$a \neq b$ と仮定して，$c = a - b\ (\neq 0)$ とおけば，線形空間の公理 (v), (iv), (vii) と式 (1.10), (1.7) より，

$$\begin{aligned}
f &= 1 \circ f = \left(\frac{1}{c} \times c \right) \circ f = \frac{1}{c} \circ (c \circ f) \\
&= \frac{1}{c} \circ \left\{ (a - b) \circ f \right\} \\
&= \frac{1}{c} \circ \left\{ (a \circ f) \oplus ((-b) \circ f) \right\} \\
&= \frac{1}{c} \circ \left\{ (a \circ f) \oplus (b \circ f)' \right\} \\
&= \frac{1}{c} \circ \left\{ (a \circ f) \oplus (a \circ f)' \right\} \\
&= \frac{1}{c} \circ \theta = \theta
\end{aligned}$$

となり，$f \neq \theta$ と矛盾する．よって，$a = b$ である． ■

式 (1.13) だけは，背理法を用いて証明している．これは，式 (1.13) だけが，証明すべき事柄が線形空間 X の中の関係ではなく，係数体の中の関係であったからである．

式 (1.6) と式 (1.7) は，ある意味で双対な関係になっている．すなわち，式 (1.6) が，線形空間 X のどの元 f に対しても，数としての 0 を掛ければ X の零元 θ になることを表しているのに対して，式 (1.7) は，X の零元 θ にどんな数 a を掛けても，やはり零元になることを表している．

式 (1.6) はまた，X の零元 θ が，係数体の零元 0 と X の任意の元 f の積として，

$$\theta = 0 \circ f$$

と表現できることを意味している．

同様に式 (1.8) は，f の逆元 f' が，係数体の元 -1 と X の元 f の積として表現できることを意味している．

式 (1.8) は，さらに次のように解釈することができる．すなわち，f' の「$'$」を，「f からその逆元を求める演算」とみなすとき，式 (1.8) は，この演算が「f に -1 を掛ける」という形に表現できることを意味している．そして，式 (1.9)〜(1.11) は，この演算「$'$」のもつ性質を表している．

S を X の部分集合とする．X の元 f と，S の中のさまざまな元 g との和 $f \oplus g$ の全体，すなわち $\{f \oplus g : g \in S\}$ を，f と S との和といい，$f \oplus S$ で表す．同様に，スカラー a と S の中のさまざまな元 g との積 $a \circ g$ の全体，すなわち $\{a \circ g : g \in S\}$ を，S の a 倍といい，$a \circ S$ で表す．このとき，補題 1.2 は次のように拡張できる．

□**補題 1.6**　S_1, S_2 を X の部分集合とし，f を X の任意に固定した元とする．$f \oplus S_1 = f \oplus S_2$ ならば $S_1 = S_2$ となる．

証明　任意の元 $g_1 \in S_1$ に対して，$f \oplus g_1 = f \oplus g_2$ となる $g_2 \in S_2$ が存在する．よって，補題 1.2 より，$g_1 = g_2$ となり，$S_1 \subseteq S_2$ となる．逆も同様に証明できるので，$S_1 = S_2$ となる．■

この結果は，1.5 節で線形多様体の性質を論じる際に使用される．

1.2　線形空間の例

線形空間の例を示す．これまでの議論では，集合 X の元を f, g などの記号で表していたが，X が数の集合の場合は，次の例に示すように，慣例に従って，x, y などの記号で表すことにする．

例 1.7　$X = \mathbf{C}$ とし，$\mathbf{C}$ の元 x, y と数 a に対して，演算 $\oplus, \circ$ を

$$x \oplus y = x + y, \qquad a \circ x = ax$$

と，通常の和と積で定義する．係数体を $\mathbf{C}$ にとれば，X は複素線形空間になり，係数体を $\mathbf{R}$ にとれば，実線形空間になる．このように，X の要素がたとえ複素数であっても，係数体を $\mathbf{R}$ にとれば，X は実線形空間になるのである．なお，この例では，零元は実数の 0 となり，x の逆元は $-x$ となる．

例 1.8 $X = \mathbf{R}$ とし，$\mathbf{R}$ の元 x, y と実数 a に対して，演算 $\oplus, \circ$ を，例 1.7 と同様に通常の和と積で定義すれば，X は実線形空間になる．このとき，零元は実数の 0 となり，x の逆元は $-x$ となる．

次に，通常の感覚とは少し異なる線形空間の例を示す．

例 1.9 正の実数の全体を $\mathbf{R}^+$ で表す．$\mathbf{R}^+$ の元 x, y と $\mathbf{R}$ の元 a に対して，演算 $\oplus$, $\circ$ を

$$x \oplus y = xy, \qquad a \circ x = x^a$$

によって導入すれば，$\mathbf{R}^+$ は実線形空間になる．このとき，零元は実数の 1 となり，x の逆元は $1/x$ となる．

例 1.10 N 次元複素ベクトルの全体を $\mathbf{C}^N$ で表す．ベクトルどうしの和を要素ごとの和で定義し，ベクトルと複素数との積を各要素への積で定義すれば，$\mathbf{C}^N$ は複素線形空間になる．

例 1.11 区間 $[a, b]$ で定義された実数を係数とする N 次以下の多項式の全体を Π_N または $\Pi_N[a, b]$ で表す．二つの多項式の和および実数との積を通常のように定義すれば，Π_N は実線形空間になる．

例 1.12 区間 $[a, b]$ で定義された実数を係数とする多項式の全体を Π または $\Pi[a, b]$ で表す．二つの多項式の和および実数との積を通常のように定義すれば，Π は実線形空間になる．

例 1.13 区間 $[a, b]$ で定義された実数値連続関数の全体を $C[a, b]$ で表す．二つの関数の和および実数との積を通常のように定義すれば，$C[a, b]$ は実線形空間になる．

1.3 差の演算

これまでは，和 $\oplus$ と積 $\circ$ に関する議論をしてきたが，和の逆演算である差 $\ominus$ の概念も導入することができる．すなわち，$f \oplus g'$ を f と g の差とよび，次式のように $f \ominus g$ で表す．

$$f \ominus g = f \oplus g' \tag{1.14}$$

この定義の妥当性は，次の補題 1.14 が保証してくれる．

□**補題 1.14**　差の演算 $\ominus$ に関して，次の関係が成立する．

$$f \oplus g = h \quad ならば \quad f = h \ominus g \tag{1.15}$$

$$f \ominus f = \theta \tag{1.16}$$

$$(-1) \circ (f \ominus g) = g \ominus f \tag{1.17}$$

$$(f \oplus h) \ominus (g \oplus h) = f \ominus g \tag{1.18}$$

$$a \circ (f \ominus g) = (a \circ f) \ominus (a \circ g) \qquad (分配律) \tag{1.19}$$

$$(a - b) \circ f = (a \circ f) \ominus (b \circ f) \qquad (分配律) \tag{1.20}$$

証明　最初の関係を証明する．

$$f = f \oplus \theta = f \oplus (g \oplus g') = (f \oplus g) \oplus g' = h \oplus g' = h \ominus g$$

他も同様に証明できる．■

最後の 2 式は，それぞれ線形空間の公理 (vi), (vii) に対応した関係である．

1.4　部分空間

1.1 節でも述べたように，線形空間 X の元を点とよぶことがある．X の元がたとえ関数であっても，それを X の中の一つの点とみなしてしまうのである．そうすることによって，X の中に種々の幾何学的概念を導入することができる．まずは，部分空間の話から始める．

S を線形空間 X の部分集合とする．特に断らない限り，空でない部分集合を単に部分集合とよぶことにする．X の部分集合 S が，X の中の演算に関して再び線形空間になっているとき，S を X の**線形部分空間** (linear subspace)，あるいは単に**部分空間** (subspace) という．

X の部分集合 S が部分空間になることを忠実に定義に従って示すためには，次の 3 点を証明しなければいけない．

(i)　S の任意の 2 元の和が S に属する．

(ii)　S の任意の元のスカラー倍が S に属する．

(iii)　線形空間の公理 (i)〜(vii) を満たす．

しかし実際には，容易にわかるように，上の (i), (ii) が成立すれば，自動的に (iii) も成立するのである．

□**補題 1.15** 部分空間は次の性質をもつ.

(i) X の部分空間は必ず X の零元を含む.

(ii) f, g が X の部分空間 S の元ならば，逆元 f' および差 $f \ominus g$ も S の元になる.

証明 (i) を示す．式 (1.6) より，$\theta = 0 \circ f \in S$ となる．(ii) を示す．式 (1.8) より，$f' = (-1) \circ f \in S$ となる．したがって，$g' \in S$ より，$f \ominus g = f \oplus g' \in S$ となる. ■

X の零元だけからなる集合および X 自身は X の部分空間である．この二つを，「自明な部分空間」という．X 自身と一致しない部分空間を真の部分空間という．たとえば, N 次以下の多項式の全体 $\Pi_N[a,b]$ は, $\Pi[a,b]$ および $C[a,b]$ の真の部分空間である.

例 1.16 N 次正方行列 A で変換すると零ベクトルになるような N 次元ベクトル x の全体は，$\mathbf{C}^N$ の部分空間になる．これを A の零空間という.

N を任意に固定した有限な正整数とする．X の元の組 $\{f_n\}_{n=1}^N$ と数の組 $\{a_n\}_{n=1}^N$ に対して

$$f = \sum_{n=1}^{N} a_n \circ f_n$$

で与えられる X の元 f を，$\{f_n\}_{n=1}^N$ の**線形結合** (linear combination) または **1 次結合**という．ここで $\sum$ は，線形空間 X における和 $\oplus$ を表す.

S を X の部分集合とする．S の元の線形結合の全体は部分空間になる．この部分空間を S の**線形包** (linear hull) といい，$[S]$ で表す．$[S]$ はまた，S によって張られる部分空間，あるいは，S によって生成される部分空間とよぶこともある．S が部分空間ならば，$[S] = S$ となる.

例 1.17 区間 $[0,1]$ 上で定義された 3 次多項式の全体を S で表す．S は $\Pi[0,1]$ の部分集合になるが，部分空間にはならない．このとき，S の線形包 $[S]$ は 3 次以下の多項式の全体 $\Pi_3[0,1]$ になる.

定理 1.18 部分集合 S に対して，$[S]$ は S を含む最小の部分空間である.

証明 $S \subseteq [S]$ は明らかである．S_1 を，S を含む任意の部分空間とする．$f \in [S]$ とすれば，$[S]$ の定義より

$$f = \sum_{n=1}^{N} a_n \circ f_n$$

となる $f_n \in S$ が存在する．$S \subseteq S_1$ より $f_n \in S_1$ である．しかも S_1 は部分空間であるから，その線形結合である f は S_1 に属する．よって，$[S] \subseteq S_1$ となる. ■

X の二つの部分空間の共通部分は再び X の部分空間になる．しかし，X の二つの部分空間の和集合は必ずしも部分空間にはならない．

S_1, S_2 を X の部分空間とする．S_1 の元と S_2 の元の和の全体を S で表す．S は S_1 と S_2 によって張られる部分空間，すなわち，S_1 と S_2 を含む最小の部分空間になる．これを S_1 と S_2 の和といい，

$$S = S_1 + S_2$$

で表す．定義から明らかなように，S の元 f は

$$f = f_1 \oplus f_2 \qquad : f_1 \in S_1,\ f_2 \in S_2 \tag{1.21}$$

と表現できる．

S_1 と S_2 が零元以外の共通元をもっている場合，この表現は一意に定まらない．しかし S_1 と S_2 の共通元が零元だけの場合，この表現は一意に定まる．証明は章末の問題に譲る．このとき，S を S_1 と S_2 の**直和** (direct sum) といい，

$$S = S_1 \dot{+} S_2 \tag{1.22}$$

と表す．直和を $S_1 \oplus S_2$ で表す書籍もある．しかし，本書では第3章で述べる直交直和に記号 $S_1 \oplus S_2$ を使い，S_1 と S_2 が直交している場合と，必ずしも直交していない場合を区別することにする．

部分空間 S が式 (1.22) のように S_1 と S_2 の直和で表現できるとき，式 (1.22) を S の**直和分解** (direct sum decomposition) という．S が S_1 と S_2 に直和分解できるということは，

$$S_1 + S_2 = S$$
$$S_1 \cap S_2 = \{\theta\}$$

の2式が成立することと同値である．

例 1.19　$f \in C[-1,1]$ に対して

$$f_{\mathrm{e}}(x) = \frac{f(x) + f(-x)}{2}, \qquad f_{\mathrm{o}}(x) = \frac{f(x) - f(-x)}{2}$$

とおけば，$f_{\mathrm{e}}, f_{\mathrm{o}}$ はそれぞれ偶関数と奇関数になり，$f = f_{\mathrm{e}} + f_{\mathrm{o}}$ が成立する．しかも，$f_{\mathrm{e}} = f_{\mathrm{o}}$ となるのは $f(x) = 0$ の場合だけである．したがって，$C[-1,1]$ の中の偶関数および奇関数の全体をそれぞれ $S_{\mathrm{e}}, S_{\mathrm{o}}$ で表せば，$C[-1,1]$ は，

$$C[-1,1] = S_{\mathrm{e}} \dot{+} S_{\mathrm{o}}$$

と直和分解できる．

1.5 線形多様体

部分空間を平行移動したものを，**線形多様体** (linear variety) あるいは**アフィン部分空間** (affine subspace) という．線形多様体 V は

$$V = f_0 \oplus S \tag{1.23}$$

と表される．ここで，S は部分空間であり，f_0 は V の元である．

□補題 1.20 線形多様体 V を式 (1.23) のように表すとき，S は一意に定まる．また，f_0 としては，V の任意の元を用いることができる．

証明 まず，V の任意に固定した元 f_1 を使って

$$V_1 = f_1 \oplus S \tag{1.24}$$

とおき，$V_1 = V$ を示す．$f_1 \in V$ であるから，式 (1.23) より

$$f_1 = f_0 \oplus g_0 \qquad : g_0 \in S \tag{1.25}$$

と表される．$V_1 \subseteq V$ を示す．f を V_1 の任意の元とすれば，式 (1.24) より $f = f_1 \oplus g_1$ となる $g_1 \in S$ が存在する．よって，式 (1.25) より

$$f = f_1 \oplus g_1 = (f_0 \oplus g_0) \oplus g_1 = f_0 \oplus (g_0 \oplus g_1)$$

となる．g_0 と g_1 は S の元であり，S は部分空間であるから，$g_0 \oplus g_1 \in S$ となる．よって，式 (1.23) より $f_0 \oplus (g_0 \oplus g_1)$ は V の元となり，$V_1 \subseteq V$ となる．逆に，$f \in V$ とすれば，式 (1.23) より $f = f_0 \oplus g$ となる $g \in S$ が存在する．よって，式 (1.25) および補題 1.14 より

$$f = f_0 \oplus g = (f_1 \ominus g_0) \oplus g = f_1 \oplus (g \ominus g_0)$$

となる．補題 1.15 の結果より，$g \ominus g_0 \in S$ であるから，$f_1 \oplus (g \ominus g_0) \in V_1$ となり，$V \subseteq V_1$ となる．したがって，$V_1 = V$ となる．これは，V を式 (1.23) の形に表現するとき，f_0 が V の任意の元でよいことを意味している．

最後に，S の一意性を示す．部分空間 S_1 を f_0 だけ平行移動したものが式 (1.23) の V と一致したとすれば，

$$f_0 \oplus S_1 = f_0 \oplus S$$

となる．よって，補題 1.6 より $S_1 = S$ となり，S は一意に定まる． ■

例 1.21 特異行列 A に関する連立一次方程式 $Ax = b$ を考える．もし，この方程式が解をもてば，その解の全体が線形多様体になる．この場合，S は A の零空間になっている．

例 1.22 与えられた点 $\{x_n\}_{n=1}^N$ で，与えられた値 $\{y_n\}_{n=1}^N$ をとる関数，すなわち，

$$f(x_n) = y_n \qquad : n = 1, 2, \cdots, N$$

となる関数 $f(x)$ を求める問題は**補間** (interpolation) とよばれ，多くの場面に現れる．たとえば，実験データを滑らかな関数で補間する問題，通信等で使われている標本化定理，画質を改善する画像復元問題，ニューラルネットワークによる学習の問題は，すべて補間の問題として定式化することができる．関数の範囲を $C[a,b]$ に限っても，補間関数は無限に多く存在し，全体として線形多様体をなす．この場合，S はすべての標本点 $\{x_n\}_{n=1}^N$ で零の値をとる連続関数の全体からなっている．

1.6　凸集合，凸関数

凸集合も，線形空間論における重要な概念の一つである．これは，3 次元空間における球や立方体のもつ性質を抽象化したものであり，次のように定義される．

線形空間 X の 2 元 f_1, f_2 に対して

$$g = (a \circ f_1) \oplus ((1-a) \circ f_2) \qquad : 0 \leq a \leq 1 \tag{1.26}$$

なる元 g の全体を f_1 と f_2 を結ぶ**線分**といい，$[f_1, f_2]$ で表す．S を X の部分集合とする．S の任意の 2 点を結ぶ線分が S に含まれるとき，S は**凸集合** (convex set) であるという．X 全体および X の部分空間は凸集合である．

例 1.23　M を任意に固定した正数とする．$C[a,b]$ の元 f で，任意の $x \in [a,b]$ に対して $|f(x)| \leq M$ となるものの全体は凸集合である．

□**補題 1.24**　S_1, S_2 を凸集合とし，a を任意に固定した複素数とする．このとき，$S_1 \cap S_2$，$S_1 + S_2$，および，$a \circ S_1$ は凸集合になる．

一点だけでできている集合は凸集合であるから，補題 1.24 より，凸集合 S を f_0 だけ移動したもの，すなわち，$f_0 \oplus S$ も凸集合である．したがって，線形多様体もまた凸集合である．

式 (1.26) の形式を N 点 $\{f_n\}_{n=1}^N$ に拡張すれば

$$g = \sum_{n=1}^{N} a_n \circ f_n \qquad : a_n \geq 0, \ \sum_{n=1}^{N} a_n = 1 \tag{1.27}$$

となる．式 (1.27) の g を，$\{f_n\}_{n=1}^N$ の**凸結合** (convex combination) という．

部分集合 S の元の凸結合の全体を S の**凸包** (convex hull) といい，$\mathrm{conv}(S)$ で表す．凸結合，凸包は，それぞれ線形結合，線形包に対応する概念である．そして，これらの概念に対して，1.4 節，1.5 節と平行した議論を展開することができる．このように，

何か新しい理論を展開する場合，他の理論がその雛形としてしばしば利用できるのである．

たとえば，S が凸集合ならば，$\mathrm{conv}(S) = S$ となる．また，定理 1.18 に対応して次の関係が成立する．

定理 1.25 部分集合 S に対して，$\mathrm{conv}(S)$ は S を含む最小の凸集合である．

証明 まず，$\mathrm{conv}(S)$ が凸集合になることを示す．凸包の定義より，$f, g \in \mathrm{conv}(S)$ は

$$f = \sum_{m=1}^{M} a_m \circ f_m \qquad : f_m \in S,\ a_m \geq 0,\ \sum_{m=1}^{M} a_m = 1 \tag{1.28}$$

$$g = \sum_{n=1}^{N} b_n \circ g_n \qquad : g_n \in S,\ b_n \geq 0,\ \sum_{n=1}^{N} b_n = 1 \tag{1.29}$$

と表される．よって，$0 \leq c \leq 1$ なる c に対して，

$$(c \circ f) \oplus ((1-c) \circ g) = \sum_{m=1}^{M} (ca_m) \circ f_m \oplus \sum_{n=1}^{N} ((1-c)b_n) \circ g_n \tag{1.30}$$

となる．ところが，$ca_m \geq 0, (1-c)b_n \geq 0$ であり，さらに

$$\begin{aligned}\sum_{m=1}^{M} ca_m + \sum_{n=1}^{N} (1-c)b_n &= c\sum_{m=1}^{M} a_m + (1-c)\sum_{n=1}^{N} b_n \\ &= c + (1-c) = 1\end{aligned}$$

となるので，式 (1.30) の右辺は S の元の凸結合になっている．すなわち，$(c \circ f) \oplus ((1-c) \circ g)$ は $\mathrm{conv}(S)$ の元になる．これは，$\mathrm{conv}(S)$ が凸集合であることにほかならない．

後半を示す．$S \subseteq \mathrm{conv}(S)$ は明らかであるから，S を含む任意の凸集合 S_1 に対して $\mathrm{conv}(S) \subseteq S_1$ を示せばよい．$f \in \mathrm{conv}(S)$ とすれば，f は式 (1.28) のように表される．$S \subseteq S_1$ であるから，$f_m \in S_1$ である．S_1 は凸集合であるから，$\{f_m\}_{m=1}^{M}$ の凸結合である f は S_1 に属し，$\mathrm{conv}(S) \subseteq S_1$ となる． ■

線形空間 X の凸部分集合 S の上で定義された実数値関数 ϕ が，任意の $f, g \in S$ と，$0 \leq a \leq 1$ を満たす任意の実数 a に対して，

$$\phi((a \circ f) \oplus ((1-a) \circ g)) \leq a\phi(f) + (1-a)\phi(g) \tag{1.31}$$

を満たすとき，ϕ を S 上の**凸関数** (convex function) という．特に，$f \neq g$ かつ $0 < a < 1$ に対して式 (1.31) の等号が成立しないとき，ϕ を**狭義凸関数** (strictly convex function) という．これらの定義において，f, g が ϕ の定義域 S に入っていれば，S が凸集合であることから，$(a \circ f) \oplus ((1-a) \circ g)$ も定義域 S に入り，式 (1.31) が意味をもつのである．

例 1.26 次の関数 ϕ は，$C[0,1]$ 上の凸関数である．

(ｉ) x_0 を区間 $[0,1]$ 上の固定した点とするとき，$\phi(f) = |f(x_0)|$

(ii) $\phi(f) = \max_{0 \leq x \leq 1} |f(x)|$

(iii) $\phi(f) = \int_0^1 |f(x)|^2 dx$

定理 1.27　ϕ を線形空間 X の凸部分集合上の凸関数とし，M を任意に固定した実数とすれば，$S = \{f | \phi(f) \leq M\}$ は凸集合になる．

証明　$f, g \in S$ とし，$0 \leq a \leq 1$ とすれば，$(a \circ f) \oplus ((1-a) \circ g)$ は ϕ の定義域に入っており，

$$\begin{aligned}\phi((a \circ f) \oplus ((1-a) \circ g)) &\leq a\phi(f) + (1-a)\phi(g) \\ &\leq aM + (1-a)M = M\end{aligned}$$

となる．よって，$(a \circ f) \oplus ((1-a) \circ g) \in S$ となり，S は凸集合になる．■

このように，凸集合と凸関数の間には密接な関係があり，線形計画法などに広く利用されている．なお例 1.26 より，例 1.23 が定理 1.27 の特別な場合であることがわかる．

凸関数から多くの有用な不等式を導くことができる．たとえば，$\phi(x) = -\log x$ が $S = (0, \infty)$ 上の狭義凸関数であることを使えば，次のヤング (Young) の不等式を導くことができる．実数 p $(1 \leq p \leq \infty)$ に対して，

$$\frac{1}{p} + \frac{1}{q} = 1 \tag{1.32}$$

で決まる実数 q を p の**共役指数**という．ただし，$p = 1$ のとき $q = \infty$ とする．

定理 1.28 (**ヤングの不等式**)　実数 p $(1 < p < \infty)$ の共役指数を q とすれば，非負の実数 a, b に対して，

$$ab \leq \frac{1}{p}a^p + \frac{1}{q}b^q \tag{1.33}$$

が成立する．等号は，$a^p = b^q$ の場合に限り成立する．

証明　$a = 0$ または $b = 0$ の場合は明らかであるから，$ab \neq 0$ の場合について証明する．$\mathbf{R}$ を例 1.8 に示した通常の実線形空間とみなせば，$\phi(x) = -\log x$ は区間 $(0, \infty)$ で凸関数になっている．したがって，式 (1.31) で $f = a^p$，$g = b^q$，$a = \frac{1}{p}, 1 - a = \frac{1}{q}$ とおけば，

$$\log\left(\frac{1}{p}a^p + \frac{1}{q}b^q\right) \geq \frac{1}{p}\log a^p + \frac{1}{q}\log b^q = \log ab$$

となり，

$$\log\left(\frac{1}{p}a^p + \frac{1}{q}b^q\right) \geq \log ab \tag{1.34}$$

となる．log は単調増加関数であるから，式 (1.34) より式 (1.33) を得る．$\phi(x) = -\log x$ は狭義凸関数であるから，式 (1.34)，したがって，式 (1.33) の等号は，$a^p = b^q$ の場合に限り成立する．■

このヤングの不等式は，次章でヘルダーの不等式を導く際に使用される．

1.7　1次独立，1次従属，次元

線形空間 X の元 $\{f_n\}_{n=1}^N$ の中のある元が残りの元の線形結合で表現できるとき，$\{f_n\}_{n=1}^N$ は**1次従属** (linearly dependent) であるという．逆に，$\{f_n\}_{n=1}^N$ の中のどの元も残りの元の線形結合で表現できないとき，$\{f_n\}_{n=1}^N$ は**1次独立** (linearly independent) であるという．無限個の元 $\{f_n\}_{n=1}^\infty$ は，もしその中の相異なる任意有限個の元が1次独立になるとき，1次独立であるという．

□**補題 1.29**　$\{f_n\}_{n=1}^N$ が1次独立になるための必要十分条件は，

$$\sum_{n=1}^N (a_n \circ f_n) = \theta$$

が，すべての n に対して $a_n = 0$ となるとき，またそのときに限って成立することである．

証明は章末の問題に譲る．X に N 個の1次独立な元があり，$N+1$ 個以上の元が常に1次従属になるとき，X の**次元** (dimension) は N であるといい，$\dim X = N$ と表す．また，X は **N 次元空間** (N-dimensional space) であるという．任意の自然数 N に対して N 個の1次独立な元が存在するとき，X は**無限次元空間** (infinite dimensional space) であるという．零元だけからなる部分空間の次元は0と定義する．

$$u_n(x) = x^n \qquad : n = 0, 1, 2, \cdots$$

は1次独立であるから，例 1.11 の Π_N は $N+1$ 次元空間であり，例 1.12 の Π および例 1.13 の $C[a,b]$ は無限次元空間である．

S を線形空間 X の部分空間とする．X の元 $\{f_n\}_{n=1}^N$ に対して，

$$\sum_{n=1}^N (a_n \circ f_n) \in S$$

が成立するような，すべては0でない複素数の組 $\{a_n\}_{n=1}^N$ が存在するとき，$\{f_n\}_{n=1}^N$ は **S を法として1次従属**であるといい，そうでないとき，**S を法として1次独立**であるという．特に，S を法として1次独立な N 個の元の組 $\{f_n\}_{n=1}^N$ があって，S と $\{f_n\}_{n=1}^N$ で張られる部分空間が X と一致するとき，X における S の**余次元** (codimension) が

N であるという．このような有限個の $\{f_n\}_{n=1}^N$ がなければ，S の余次元は ∞ であるという．S の余次元が 1 のとき，S を**超平面** (hyperplane) という．

例 1.30　$f(a) = f(b)$ を満たすような $C[a,b]$ の元は部分空間になる．それを $CP[a,b]$ で表す．$f_1(x) = x$ は $CP[a,b]$ に属さない．一方，任意の $f \in C[a,b]$ に対して，

$$g = f - \frac{f(b) - f(a)}{b - a} f_1$$

とおけば，$g \in CP[a,b]$ となる．すなわち，任意の $f \in C[a,b]$ が，

$$f = g + \frac{f(b) - f(a)}{b - a} f_1$$

と表されるので，$CP[a,b]$ の余次元は 1 である．

1.8　基　底

X の元を，X の元の組の線形和で表すと，便利なことが多い．まずは，有限次元空間の場合を考える．

定理 1.31　X を N 次元線形空間とする．X の N 個の 1 次独立な元 $\{u_n\}_{n=1}^N$ を使って，任意の $f \in X$ が，

$$f = \sum_{n=1}^{N} a_n \circ u_n \tag{1.35}$$

の形に一意に表現できる．

証明　まず，$\{u_n\}_{n=1}^N$ 以外の非零元 f に対して，式 (1.35) が成立することを示す．そこで，

$$\sum_{n=1}^{N} (b_n \circ u_n) \oplus (b \circ f) = \theta \tag{1.36}$$

とおく．$b = 0$ と仮定すれば $0 \circ f = \theta$ となるから，

$$\sum_{n=1}^{N} b_n \circ u_n = \theta$$

となる．よって，補題 1.29 より，すべての n に対して $b_n = 0$ となる．すなわち，$\{f,\ u_n\}_{n=1}^N$ は 1 次独立になり，X が N 次元空間であることに反する．よって，$b \neq 0$ となる．そこで $a_n = -b_n/b$ とおけば，式 (1.36) より式 (1.35) を得る．

f が X の零元の場合，および，f がどれかの $u_n (n = 1, 2, \cdots, N)$ と一致している場合にも，その f は式 (1.35) の形式に表現できる．したがって，X の任意の元 f が，式 (1.35) の形式に表現できることになる．

表現の一意性を示す．式 (1.35) のほかに，

$$f = \sum_{n=1}^{N} c_n \circ u_n \tag{1.37}$$

と表現できたとする．式 (1.35)，(1.37) の左辺は同じものであるから，右辺も同じものになり，式 (1.20) より，

$$\sum_{n=1}^{N} (a_n - c_n) \circ u_n = \theta$$

となる．$\{u_n\}_{n=1}^{N}$ は 1 次独立であるから，補題 1.29 より，すべての n に対して $a_n = c_n$ となる．よって，式 (1.35) の表現は一意に定まる． ■

定理 1.31 のように，X の任意の元が，X の元 $\{u_n\}_{n=1}^{N}$ の線形結合で一意に表されるとき，$\{u_n\}_{n=1}^{N}$ を X の**基底** (basis, base) または**基**という．N 次元空間の基底は，必ず N 個の元でできている．そして，N 個の元 $\{u_n\}_{n=1}^{N}$ が X の基底になるためには，それが 1 次独立になることが必要十分である．零元だけからなる部分空間の基底は，空集合であると定義する．また，式 (1.35) の係数 $\{a_n\}_{n=1}^{N}$ を，f の基底 $\{u_n\}_{n=1}^{N}$ に関する**展開係数** (expansion coefficients) という．

例 1.32 $u_n(x) = x^n$ $(n = 0, 1, 2, \cdots, N)$ は空間 $\Pi_N[-1, 1]$ の基底になり，展開係数は

$$a_n = \frac{1}{n!} f^{(n)}(0) \qquad : n = 0, 1, 2, \cdots, N \tag{1.38}$$

によって求めることができる．

例 1.33

$$u_n(x) = \frac{1}{2^n n!} \frac{d^n}{dx^n} (x^2 - 1)^n \qquad : n = 0, 1, 2, \cdots, N \tag{1.39}$$

とおけば，u_n は n 次多項式になる．実際，

$$u_{2n}(x) = \sum_{r=0}^{n} (-1)^{n-r} \frac{(2n + 2r - 1)!!}{(2r)!(2n - 2r)!!} x^{2r}$$

$$u_{2n+1}(x) = \sum_{r=0}^{n} (-1)^{n-r} \frac{(2n + 2r + 1)!!}{(2r + 1)!(2n - 2r)!!} x^{2r+1}$$

となり，確かに u_n は n 次多項式になっている．たとえば，

$$u_0(x) = 1, \qquad u_1(x) = x,$$
$$u_2(x) = \frac{1}{2}(3x^2 - 1), \qquad u_3(x) = \frac{1}{2}(5x^3 - 3x)$$

である．$\{u_n\}_{n=0}^{N}$ は空間 $\Pi_N[-1, 1]$ の基底になり，展開係数は

$$a_n = \frac{2n + 1}{2} \int_{-1}^{1} f(x) u_n(x)\, dx \qquad : n = 0, 1, 2, \cdots, N \tag{1.40}$$

によって求めることができる．この多項式は，ルジャンドル (Legendre) 多項式とよばれ，通常，$P_n(x)$ と表される．

例 1.34　区間 $[-1,1]$ の相異なる $N+1$ 個の点 $\{x_n\}_{n=0}^{N}$ に対して，

$$\phi(x) = \prod_{k=0}^{N}(x - x_k) \tag{1.41}$$

とおき，

$$u_n(x) = \frac{\phi(x)}{(x - x_n)\phi'(x_n)} \qquad : n = 0, 1, 2, \cdots, N \tag{1.42}$$

とおけば，$\{u_n\}_{n=0}^{N}$ は空間 $\Pi_N[-1,1]$ の基底になる．式 (1.42) より，

$$u_n(x) = \frac{\prod_{k\neq n}(x - x_k)}{\prod_{k\neq n}(x_n - x_k)} \qquad : n = 0, 1, 2, \cdots, N \tag{1.43}$$

となるから，

$$u_n(x_m) = \delta_{m,n} \qquad : m, n = 0, 1, 2, \cdots, N \tag{1.44}$$

となる．ここで，$\delta_{m,n}$ はクロネッカー (Kronecker) のデルタとよばれる記号であり，

$$\delta_{m,n} = \begin{cases} 1 & : m = n \\ 0 & : m \neq n \end{cases}$$

で定義される．式 (1.44)，(1.35) より，展開係数は

$$a_n = f(x_n) \qquad : n = 0, 1, 2, \cdots, N \tag{1.45}$$

によって求めることができる．与えられた点 $\{x_n\}_{n=0}^{N}$ で与えられた値 $\{y_n\}_{n=0}^{N}$ をとる N 次以下の多項式，すなわち，

$$f(x_n) = y_n \qquad : n = 0, 1, 2, \cdots, N$$

となる N 次以下の多項式 f は，式 (1.45) の性質より，

$$f(x) = \sum_{n=0}^{N} y_n u_n(x)$$

によって求めることができる．この性質から，式 (1.42) の多項式は**ラグランジュ補間多項式** (Lagrange interpolation function) とよばれる．

例 1.32，例 1.33 の u_n が n 次の多項式であったのに対して，例 1.34 の u_n は n に関係なく常に N 次の多項式になっている．

これら 3 種類の例では，同じ空間であっても，どの基底を使うかによって，展開係数の求め方が異なっている．しかし，これらの求め方を統一的に論じることもできるのである．この問題については，第 3 章で詳しく論じる．

無限次元空間でも基底を考えることができる．その方法には 2 種類ある．第一は代数的方法である．連続無限個あるいはそれ以上の 1 次独立な元 $\{u_\alpha\}$ を考える．任意

の $f \in X$ が，$\{u_\alpha\}$ の中の有限個の元の線形結合で表現できるとき，$\{u_\alpha\}$ を X の基底あるいは**ハーメル基** (Hamel basis) という．このとき，$\{u_\alpha\}$ の線形包は X と一致している．

第二は，任意の $f \in X$ がこのような線形結合で直接表されなくても，その極限として表されればよいという立場である．このような立場に立つためには，極限とは何かということを明らかにしなければいけない．そのためには，線形空間の考え方だけでは不十分であり，X の中の二つの元の間の近さという位相的概念が必要になってくる．次章でこの問題について論じる．

20 世紀の数学は，この第二の立場をとって発展してきた．しかし，それは決して第一の立場が有効でないということを意味しない．実際，最近の脳の情報処理モデルの中には，ハーメル基の概念に近いものがあるのである．

1.9 同形な線形空間

線形空間の中に基底を導入するということは，その空間の中に座標系を導入することと同じことである．このとき，式 (1.35) の展開係数 $\{a_n\}_{n=1}^N$ は，座標系 $\{u_n\}_{n=1}^N$ に関する f の座標成分になっている．こうして，抽象的な線形空間を幾何学的にみることができるようになる．実際，N 次元線形空間 X の基底 $\{u_n\}_{n=1}^N$ を一組固定することによって，抽象的に導入した線形空間 X と，より具体的なベクトル空間 $\mathbf{C}^N$ の間に，次のような密接な関係が存在することがわかる．

X の各元 f に対して，式 (1.35) によって展開係数の組 $\{a_n\}_{n=1}^N$ が一意に定まる．この展開係数の組からできる N 次元ベクトルを $\boldsymbol{a}$ で表し，f を $\boldsymbol{a}$ に対応づける変換を φ で表す．すなわち，

$$\varphi(f) = \boldsymbol{a} \tag{1.46}$$

である．展開係数は一意に定まるから，この φ は，X から $\mathbf{C}^N$ の上への一対一写像になっている．そして，任意の $f, g \in X$ と，任意の複素数 a, b に対して，次の関係が成立する．

$$\varphi((a \circ f) \oplus (b \circ g)) = a\varphi(f) + b\varphi(g) \tag{1.47}$$

ところで，二つの線形空間 X, Y の間に一対一写像 φ が存在し，任意の $f, g \in X$ と，任意の複素数 a, b に対して，

$$\varphi((a \circ f) \oplus (b \circ g)) = (a \circ \varphi(f)) \oplus (b \circ \varphi(g)) \tag{1.48}$$

が成立するとき，X と Y は線形空間として**同形** (isomorphic) であるといい，φ を**同形写像** (isomorphism) という．ここで，式 (1.48) の左辺の φ の中の演算 $(a \circ f) \oplus (b \circ g)$

は線形空間 X における演算であり，右辺の演算は線形空間 Y における演算である．

式 (1.48) が成立するとき，X と Y の間で線形空間としての構造が保存されている．たとえば，X の零元を θ とすれば，Y の零元は $\varphi(\theta)$ になる．また，X の元 f の逆元を f' とすれば，Y の元 $\varphi(f)$ の逆元は $\varphi(f')$ になる．したがって，X と Y が同形ならば，線形空間としての議論を行っている限り，両者を区別する必要はないのである．

この同形という概念を使えば，上で述べた事柄は，次のようにまとめることができる．

定理 1.35 すべての N 次元複素 (実) 線形空間 X は，N 次元ベクトル空間 $\mathbf{C}^N(\mathbf{R}^N)$ と，線形空間として同形である．

このように，ベクトル空間 $\mathbf{C}^N$ は，線形空間 X の一つの例であるばかりでなく，あらゆる N 次元複素線形空間がベクトル空間 $\mathbf{C}^N$ と，線形空間として同形になるのである．線形空間 X を別名ベクトル空間とよんだり，X における演算 $f \oplus g$ や $f \ominus g$ を和や差とよんで，$f+g$ や $f-g$ で表したり，f の逆元を $-f$ で表したり，更には θ を零元とよんで 0 で表すのは，このためである．したがって，本書でも以下の章では，X における和と差を $f+g$ と $f-g$ で表し，f の逆元を $-f$ で表し，零元を 0 で表すことにする．

問　題

1. 線形空間の公理の中の二つの条件 (ii) と (iii) は，一つの条件

(viii) 任意の $f \in X$ に対して，$0 \circ f = \theta$ となる元 $\theta \in X$ が存在する．

で置き換えることができることを示せ．

2. 補題 1.5 の残りの式を証明せよ．

3. $f' = f$ となるための必要十分条件が $f = \theta$ であることを示せ．

4. 補題 1.14 の式 (1.16)～(1.20) を証明せよ．

5. X の二つの部分空間の和集合が X の部分空間になるための必要十分条件を求めよ．

6. 部分空間 S_1, S_2 の共通部分が零元だけの場合，式 (1.21) の表現が一意に定まることを示せ．

7. 補題 1.29 を証明せよ．

8. 任意に固定した実数 x_1，x_2 に対して

$$x_{n+2} = x_{n+1} + x_n \qquad (n = 1, 2, 3, \cdots)$$

で与えられる数列 $\{x_n\}_{n=1}^{\infty}$ を，フィボナッチ (Fibonacci) 数列という．一つのフィボナッチ数列は，一つの無限次元ベクトルになる．x_1，x_2 を変えてできるフィボナッチ数列の全体を X で

表す．X が線形空間になることを示し，X の次元および基底を求めよ．

9. $f(a) = f(b) = 0$ を満たす $C[a,b]$ の元は，$C[a,b]$ の部分空間になる．それを $\dot{C}[a,b]$ で表す．$\dot{C}[a,b]$ の余次元を求めよ．

10. $\mathbf{R}$ と $\mathbf{R}^+$ が同形になることを示せ．

第2章 ノルム空間

2.1 ノルム空間

線形空間に“近さ”の概念を導入する方法は無数にある．どの方法がよいかは，それをどのような問題に応用するかによって異なってくる．しかし，近さの種類をある範囲に限定することによって，その範囲に含まれる無限に多くの種類の近さの定義に共通な性質を，統一的に論じることができる．それはちょうど，線形空間の公理 (i)〜(vii) を導入することによって，ベクトル，関数，行列などがもつ代数的性質を統一的に論じることができたのと同じことである．

2 次元ベクトル $f = \begin{pmatrix} a_1 \\ a_2 \end{pmatrix}$, $g = \begin{pmatrix} b_1 \\ b_2 \end{pmatrix}$ に対して，ベクトルの大きさは

$$\|f\| = \sqrt{|a_1|^2 + |a_2|^2}$$

で与えられ，ベクトルのノルムとよばれている．また，ベクトル f と g の間の距離は，ノルムを使って，

$$\|f - g\| = \sqrt{|a_1 - b_1|^2 + |a_2 - b_2|^2}$$

で与えられている．このノルムの本質は，次の定義 2.1 に示す性質 (i)〜(iii) にある．

定義 2.1 (**ノルム**) 線形空間 X の任意の元 f に対して一つの実数を対応させる関数 $\|f\|$ が次の条件を満たすとき，関数 $\|\cdot\|$ を**ノルム** (norm) という．

(i) $\|f\| \geq 0$，かつ，等号が成立するのは $f = 0$ の場合であり，その場合に限る．

(ii) 任意の複素数 a に対して，次の関係が成立する．

$$\|af\| = |a|\|f\|$$

(iii) X の任意の元 f, g に対して，次の三角不等式が成立する．

$$\|f + g\| \leq \|f\| + \|g\|$$

ノルムの定義された線形空間を**ノルム空間** (normed space) という．

(i) の条件を正値性といい，(ii) の条件を同次性という．

例 2.2　$[a,b]$ を任意に固定した有界閉空間とする．$C[a,b]$ の元 f に対して，

$$\|f\| = \max_{a \leq x \leq b} |f(x)| \tag{2.1}$$

とおけばノルムになる．これを C ノルムという．

ベクトルの場合と同様に，定義 2.1 で与えられる一般のノルムに対し，$\|f-g\|$ をノルム空間 X の元 f と g の間の距離とみなすことができるであろうか．逆にいえば，$\|f-g\|$ がどのような性質をもてば，f と g の間の "距離" とよべるのであろうか．関数解析の分野では，2 点間の距離を次のように定義している．

定義 2.3 (距離)　集合 X の任意の元 f, g に対して一つの実数を対応させる関数 $\mathrm{d}(f,g)$ が次の条件を満たすとき，関数 $\mathrm{d}(\cdot,\cdot)$ を**距離** (metric) という．

(i)　$\mathrm{d}(f,g) \geq 0$，かつ，等号が成立するのは $f=g$ の場合であり，その場合に限る．

(ii)　$\mathrm{d}(g,f) = \mathrm{d}(f,g)$

(iii)　X の任意の元 f, g, h に対して，次の三角不等式が成立する．

$$\mathrm{d}(f,g) \leq \mathrm{d}(f,h) + \mathrm{d}(h,g)$$

距離の定義された集合を**距離空間** (metric space) という．

ノルム空間 X の 2 元 f, g に対して，

$$\mathrm{d}(f,g) = \|f-g\|$$

とおけば，$\mathrm{d}(f,g)$ は距離の公理を満している．これを**ノルムから導かれる距離**という．

ところで，ノルムが線形空間の元に対して定義されていたのに対して，距離は単なる集合の元に対して定義されていることは注意を要する．また，たとえ線形空間の元に対して定義されている距離であっても，次の例 2.4 に示すように，ノルムから導くことができない距離も存在するのである．しかし，本書ではノルム空間に限って論じることにする．

例 2.4　すべての無限次元ベクトルからなる集合を s で表し，s の元 $f=(a_n), g=(b_n)$ に対して，

$$\mathrm{d}(f,g) = \sum_{n=1}^{\infty} \frac{1}{2^n} \frac{|a_n - b_n|}{1 + |a_n - b_n|}$$

とおけば，$\mathrm{d}(f,g)$ はノルムから導くことのできない距離になっている．実際，$\mathrm{d}(f,g)$ があるノルムによって $\mathrm{d}(f,g) = \|f-g\|$ と表現できたとすれば，$\mathrm{d}(f,0) = \|f\|$ となる．しかも $\mathrm{d}(af,0) \neq |a|\mathrm{d}(f,0)$ であるから，ノルムの公理 (ii) が成立しない．しか

し，明らかに距離の公理は満たしている．実際，距離の公理 (i), (ii) を満たすことは明らかであるから，三角不等式を示す．$\varphi(x) = \dfrac{x}{1+x} = 1 - \dfrac{1}{1+x}$ は $x \geq 0$ で単調増加であるから，

$$\frac{|x+y|}{1+|x+y|} \leq \frac{|x|+|y|}{1+|x|+|y|} = \frac{|x|}{1+|x|+|y|} + \frac{|y|}{1+|x|+|y|} \leq \frac{|x|}{1+|x|} + \frac{|y|}{1+|y|}$$

となる．よって，$f = (a_n)$，$g = (b_n)$，$h = (c_n) \in s$ に対して，

$$\frac{|a_n - b_n|}{1+|a_n - b_n|} \leq \frac{|a_n - c_n|}{1+|a_n - c_n|} + \frac{|b_n - c_n|}{1+|b_n - c_n|}$$

となり，三角不等式が成立する．

2.2 空間 l^p

ノルム空間の典型的な例であるベクトル空間 l^p について述べる．

例 2.5 (空間 l^p)　p を $1 \leq p < \infty$ なる実数とする．無限次元ベクトル $f = (a_n)$ で，

$$\sum_{n=1}^{\infty} |a_n|^p < \infty$$

を満たすものの全体を l^p で表し，

$$\|f\|_p = \left(\sum_{n=1}^{\infty} |a_n|^p \right)^{1/p} \tag{2.2}$$

とおく．また，有界数列の全体を l^∞ で表し，

$$\|f\|_\infty = \sup_n |a_n| \tag{2.3}$$

とおく．$p = \infty$ の場合を含めて，l^p は $\|f\|_p$ に関してノルム空間になっている．このノルムを l^p ノルムという．

$\|f\|_p$ がノルムの公理 (i), (ii) を満たすことは容易にわかる．l^p における公理 (iii) はミンコフスキーの不等式とよばれるものであり，あとで補題 2.7 で証明する．このミンコフスキーの不等式から l^p が線形空間になることがわかる．ミンコフスキーの不等式を証明するために，次のヘルダー (Hölder) の不等式を導くことから始める．

式 (1.32) で述べたように，実数 p $(1 \leq p \leq \infty)$ に対して，

$$\frac{1}{p} + \frac{1}{q} = 1 \tag{2.4}$$

で決まる実数 q を p の共役指数という．ただし，$p = 1$ のとき $q = \infty$ とする．

□**補題 2.6** (ヘルダーの不等式)　実数 p $(1 \leq p \leq \infty)$ の共役指数を q とすれば，任意の $f = (a_n) \in l^p$，$g = (b_n) \in l^q$ に対して，

$$\sum_{n=1}^{\infty} |a_n b_n| \leq \|f\|_p \|g\|_q \tag{2.5}$$

となる．等号が成立するための必要十分条件は，f, g の少なくとも一方が 0 になるか，あるいは，

$$\left(\frac{|a_n|}{\|f\|_p}\right)^p = \left(\frac{|b_n|}{\|g\|_q}\right)^q \tag{2.6}$$

が各 n に対して成立することである．

証明　$f = 0$ または $g = 0$ の場合，および，$p = 1$, $q = \infty$ または $p = \infty$, $q = 1$ の場合は明らかであるから，$f \neq 0$, $g \neq 0$, かつ $1 < p < \infty$, $1 < q < \infty$ の場合について証明する．定理 1.28 で与えたヤングの不等式で，$a = \dfrac{|a_n|}{\|f\|_p}$, $b = \dfrac{|b_n|}{\|g\|_q}$ とおけば，

$$\frac{|a_n|}{\|f\|_p}\frac{|b_n|}{\|g\|_q} \leq \frac{1}{p}\left(\frac{|a_n|}{\|f\|_p}\right)^p + \frac{1}{q}\left(\frac{|b_n|}{\|g\|_q}\right)^q$$

となる．両辺の n に関する和をとれば，

$$\sum_{n=1}^{\infty} \frac{|a_n b_n|}{\|f\|_p \|g\|_q} \leq \frac{1}{p} + \frac{1}{q} = 1$$

となり，式 (2.5) が成立する．等号が成立する条件 (2.6) は，ヤングの不等式で等号が成立する条件から直接導かれる．■

$p = q = 2$ に対するヘルダーの不等式は

$$\sum_{n=1}^{\infty} |a_n b_n| \leq \|f\|_2 \|g\|_2 \tag{2.7}$$

となる．これは，次章で重要な働きをするシュヴァルツの不等式の特別な場合にほかならない．

ヘルダーの不等式を使えば，次のミンコフスキー (Minkowski) の不等式を導くことができる．

□**補題 2.7** (**ミンコフスキーの不等式**)　$f = (a_n)$, $g = (b_n) \in l^p$ $(1 \leq p \leq \infty)$ に対して

$$\|f + g\|_p \leq \|f\|_p + \|g\|_p \tag{2.8}$$

が成立する．$1 < p < \infty$ のとき，式 (2.8) で等号が成立するための必要十分条件は，f, g の少なくとも一方が 0 になるか，

$$g = \lambda f \qquad : \lambda > 0$$

が成立することである．

証明　$p = 1$ または $p = \infty$ の場合は明らかであるから，$1 < p < \infty$ の場合について証明する．まず有限和を考えれば，

$$\sum_{n=1}^{N}|a_n+b_n|^p \le \sum_{n=1}^{N}|a_n+b_n|^{p-1}|a_n| + \sum_{n=1}^{N}|a_n+b_n|^{p-1}|b_n|$$

となる．右辺の二つの項にそれぞれヘルダーの不等式を適用すれば，p の共役指数 q に対して，

$$\begin{aligned}\sum_{n=1}^{N}|a_n+b_n|^p &\le \left(\sum_{n=1}^{N}|a_n+b_n|^{(p-1)q}\right)^{1/q}\left(\left(\sum_{n=1}^{N}|a_n|^p\right)^{1/p}+\left(\sum_{n=1}^{N}|b_n|^p\right)^{1/p}\right) \quad (2.9)\\ &= \left(\sum_{n=1}^{N}|a_n+b_n|^p\right)^{1/q}\left(\left(\sum_{n=1}^{N}|a_n|^p)\right)^{1/p}+\left(\sum_{n=1}^{N}|b_n|^p)\right)^{1/p}\right)\end{aligned}$$

となる．ここで，$(p-1)q=p$ を用いている．両辺を $\left(\sum_{n=1}^{N}|a_n+b_n|^p\right)^{1/q}$ で割り，$1-\dfrac{1}{q}=\dfrac{1}{p}$ なる関係を使えば，

$$\left(\sum_{n=1}^{N}|a_n+b_n|^p\right)^{1/p} \le \left(\sum_{n=1}^{N}|a_n|^p\right)^{1/p} + \left(\sum_{n=1}^{N}|b_n|^p\right)^{1/p}$$

となる．この式の右辺で $N\to\infty$ とすれば，

$$\left(\sum_{n=1}^{N}|a_n+b_n|^p\right)^{1/p} \le \|f\|_p+\|g\|_p$$

となる．この式の右辺は N によらない有限な値であるから，左辺で $N\to\infty$ とすれば，式 (2.8) を得る．

等号の成立条件を示す．十分性は明らかであるから，必要性を示す．$f,g\ne 0$ とし，

$$\|f+g\|_p=\|f\|_p+\|g\|_p$$

とする．$\dfrac{p}{q}+1=p$ であるから，

$$\begin{aligned}&\left(\left(\sum_{n=1}^{\infty}|a_n+b_n|^p\right)^{1/q}\|f\|_p-\sum_{n=1}^{\infty}|a_n+b_n|^{p-1}|a_n|\right)\\ &\quad+\left(\left(\sum_{n=1}^{\infty}|a_n+b_n|^p\right)^{1/q}\|g\|_p-\sum_{n=1}^{\infty}|a_n+b_n|^{p-1}|b_n|\right)\\ &=\left(\sum_{n=1}^{\infty}|a_n+b_n|^p\right)^{1/q}(\|f\|_p+\|g\|_p)\\ &\quad-\sum_{n=1}^{\infty}|a_n+b_n|^{p-1}(|a_n|+|b_n|)\\ &\le\left(\sum_{n=1}^{\infty}|a_n+b_n|^p\right)^{1/q}(\|f\|_p+\|g\|_p)-\sum_{n=1}^{\infty}|a_n+b_n|^p\\ &=\left(\sum_{n=1}^{\infty}|a_n+b_n|^p\right)^{1/q}(\|f\|_p+\|g\|_p)-\|f+g\|_p^p\\ &=\left(\sum_{n=1}^{\infty}|a_n+b_n|^p\right)^{1/q}(\|f\|_p+\|g\|_p)-\|f+g\|_p^{p/q}\|f+g\|_p\end{aligned}$$

$$= \left(\sum_{n=1}^{\infty}|a_n+b_n|^p\right)^{1/q}(\|f\|_p+\|g\|_p-\|f+g\|_p)=0$$

より，

$$\left(\left(\sum_{n=1}^{\infty}|a_n+b_n|^p\right)^{1/q}\|f\|_p-\sum_{n=1}^{\infty}|a_n+b_n|^{p-1}|a_n|\right)$$
$$+\left(\left(\sum_{n=1}^{\infty}|a_n+b_n|^p\right)^{1/q}\|g\|_p-\sum_{n=1}^{\infty}|a_n+b_n|^{p-1}|b_n|\right)\leq 0 \qquad (2.10)$$

となる．一方，ヘルダーの不等式と $(p-1)q=p$ より，

$$\sum_{n=1}^{\infty}|a_n+b_n|^{p-1}|a_n| \leq \left(\sum_{n=1}^{\infty}|a_n+b_n|^{(p-1)q}\right)^{1/q}\left(\sum_{n=1}^{\infty}|a_n|^p\right)^{1/p}$$
$$= \left(\sum_{n=1}^{\infty}|a_n+b_n|^p\right)^{1/q}\|f\|_p$$

となり，

$$\left(\sum_{n=1}^{\infty}|a_n+b_n|^p\right)^{1/q}\|f\|_p-\sum_{n=1}^{\infty}|a_n+b_n|^{p-1}|a_n|\geq 0 \qquad (2.11)$$

となる．同様にして，

$$\left(\sum_{n=1}^{\infty}|a_n+b_n|^p\right)^{1/q}\|g\|_p-\sum_{n=1}^{\infty}|a_n+b_n|^{p-1}|b_n|\geq 0 \qquad (2.12)$$

となる．式 (2.10)～(2.12) より，

$$\begin{cases}\displaystyle\sum_{n=1}^{\infty}|a_n+b_n|^{p-1}|a_n| = \left(\sum_{n=1}^{\infty}|a_n+b_n|^p\right)^{1/q}\|f\|_p \\ \displaystyle\sum_{n=1}^{\infty}|a_n+b_n|^{p-1}|b_n| = \left(\sum_{n=1}^{\infty}|a_n+b_n|^p\right)^{1/q}\|g\|_p\end{cases} \qquad (2.13)$$

となる．ヘルダーの不等式で等号が成立する条件より，

$$\frac{|a_n+b_n|}{\|f+g\|_p}=\frac{|a_n|}{\|f\|_p}=\frac{|b_n|}{\|g\|_p}$$

となる．よって，$\lambda=\dfrac{\|g\|_p}{\|f\|_p}$ とおけば，

$$|b_n|=\lambda|a_n| \qquad :\lambda>0,\ n=1,2,\cdots \qquad (2.14)$$

となる．この式で絶対値記号を除くことを考える．式 (2.13) と $\dfrac{p}{q}+1=p$ より，

$$\sum_{n=1}^{\infty}|a_n+b_n|^{p-1}(|a_n|+|b_n|) = \left(\sum_{n=1}^{\infty}|a_n+b_n|^p\right)^{1/q}(\|f\|_p+\|g\|_p)$$
$$= \left(\sum_{n=1}^{\infty}|a_n+b_n|^p\right)^{1/q}\|f+g\|_p$$

$$= \sum_{n=1}^{\infty} |a_n + b_n|^p$$

となり，

$$\sum_{n=1}^{\infty} |a_n + b_n|^{p-1}(|a_n| + |b_n| - |a_n + b_n|) = 0$$

となる．総和の中味は非負であるから，

$$|a_n| + |b_n| = |a_n + b_n|$$

となる．したがって，

$$\overline{a_n}b_n + a_n\overline{b_n} = 2|a_n b_n| \tag{2.15}$$

となる．式 (2.14)，(2.15) より，

$$\begin{aligned} |b_n - \lambda a_n|^2 &= |b_n|^2 - \lambda(\overline{a_n}b_n + a_n\overline{b_n}) + \lambda^2|a_n|^2 \\ &= |b_n|^2 - 2\lambda|a_n b_n| + \lambda^2|a_n|^2 \\ &= |b_n|^2 - 2|b_n|^2 + |b_n|^2 = 0 \end{aligned}$$

となり，

$$b_n = \lambda a_n \qquad : n = 1, 2, \cdots$$

となる．すなわち，$g = \lambda f$ となる． ■

式 (2.8) のミンコフスキーの不等式が成立するということは，式 (2.2)，(2.3) の $\|f\|_p$ が，ノルムの公理 (iii) を満たすということにほかならない．こうして，l^p がノルム空間になることがわかる．

定理 2.8 $1 \leq p < q \leq \infty$ なる実数に対して $l^p \subset l^q$ が成立する．

証明 $f = (a_n) \in l^p$ とすれば，$\sum |a_n|^p$ は収束する．よって，ある番号 N より大きな任意の n に対して $|a_n| < 1$ となり，$1 \leq p < q < \infty$ なる q に対して $|a_n|^p > |a_n|^q$ となる．したがって，

$$\begin{aligned} \sum_{n=1}^{\infty} |a_n|^q &= \sum_{n=1}^{N} |a_n|^q + \sum_{n=N+1}^{\infty} |a_n|^q \\ &\leq \sum_{n=1}^{N} |a_n|^q + \sum_{n=N+1}^{\infty} |a_n|^p < \infty \end{aligned}$$

となり，$f \in l^q$ となる．$q = \infty$ の場合は，

$$\sup_n |a_n| \leq \max\{|a_1|, |a_2|, \cdots, |a_N|, 1\} < \infty$$

となり，$f \in l^\infty$ となる．よって，$1 \leq p < q \leq \infty$ なる p, q に対して，$l^p \subseteq l^q$ となる．

$1 \leq p < q \leq \infty$ に対して，$l^p \neq l^q$ を示す．$\sum_{n=1}^{\infty} \dfrac{1}{n^\alpha}$ は，$\alpha > 1$ のとき収束し，$\alpha \leq 1$ のとき発散する．ここで，

$$\alpha = \frac{1}{2}\left(\frac{1}{p} + \frac{1}{q}\right) \qquad \left(q = \infty \text{ のときは } \frac{1}{q} = 0 \text{ とみなす.}\right)$$

とおけば，$\alpha p < 1$ となり，$\alpha q > 1$ $(q \neq \infty)$ となる．そこで，

$$f = (a_n), \quad a_n = \frac{1}{n^\alpha} \qquad : n = 1, 2, \cdots$$

なる f を考える．

$$\|f\|_p^p = \sum_{n=1}^{\infty} \frac{1}{n^{\alpha p}} = \infty$$

$$\|f\|_q^q = \sum_{n=1}^{\infty} \frac{1}{n^{\alpha q}} < \infty \qquad : q \neq \infty$$

$$\|f\|_\infty = \sup_n \frac{1}{n^{1/(2p)}} = 1$$

であるから，$f \notin l^p$, $f \in l^q$ となる． ■

2.3　空間 L^p

関数空間に対しても，l^p と同様なノルム空間を定義することができる．それが，次に示す空間 L^p である．

例 2.9 (空間 L^p)　p を $1 \leq p < \infty$ なる実数とする．区間 (a, b) で定義された可測関数で，

$$\int_a^b |f(x)|^p dx < \infty$$

を満たすものの全体を $L^p(a, b)$ で表し，

$$\|f\|_p = \left(\int_a^b |f(x)|^p \, dx\right)^{1/p} \tag{2.16}$$

とおく．また，区間 (a, b) で本質的に有界な可測関数，すなわち，測度零の点を除いて有界な可測関数の全体を $L^\infty(a, b)$ で表し，

$$\|f\|_\infty = \operatorname*{ess\,sup}_{a<x<b} \ |f(x)| \tag{2.17}$$

とおく．$p = \infty$ の場合を含めて，$L^p(a, b)$ は $\|f\|_p$ に関してノルム空間になっている．このノルムを L^p ノルムという．

$L^p(a, b)$ がノルム空間になることを示す前に，いくつかの注意を与えておく．まず，式 (2.16) の積分はルベーグ (Lebesgue) 積分である．また，L^p の L は Lebesgue の頭文字をとったものであり，l^p の l は L の小文字を使ったものである．

式 (2.17) の ess sup は，**本質的上限** (essential supremum) の意味であり，“測度零の点を除いて sup をとる” ということを意味している．たとえば，$[-\pi, \pi]$ 上の関数

$$f(x) = \begin{cases} \cos x & : x \neq 0 \\ 2 & : x = 0 \end{cases} \tag{2.18}$$

に対して，

$$\sup |f(x)| = 2$$
$$\operatorname{ess\,sup} |f(x)| = 1$$

となり，sup と ess sup は異なったものになる．

また L^p ノルムでは，たとえば，式 (2.18) で与えられる関数と $g(x) = \cos x$ $(-\pi \leq x \leq \pi)$ のように，測度零の点を除いて等しくなる関数を区別することができない．このような関数は，“ほとんど至るところ (almost everywhere) 等しい” といい，

$$f(x) = g(x) \qquad \text{(a.e.)} \tag{2.19}$$

と表す．このように，厳密にいえば空間 $L^p(a,b)$ とは，ほとんど至るところ等しい関数をまとめて類をつくり，各類を一つの元とみなしているのである．したがって，$L^p(a,b)$ の零元とは，ほとんど至るところ 0 になる関数からなる類になっている．しかし，厳密な表現にこだわりすぎると，式 (2.19) のように，ほとんど至るところで “a.e.” という説明を付けなければいけなくなり，読むほうも，書くほうも煩わしくなってくる．そこで，通常は式 (2.19) を単に $f(x) = g(x)$ と記すことにする．

さて，$L^p(a,b)$ がノルム空間になることを示す．まず，$L^p(a,b)$ が線形空間になることは，

$$\begin{aligned} |f(x) + g(x)|^p &\leq (|f(x)| + |g(x)|)^p \\ &\leq (2 \max\{|f(x)|, |g(x)|\})^p \\ &= 2^p \max\{|f(x)|^p, |g(x)|^p\} \\ &\leq 2^p (|f(x)|^p + |g(x)|^p) \end{aligned}$$

よりわかる．また，式 (2.16)，(2.17) の $\|f\|_p$ がノルムの公理 (i)，(ii) を満たすことは容易にわかる．そこで，公理 (iii) を，l^p の場合と同様に，関数に対するヘルダーの不等式とミンコフスキーの不等式を導くことにより証明する．

□ **補題 2.10** (ヘルダーの不等式)　実数 p $(1 \leq p \leq \infty)$ の共役指数を q とすれば，任意の $f \in L^p(a,b)$，$g \in L^q(a,b)$ に対して，

$$\int_a^b |f(x)g(x)|\,dx \leq \|f\|_p \|g\|_q \tag{2.20}$$

となる．等号が成立するための必要十分条件は，f, g の少なくとも一方が 0 になるか，あるいは，

$$\left(\frac{|f(x)|}{\|f\|_p}\right)^p = \left(\frac{|g(x)|}{\|g\|_q}\right)^q \tag{2.21}$$

が各 x に対して成立することである.

証明　$f=0$ または $g=0$ の場合, および, $p=1$, $q=\infty$ または $p=\infty$, $q=1$ の場合は明らかであるから, $f\neq 0$, $g\neq 0$, かつ $1<p<\infty$, $1<q<\infty$ の場合について証明する.

$$f_0(x)=\frac{f(x)}{\|f\|_p},\qquad g_0(x)=\frac{g(x)}{\|g\|_q}$$

とおけば, $\|f_0\|_p=1$, $\|g_0\|_q=1$ となる. よって, 定理1.28で与えたヤングの不等式より,

$$\frac{|f(x)g(x)|}{\|f\|_p\|g\|_q}=|f_0(x)g_0(x)|\le\frac{1}{p}|f_0(x)|^p+\frac{1}{q}|g_0(x)|^q$$

となる. 両辺を a から b まで積分すれば,

$$\int_a^b\frac{|f(x)g(x)|}{\|f\|_p\|g\|_q}\,dx\le\frac{1}{p}+\frac{1}{q}=1$$

となり, 式(2.20)が成立する. 等号が成立する条件(2.21)は, ヤングの不等式で等号が成立する条件から直接導かれる. ■

ヘルダーの不等式を使えば, 次のミンコフスキーの不等式を導くことができる.

□**補題 2.11** (ミンコフスキーの不等式)　$f,g\in L^p(a,b)$ $(1\le p\le\infty)$ に対して

$$\|f+g\|_p\le\|f\|_p+\|g\|_p \tag{2.22}$$

が成立する. $1<p<\infty$ のとき, 式(2.22)で等号が成立するための必要十分条件は, f,g の少なくとも一方が0になるか,

$$g(x)=\lambda f(x)\qquad :\lambda>0$$

が成立することである.

証明　$p=1$ または $p=\infty$ の場合は明らかであるから, $1<p<\infty$ の場合について証明する. $f,g\in L^p(a,b)$ $(1<p<\infty)$ に対して

$$|f(x)+g(x)|^p\le|f(x)||f(x)+g(x)|^{p-1}+|g(x)||f(x)+g(x)|^{p-1}$$

となる. p の共役指数を q とすれば, $p-1=\dfrac{p}{q}$ より, $(|f(x)|+|g(x)|)^{p-1}\in L^q(a,b)$ となる. そこで, 上式の両辺を積分してヘルダーの不等式を使えば,

$$\begin{aligned}\int_a^b|f(x)+g(x)|^p\,dx&\le\int_a^b|f(x)|\,|f(x)+g(x)|^{p-1}\,dx+\int_a^b|g(x)|\,|f(x)+g(x)|^{p-1}\,dx\\&\le(\|f\|_p+\|g\|_p)\left(\int_a^b|f(x)+g(x)|^{(p-1)q}\,dx\right)^{1/q}\\&=(\|f\|_p+\|g\|_p)\left(\int_a^b|f(x)+g(x)|^p\,dx\right)^{1/q}\end{aligned}$$

となる. この両辺を $\left(\displaystyle\int_a^b|f(x)+g(x)|^p\,dx\right)^{1/q}$ で割り, $1-\dfrac{1}{q}=\dfrac{1}{p}$ を使えば, 式(2.22)を得る. ■

式 (2.22) のミンコフスキーの不等式が成立するということは，式 (2.16)，(2.17) の $\|f\|_p$ が，ノルムの公理 (iii) を満たすということにほかならない．こうして，$L^p(a,b)$ がノルム空間になることがわかる．

定理 2.12 (a,b) を有限区間とする．(a,b) は開区間でも閉区間でもよい．$1 \leq p < q \leq \infty$ なる実数に対して $L^p(a,b) \supset L^q(a,b)$ が成立する．

証明 $q=\infty$ の場合は明らかである．$p=1<q<\infty$ の場合を示す．r を q の共役指数とする．任意の $f \in L^q(a,b)$ に対してヘルダーの不等式を適用すれば，

$$\int_a^b |f(x)|\,dx \leq \left(\int_a^b dx\right)^{1/r} \left(\int_a^b |f(x)|^q\,dx\right)^{1/q} = (b-a)^{1/r}\|f\|_q < \infty$$

となり，$L^1(a,b) \supseteq L^q(a,b)$ となる．

$1<p<q<\infty$ の場合を示す．$s=\dfrac{q}{p}>1$ とおき，s の共役指数を r とする．任意の $f \in L^q(a,b)$ に対してヘルダーの不等式を適用すれば，

$$\int_a^b |f(x)|^p\,dx \leq \left(\int_a^b dx\right)^{1/r} \left(\int_a^b |f(x)|^{ps}\,dx\right)^{1/s} = (b-a)^{1/r} \left(\int_a^b |f(x)|^q\,dx\right)^{1/s} < \infty$$

となり，$L^p(a,b) \supseteq L^q(a,b)$ となる．

$1 \leq p < q \leq \infty$ に対して，$L^p(0,1) \neq L^q(0,1)$ を示す．

$$\alpha = \frac{1}{2}\left(\frac{1}{p}+\frac{1}{q}\right) \qquad \left(q=\infty \text{ のときは } \frac{1}{q}=0 \text{ とみなす．}\right)$$

とおけば，$2-\alpha p>1$ となり，$0<2-\alpha q<1$ $(q \neq \infty)$ となる．そこで，

$$f(x)=n^\alpha \qquad : \frac{1}{n+1} < x \leq \frac{1}{n} \qquad (n=1,2,\cdots)$$

なる関数 f を考える．

$$\int_0^1 f(x)^r\,dx = \sum_{n=1}^\infty \frac{n^{\alpha r}}{n(n+1)}$$

であるから，

$$\|f\|_p^p = \int_0^1 f(x)^p\,dx = \sum_{n=1}^\infty \frac{n^{\alpha p}}{n(n+1)} \leq \sum_{n=1}^\infty \frac{1}{n^{2-\alpha p}} < \infty$$

$$\|f\|_q^q = \int_0^1 f(x)^q\,dx = \sum_{n=1}^\infty \frac{n^{\alpha q}}{n(n+1)} = \sum_{n=1}^\infty \frac{n}{n+1}\frac{1}{n^{2-\alpha q}} \geq \frac{1}{2}\sum_{n=1}^\infty \frac{1}{n^{2-\alpha q}} = \infty \qquad : q \neq \infty$$

$$\|f\|_\infty = \operatorname{ess\,sup}|f(x)| = \infty$$

となり，$f \in L^p(0,1)$，$f \notin L^q(0,1)$ となる． ■

この定理と定理 2.8 からわかるように，$L^p(a,b)$ と l^p では包含関係が逆になっている．

なお，(a,b) が無限区間の場合，$L^p(a,b)$ と $L^q(a,b)$ の間には一般的な包含関係は成立しない．たとえば，$L^1(-\infty,\infty)$，$L^2(-\infty,\infty)$，$L^\infty(-\infty,\infty)$ の間には図 2.1 のよう

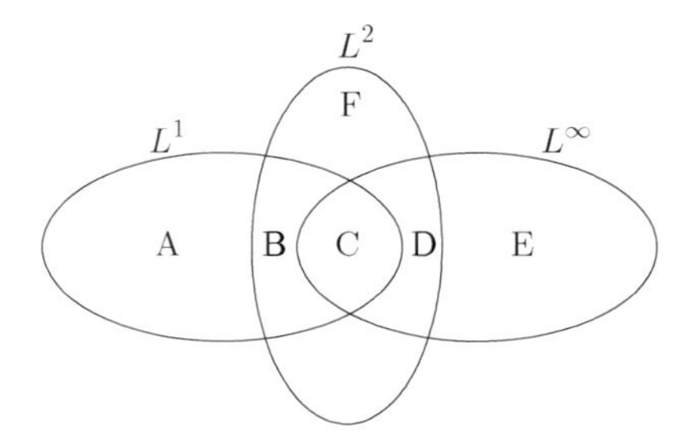

図 2.1　$L^p(-\infty,\infty)$ の包含関係 $(p=1,2,\infty)$

な関係が成立する．

まず，

$$\|f\|_2^2 = \int_{-\infty}^{\infty} |f(x)|^2\,dx \le \|f\|_\infty \int_{-\infty}^{\infty} |f(x)|\,dx = \|f\|_\infty \|f\|_1$$

であるから，$L^1(-\infty,\infty)$ と $L^\infty(-\infty,\infty)$ の共通部分は，$L^2(-\infty,\infty)$ に属する．そして，この図の中の A〜F に対応する関数としては，たとえば次のものを考えることができる．

$$\text{A :}\quad f(x) = \begin{cases} \sqrt{n} & : \dfrac{1}{n+1} \le x < \dfrac{1}{n} \quad (n=1,2,\cdots) \\ 0 & : x \notin [0,1) \end{cases}$$

$$\text{B :}\quad f(x) = \begin{cases} n^{1/4} & : \dfrac{1}{n+1} \le x < \dfrac{1}{n} \quad (n=1,2,\cdots) \\ 0 & : x \notin [0,1) \end{cases}$$

$$\text{C :}\quad f(x) = e^{-x^2}$$

$$\text{D :}\quad f(x) = \begin{cases} \dfrac{1}{x} & : x \ge 1 \\ 0 & : x < 1 \end{cases}$$

$$\text{E :}\quad f(x) = 1$$

$$\text{F :}\quad f(x) = \begin{cases} \dfrac{1}{x} & : x \ge 1 \\ n^{1/4} & : \dfrac{1}{n+1} \le x < \dfrac{1}{n} \quad (n=1,2,\cdots) \\ 0 & : x < 0 \end{cases}$$

2.4 開集合と閉集合

ノルム空間に距離という“近さ”の概念を導入できたおかげで，さまざまな幾何学的概念，あるいは位相的概念を，ノルムを使って論じることができる．

X をノルム空間とする．$f_0 \in X$ からの距離が $r(>0)$ よりも小さい点 f の全体，すなわち，集合 $\{f \mid \|f - f_0\| < r\}$ を，f_0 を中心とする半径 r の開球といい，$\{f \mid \|f - f_0\| \leq r\}$ を閉球という．同様に，$\{f \mid \|f - f_0\| = r\}$ を球面という．開球と閉球をまとめて球という．また，半径 1 の球を単位球という．

例 2.13 (**単位球**) N 次元複素ベクトルの全体からなる線形空間 $\mathbf{C}^N$ に l^p ノルムを導入してできるノルム空間を $l^p(N)$ で表す．$N = 2$ の場合，$l^p(2)$ の $p = 1, 2, \infty$ に対する単位球は，それぞれ次の式を満たすベクトル $\begin{pmatrix} x \\ y \end{pmatrix}$ で与えられる．

$$
\begin{aligned}
&|x| + |y| < 1 && : p = 1 \\
&|x|^2 + |y|^2 < 1 && : p = 2 \\
&\max\{|x|, |y|\} < 1 && : p = \infty
\end{aligned}
$$

この様子を図 2.2 に示す．

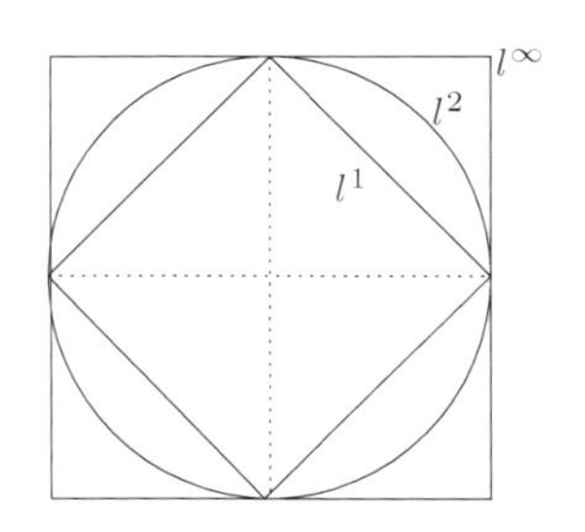

図 2.2 $l^p(2)$ の単位球 ($p = 1, 2, \infty$)

f_0 を中心とする開球を含むような集合を，f_0 の**近傍** (neighborhood) といい，ある開球に含まれる集合を**有界集合** (bounded set) という．また，f_0 を中心とする半径 ε の開球を，f_0 の ε-近傍ということもある．

□ **補題 2.14** ノルム空間 X の部分集合 S が有界であるための必要十分条件は，S の任意の元 f に対して，

$$\|f\| \leq M$$

となる f によらない定数 M が存在することである．

証明　S が有界ならば，$S \subseteq S_0$ となる開球 S_0 が存在する．この開球の中心を f_0，半径を r とすれば，S の任意の元 f に対して $\|f - f_0\| \leq r$ となる．そこで，$M = r + \|f_0\|$ とおけば，S の任意の元 f に対して，

$$\|f\| = \|f - f_0 + f_0\| \leq \|f - f_0\| + \|f_0\| \leq r + \|f_0\| = M$$

となり，$\|f\| \leq M$ が成立する．逆に，ある定数 M に対して $\|f\| \leq M$ が成立したとする．原点を中心とする半径 M の開球を S_1 とすれば $S \subseteq S_1$ となり，S は有界になる　■

この証明にみるように，「同じものを引いて足したあと，三角不等式を使って評価する」という証明方法は，ノルム空間論における一つの典型的な証明技法である．

集合 S の各点 f に対して，f を中心とする十分小さい開球が S に含まれるとき，S を**開集合** (open set) という．すなわち開集合 S とは，S の各点に対して S が近傍になっている集合のことである．たとえば，開球は開集合である．

例 2.15　数直線 $\mathbf{R}$ 上の開区間 (a, b) は開集合である．

例 2.16　空間 $C[a, b]$ の元で，ある正の定数 M に対して $|f(x)| < M$ を満たす関数 f の全体は開集合である．

定理 2.17　開集合の有限個の積集合，および，任意個の和集合は開集合である．

証明　S_i $(i = 1, 2, \cdots n)$ を開集合とし，$S = \cap_{i=1}^{n} S_i$ とおく．$f \in S$ とすれば，すべての i に対して，$f \in S_i$ となる．S_i は開集合であるから，各 i に対して，f を中心とする開球で S_i に含まれるもの B_i が存在する．B_i は有限個しかないので，その中で最も小さい開球を B で表せば，B はすべての S_i に含まれる．したがって，S にも含まれる．よって，S は開集合になる．

S_α を開集合とし，$S = \cup_\alpha S_\alpha$ とおく．$f \in S$ とすれば，f はどれかの S_α に属する．S_α は開集合であるから，f を中心とする開球で S_α に含まれるものが存在する．したがって，その開球は S にも含まれる．よって，S は開集合になる．　■

開集合に対応する概念として，閉集合がある．しかし，閉集合の概念を厳密に定義するためには，更にいくつかの概念が必要になる．

ノルム空間 X の点 f_0 の任意の近傍が，部分集合 S の点を少なくとも 1 個含むとき，f_0 を S の**触点** (adherent point) という．S の点はすべて S の触点であるが，S に属さない点でも触点になることがある．

ノルム空間 X の点 f_0 の任意の近傍が，部分集合 S の点を無限に多く含むとき，f_0 を S の**集積点** (accumulation point) という．f_0 は S に属していても，属していなくてもよい．しかし，S の点がすべて S の集積点になるわけではない．

ノルム空間 X の点 f_0 が部分集合 S に属し，しかも，f_0 以外に S の点を含まないような f_0 の近傍が存在するとき，f_0 を S の**孤立点** (isolated point) という．

S の触点の全体を S の**閉包** (closure) といい，$\overline{S}$ で表す．触点は集積点か孤立点のどちらかであるから，S の閉包 $\overline{S}$ は，S にそのすべての集積点を加えたものになっている．$\overline{S} = S$ となるとき，S を**閉集合** (closed set) という．

例 2.18 数直線 $\mathbf{R}$ 上の閉区間 $[a, b]$ は閉集合である．

例 2.19 空間 $C[a, b]$ の元で，ある正の定数 M に対して $|f(x)| \leq M$ を満たす関数 f の全体は閉集合である．

定理 2.20 部分集合 S が閉集合になるための必要十分条件は，S の補集合 S^c が開集合になることである．

証明 S が閉集合ならば，S^c の任意の点は S^c に含まれるような近傍をもつ．したがって，S^c は開集合になる．逆に S^c が開集合ならば，S^c の各点は S^c に含まれる近傍をもつ．この近傍は S と共通点をもたないから，S の触点になりえない．よって，S は閉集合になる． ■

定理 2.17 と双対な次の関係が成立する．

定理 2.21 閉集合の有限個の和集合，および，任意個の積集合は閉集合である．

証明 $S_i\ (i = 1, 2, \cdots n)$ を閉集合とし，$S = \cup_{i=1}^{n} S_i$ とおく．f を S に属さない点とすると き，f が S の集積点でないことを示す．f はどの S_i にも属さないので，どの S_i の集積点にもなっていない．したがって，各 i に対して適当な近傍 O_{ε_i} をとれば，O_{ε_i} は S_i の点を高々有限個しか含まない．$O_{\varepsilon_1}, O_{\varepsilon_2}, \cdots, O_{\varepsilon_n}$ の中の最小のものを O_ε とすれば，O_ε は f の近傍であり，S の点を高々有限個しか含まない．したがって，S に属さない点は S の集積点になりえないので，S は閉集合になる．

S_α を閉集合とし，$S = \cap_\alpha S_\alpha$ とおく．f を S の集積点とすれば，f の任意の近傍 O_ε は S の点を無限に多く含む．したがって，O_ε は各 α に対して，S_α の点を無限に多く含む．すなわち，f はすべての S_α の集積点になっている．S_α は閉集合であるから，f はすべての S_α に属し，S に属する．よって，S は閉集合になる． ■

□**補題 2.22** 部分集合とその閉包に関して，次の性質が成り立つ．

(i) $S \subseteq \overline{S}$

(ii) $\overline{\overline{S}} = \overline{S}$

(iii) $S_1 \subseteq S_2$ ならば $\overline{S_1} \subseteq \overline{S_2}$

(iv) $\overline{S_1 \cup S_2} = \overline{S_1} \cup \overline{S_2}$

証明　(i), (iii) は明らかである．(ii) を示す．$\overline{S} \subseteq \overline{\overline{S}}$ は (i) より明らかであるから，逆を示す．$f \in \overline{\overline{S}}$ とすれば，f は $\overline{S}$ の触点である．よって，任意の $\varepsilon > 0$ に対して，

$$\|f - g\| < \frac{\varepsilon}{2}$$

となる $g \in \overline{S}$ が存在する．さらに g は S の触点であるから，

$$\|g - h\| < \frac{\varepsilon}{2}$$

となる $h \in S$ が存在する．したがって，

$$\|f - h\| \leq \|f - g\| + \|g - h\| < \varepsilon$$

となり，f は S の触点になる．すなわち，$\overline{\overline{S}} \subseteq \overline{S}$ となる．

(iv) を示す．まず，$S_1 \subseteq S_1 \cup S_2$, $S_2 \subseteq S_1 \cup S_2$ であるから，(iii) より，$\overline{S_1} \cup \overline{S_2} \subseteq \overline{S_1 \cup S_2}$ となる．逆を示す．$f \in \overline{S_1 \cup S_2}$ とする．$f \notin \overline{S_1}$ かつ $f \notin \overline{S_2}$ と仮定すれば，S_1 の元を含まない f の ε_1 近傍，および，S_2 の元を含まない f の ε_2 近傍が存在する．そこで，ε_1 と ε_2 の小さいほうを ε とおけば，f の ε 近傍は S_1 の元も S_2 の元も含まない．これは，f が $\overline{S_1 \cup S_2}$ に属することに矛盾する．したがって，f は $\overline{S_1} \cup \overline{S_2}$ に属する．すなわち，$\overline{S_1 \cup S_2} \subseteq \overline{S_1} \cup \overline{S_2}$ となる．■

補題 2.22 の (ii) より，$\overline{S}$ が閉集合であることがわかる．

2.5　収束と極限

実数列 $\{a_n\}_{n=1}^{\infty}$ の実数 a への収束は，次のように定義される．任意の $\varepsilon > 0$ に対して自然数 $N(\varepsilon)$ が存在し，任意の $n > N(\varepsilon)$ に対して

$$|a_n - a| < \varepsilon$$

が成立するとき，$\{a_n\}_{n=1}^{\infty}$ は a に収束するという．

この実数列の収束の概念は，次に示すように，素直にノルム空間に拡張することができる．ノルム空間 X の点列 $\{f_n\}_{n=1}^{\infty}$ と元 $f \in X$ を考える．任意の $\varepsilon > 0$ に対して自然数 $N(\varepsilon)$ が存在し，任意の $n > N(\varepsilon)$ に対して

$$\|f_n - f\| < \varepsilon$$

が成立するとき，$\{f_n\}_{n=1}^{\infty}$ は f に**収束**する，または，**強収束** (strong convergence) するといい，$f_n \to f$ または $\lim_{n\to\infty} f_n = f$ と表す．特に強収束であることを強調したい場合には，$f_n \Rightarrow f$ または $\text{s-}\lim_{n\to\infty} f_n = f$ と表す．lim の前の s は strong の s である．f を $\{f_n\}$ の**極限**という．

C ノルムによる収束は，式 (2.1) からわかるように，解析学でいう一様収束にほかならない．実際，C ノルムによる収束は，任意の $\varepsilon > 0$ に対して自然数 $N(\varepsilon)$ が存在

し，任意の $n > N(\varepsilon)$ に対して

$$|f_n(x) - f(x)| < \varepsilon$$

となることである．しかも，$N(\varepsilon)$ は，区間 $[a, b]$ に属するすべての x に対して共通にとることができるので，一様収束になっている．

なお，強収束に対して弱収束という概念もある．詳しくは次章で論じる．

□ **補題 2.23** ノルム空間の点列 $\{f_n\}_{n=1}^{\infty}$ が強収束すれば，極限は一意に定まる．

証明 $f_n \to f$ かつ $f_n \to g$ のとき，任意の $\varepsilon > 0$ に対して十分大きな n をとれば，

$$\|f_n - f\| < \frac{\varepsilon}{2}, \qquad \|f_n - g\| < \frac{\varepsilon}{2}$$

となる．したがって，ノルムの三角不等式より，

$$\|f - g\| = \|f - f_n + f_n - g\| \leq \|f_n - f\| + \|f_n - g\| < \frac{\varepsilon}{2} + \frac{\varepsilon}{2} = \varepsilon$$

となり，$\|f - g\| < \varepsilon$ となる．ε は任意であるから $f = g$ となり，極限は一意に定まる． ■

収束の概念を使えば，ノルム空間 X_1 からノルム空間 X_2 への変換 φ に対して，連続性の概念を導入することができる．すなわち，X_1 および X_2 のノルムをそれぞれ $\|\cdot\|_1$ および $\|\cdot\|_2$ で表す．任意の $f \in X_1$ と任意の $\varepsilon > 0$ に対して，正の数 $\delta(\varepsilon, f)$ が存在し，$\|f - g\|_1 < \delta$ となる任意の $g \in X_1$ に対して $\|\varphi(f) - \varphi(g)\|_2 < \varepsilon$ となるとき，φ は連続であるという．

$X_1 = X$，$X_2 = \mathbf{R}$，$\varphi(f) = \|f\|$ とおけば，ノルムの連続性を考えることができる．このノルムの連続性は，次の補題から容易に導くことができる．

□ **補題 2.24** ノルム空間 X の任意の元 f, g に対して，次の関係が成立する．

$$\big|\|f\| - \|g\|\big| \leq \|f - g\| \tag{2.23}$$

証明 ノルムの三角不等式より，

$$\|f\| = \|f - g + g\| \leq \|f - g\| + \|g\|$$

となり，

$$\|f\| - \|g\| \leq \|f - g\|$$

となる．同様にして，

$$\|g\| - \|f\| \leq \|f - g\|$$

となる．したがって，式 (2.23) が成立する． ■

式 (2.23) よりただちに，次の二つの系を得る．

□**系 2.25**　ノルム空間 X のノルムは連続である.

□**系 2.26**　X の点列 $\{f_n\}_{n=1}^{\infty}$ が f に収束すれば, 数列 $\{\|f_n\|\}_{n=1}^{\infty}$ は $\|f\|$ に収束し, 有界になる.

定理 2.27　ノルム空間 X の部分集合 S が閉集合になるための必要十分条件は, S の任意の収束する点列の極限が S に属することである.

証明　S の点列 $\{f_n\}_{n=1}^{\infty}$ が $f \in X$ に収束するとき, f は集合 $\{f_n\}_{n=1}^{\infty}$ の集積点になっている. したがって, S が閉集合ならば, f は S に属する. 逆を示す. S の任意の集積点 f の近傍は S の点を無限に多く含んでいるので, f に収束する S の点列が存在する. しかも, 定理の仮定により, その極限は S に含まれるので, $\overline{S} = S$ となり, S は閉集合になる. ■

閉じた部分空間, すなわち, 部分空間でかつ閉集合になっているものを**閉部分空間** (closed subspace) という. しかし, 閉部分空間を単に部分空間ということもあるので, 言葉の使い方には注意を要する. あとで定理 2.49 に示すように, 有限次元部分空間は閉集合である. しかし, 次の例からもわかるように, 無限次元部分空間は必ずしも閉集合にならない.

例 2.28　l^2 の元で, 有限の要素以外は 0 となるベクトルの全体を S とすれば, S は l^2 の閉じていない部分空間になる. これは次のようにして証明できる. まず, S が l^2 の部分空間であることは明らかである. そこで,

$$
\begin{aligned}
f_1 &= (1, 0, 0, 0, 0, \cdots) \\
f_2 &= \left(1, \frac{1}{2}, 0, 0, 0, \cdots\right) \\
f_3 &= \left(1, \frac{1}{2}, \frac{1}{3}, 0, 0, \cdots\right) \\
&\vdots \\
f_n &= \left(1, \frac{1}{2}, \frac{1}{3}, \cdots, \frac{1}{n}, 0, 0, \cdots\right) \\
f &= \left(1, \frac{1}{2}, \frac{1}{3}, \cdots, \frac{1}{n}, \frac{1}{n+1}, \cdots\right)
\end{aligned}
$$

とおけば, $f_n \in S$ は $f \in l^2$ に収束するが, f は S に属さない. よって定理 2.27 より, S は閉集合ではない. ■

ノルム空間 X の二つの部分集合 S_1, S_2 に対して $\overline{S_1} \supseteq \overline{S_2}$ が成立するとき, S_1 は S_2 で**稠密** (dense) であるという. 特に X の部分集合 S に対して $\overline{S} = X$ が成立すると

き，S は X で**稠密**である，あるいは，**至るところ稠密**であるという．この定義から明らかなように，X の真の部分集合 S が X で稠密ならば，S は閉集合にならない．実際，$\overline{S} = X \supsetneq S$ より $\overline{S} \supsetneq S$ となるから，S は閉集合にならない．

解析学で重要な働きをする次の定理がある．

定理 2.29 (ワイエルシュトラスの近似定理)　有界閉区間 $[a,b]$ で連続な関数 $f(x)$ は，多項式によって一様に近似できる．すなわち，任意の $f \in C[a,b]$ と任意の $\varepsilon > 0$ に対し，すべての $x \in [a,b]$ に関して

$$|f(x) - p(x)| < \varepsilon$$

となるような多項式 $p(x)$ が存在する．

このワイエルシュトラス (Weierstrass) の近似定理は，稠密の概念を使えば，次のように表すことができる．

『多項式の空間 $\Pi[a,b]$ は $C[a,b]$ で稠密である．』

このことから，例 1.12 で示した多項式空間 $\Pi[a,b]$ が $C[a,b]$ の閉じていない部分空間であることがわかる．

2.6　バナッハ空間

実数列 $\{a_n\}_{n=1}^{\infty}$ が与えられたとき，それが収束するかどうかを収束の定義に従って調べようとすると，その極限を知らなければいけない．しかし，一般には極限を予測することは困難である．このような状況の中で，コーシー (Cauchy) は次の判定条件を与えた．

『実数列 $\{a_n\}_{n=1}^{\infty}$ が収束するための必要十分条件は，任意の $\varepsilon > 0$ に対して自然数 $N(\varepsilon)$ が存在し，任意の $m, n > N(\varepsilon)$ に対して，

$$|a_m - a_n| < \varepsilon$$

となることである．』

これは，各 a_n の相互の距離が近づくかどうかだけを調べることによって，極限を知らなくても数列 $\{a_n\}$ の収束性を判定できるというものであり，大変便利な判定法である．

そこで，ノルム空間の場合にもこの判定法が使えるかどうかを調べてみることにする．コーシーの判定条件をノルム空間の言葉で言い換えれば，次のようになる．

『ノルム空間 X の点列 $\{f_n\}_{n=1}^{\infty}$ が収束するための必要十分条件は，任意の $\varepsilon > 0$ に対して自然数 $N(\varepsilon)$ が存在し，任意の $m, n > N(\varepsilon)$ に対して，

$$\|f_m - f_n\| < \varepsilon \tag{2.24}$$

となることである.』

式 (2.24) の条件は，**コーシーの条件**とよばれている．ノルム空間 X の点列 $\{f_n\}_{n=1}^{\infty}$ がコーシーの条件を満たすとき，$\{f_n\}_{n=1}^{\infty}$ を**コーシー列** (Cauchy sequence)，あるいは**基本列** (fundamental sequence) という．そして，この命題は，次のように言い換えることができる．

『ノルム空間 X の点列 $\{f_n\}_{n=1}^{\infty}$ が収束するための必要十分条件は，$\{f_n\}_{n=1}^{\infty}$ がコーシー列になることである.』

果たしてこの命題は，任意のノルム空間 X に対して成立するであろうか．まず，コーシーの条件が必要条件になることは，次に示すように容易にわかる．

□ **補題 2.30**　ノルム空間 X の収束する点列はコーシー列である．

証明　$f_n \to f$ のとき，任意の $\varepsilon > 0$ に対して m, n を十分大きくとれば，

$$\|f_m - f\| < \frac{\varepsilon}{2}, \qquad \|f - f_n\| < \frac{\varepsilon}{2}$$

となる．したがって，三角不等式より

$$\|f_m - f_n\| = \|f_m - f + f - f_n\| \leq \|f_m - f\| + \|f - f_n\| < \varepsilon$$

となり，式 (2.24) が成立する．■

しかし，コーシーの条件は，一般には十分条件にならない．そのような例を次に示す．

例 2.31　$C[0,2]$ の元 f に対し，

$$\|f\|_2 = \left(\int_0^2 |f(x)|^2 \, dx\right)^{1/2} \tag{2.25}$$

とおけばノルムになる．これを L^2 ノルムという．L^2 ノルムに関するコーシー列は必ずしも収束しない．

証明

$$f_n(x) = \begin{cases} x^n & : 0 \leq x < 1 \\ 1 & : 1 \leq x \leq 2 \end{cases} \tag{2.26}$$

とおけば，

$$\|f_m - f_n\|^2 = \frac{1}{2m+1} - \frac{2}{m+n+1} + \frac{1}{2n+1}$$

より，$\|f_m - f_n\|^2 \to 0 \ (m, n \to \infty)$ となる．よって，$\{f_n\}_{n=1}^{\infty}$ はコーシー列になる．しかし，この関数列の極限になっているような連続関数は存在しない．次にそれを示す．式 (2.25) のノルムのもとで $C[0,2]$ は $L^2[0,2]$ の部分空間になっており，$\{f_n\}_{n=1}^{\infty}$ は $L^2[0,2]$ のコーシー列になっている．そして，その極限は $0 \leq x < 1$ では 0 となり，$1 \leq x \leq 2$ では 1 となる関数である

から，不連続となり，$C[0,2]$ には属さない．よって，式 (2.26) の $\{f_n\}_{n=1}^{\infty}$ は $C[0,2]$ の収束しないコーシー列である． ■

この例からもわかるように，ノルム空間の公理と収束の定義だけから十分性を導くことはできない．

しかしながら，点列 $\{f_n\}_{n=1}^{\infty}$ が与えられたとき，その極限を知らなくても，コーシーの条件が成立するかどうかを調べることができる．したがって，もしコーシーの条件が収束のための十分条件にもなっていれば，収束のための非常に有力な判定手段になる．そこで，このコーシーの条件が収束のための十分条件にもなるような空間を完備な空間と名付けて，その性質が詳しく調べられている．すなわち，X の任意のコーシー列が X の点に収束するとき，X は**完備** (complete) であるという．完備なノルム空間を**バナッハ空間** (Banach space) という．

この完備性の概念を使えば，実数列の収束に対するコーシーの判定条件は，

『実数の空間 $\mathbf{R}$ は絶対値ノルムに関して完備である．』

と表現することができる．同様に，複素数の空間 $\mathbf{C}$ も絶対値ノルムに関して完備である．

具体的な空間の完備性を論じる前に，コーシー列の性質を調べておく．まず，X のコーシー列 $\{f_n\}_{n=1}^{\infty}$ は一般には収束しないけれども，そのノルムをとった数列 $\{\|f_n\|\}_{n=1}^{\infty}$ は必ず収束している．すなわち，次の定理が成立する．

定理 2.32 $\{f_n\}_{n=1}^{\infty}$ をノルム空間 X のコーシー列とすれば，$\{\|f_n\|\}_{n=1}^{\infty}$ は収束し，有界になる．

証明 $\{f_n\}_{n=1}^{\infty}$ は X のコーシー列であるから，任意の $\varepsilon > 0$ に対して自然数 $N(\varepsilon)$ が存在し，任意の $m, n > N(\varepsilon)$ に対して $\|f_m - f_n\| < \varepsilon$ となる．したがって，式 (2.23) より

$$\big|\|f_m\| - \|f_n\|\big| < \varepsilon$$

となり，$\{\|f_n\|\}_{n=1}^{\infty}$ は実数のコーシー列になる．$\mathbf{R}$ は完備であるから $\{\|f_n\|\}_{n=1}^{\infty}$ は収束する．さらに，収束する数列は有界であるから，$\{\|f_n\|\}_{n=1}^{\infty}$ は有界になる． ■

例 2.33 $C[a,b]$ は C ノルムに関してバナッハ空間になる．

証明 $\{f_n\}_{n=1}^{\infty}$ を $C[a,b]$ のコーシー列とする．任意に固定した $x \in [a,b]$ に対して

$$|f_n(x) - f_m(x)| \leq \|f_n - f_m\| \to 0 \qquad : m, n \to \infty$$

となるから，$\{f_n(x)\}_{n=1}^{\infty}$ は複素数のコーシー列である．複素数の全体 $\mathbf{C}$ は完備であるから，極限が存在する．それを $f(x)$ とすれば，$f_n(x)$ は $f(x)$ に各点収束する．次にこれが一様収束であることを示す．任意の $\varepsilon > 0$ に対して，自然数 $N(\varepsilon)$ を

$$\|f_n - f_m\| < \frac{\varepsilon}{2} \qquad : m, n > N(\varepsilon)$$

となるように選ぶ．このとき，任意の $n > N(\varepsilon)$ に対して

$$\begin{aligned} |f_n(x) - f(x)| &\le |f_n(x) - f_m(x)| + |f_m(x) - f(x)| \\ &\le \|f_n - f_m\| + |f_m(x) - f(x)| \end{aligned} \tag{2.27}$$

となる．この式の第2項が $\varepsilon/2$ よりも小さくなるように m を十分大きくとれば，$|f_n(x)-f(x)| < \varepsilon$ $(n > N(\varepsilon))$ となる．よって，$\{f_n\}_{n=1}^{\infty}$ は f に一様収束する．連続関数が一様収束すればその極限も連続であるから，$f \in C[a,b]$ となり，$C[a,b]$ は完備になる．■

なお，式 (2.27) で $|f_m(x) - f(x)| < \varepsilon/2$ となるような m は，x に応じて変わってくる．しかし，$n > N(\varepsilon)$ は x によらないので，$|f_n(x) - f(x)| < \varepsilon$ $(n > N(\varepsilon))$ は常に成立しているのである．

集合 $C[a,b]$ に対して，式 (2.1) の C ノルムと式 (2.25) の L^2 ノルムの2種類のノルムを考えてきた．これらのノルムは，物理的には，たとえば次のように解釈することができる．x が時間変数で $f(x)$ が電圧波形の場合，C ノルム $\|f\|$ は $f(x)$ の "大きさ" をピーク電圧で評価していることになり，L^2 ノルム $\|f\|$ は $f(x)$ の "大きさ" をその波形のもつエネルギーで評価していることになる．ところで，数学的には，例 2.31，例 2.33 のように，$C[a,b]$ は L^2 ノルムに関して完備にならないが，C ノルムに関しては完備になる．完備性は非常に重要な性質であるので，関数解析の分野では，$C[a,b]$ と書けば C ノルムに関するバナッハ空間を表すことになっている．

例 2.34　$C^{(n)}[a,b]$ は $C^{(n)}$ ノルムに関してバナッハ空間になる．

この問題は次のように考える．有界閉区間 $[a,b]$ 上で定義された関数 f で，n 階まで微分可能であり，しかも f および $f^{(k)}$ $(k = 1, 2, \cdots, n)$ がすべて連続な関数を **n 階連続微分可能な関数**といい，そのような関数の全体を $C^{(n)}[a,b]$ で表す．$C^{(n)}[a,b]$ は $C[a,b]$ の真の部分空間であり，

$$C[a,b] \supset C^{(1)}[a,b] \supset C^{(2)}[a,b] \supset \cdots$$

となる．しかも，定理 2.29 で述べたワイエルシュトラスの近似定理より，$C^{(n)}[a,b]$ は $C[a,b]$ で C ノルムに関して稠密になっている．したがって，$C^{(n)}[a,b]$ は C ノルムに関して閉じていない．すなわち，$C^{(n)}[a,b]$ の関数列 $\{f_k\}$ が一様収束しても，その極限 f は $C^{(n)}[a,b]$ に属するとは限らない．

それでは，$\{f_k\}$ だけでなく，$\{f_k\}$ の n 階までの導関数がすべて一様収束したらどうなるであろうか．簡単のために，$n = 1$ の場合を考えてみる．一様収束の意味で $f_k \to f$, $f_k' \to g$ と仮定する．

$$f_k(x) = \int_a^x f_k'(y)dy + f_k(a)$$

であるから，この式で $k \to \infty$ とすれば，左辺は明らかに $f(x)$ に一様収束する．f_k' は g に一様収束しているので，上式の右辺第 1 項で極限と積分の順序を交換することができる．したがって，

$$f(x) = \int_a^x g(y)dy + f(a)$$

となる．g は連続であるから，この式は f が微分可能で，$f'(x) = g(x)$ となることを意味している．よって，$f \in C^{(1)}[a,b]$ となる．

そこで，$C^{(1)}[a,b]$ のノルムを，

$$\|f\|_{C^{(1)}} = \sup_{a \le x \le b} |f(x)| + \sup_{a \le x \le b} |f'(x)| \tag{2.28}$$

によって定義する．このとき，一様収束の意味で $f_k \to f$, $f_k' \to f'$ となることと，$\|f_k - f\|_{C^{(1)}} \to 0$ とは等価になる．したがって，$C^{(1)}[a,b]$ は式 (2.28) のノルムに関して完備になる．

式 (2.28) のノルムを $C^{(n)}[a,b]$ に拡張するためには，

$$\|f\|_{C^{(n)}} = \sum_{k=0}^{n} \sup_{a \le x \le b} |f^{(k)}(x)| \tag{2.29}$$

とおけばよい．ここで，$f^{(k)}(x) = \dfrac{d^k}{dx^k} f(x)$ である．このノルムのもとで $C^{(n)}[a,b]$ は完備になる．

例 2.35 l^p $(1 \le p \le \infty)$ は完備である．

証明 $1 \le p < \infty$ の場合について考える．$f_n = (a_1^{(n)}, a_2^{(n)}, \cdots) \in l^p$ とし，$\{f_n\}_{n=1}^{\infty}$ を l^p のコーシー列とする．各 k に対して，

$$|a_k^{(m)} - a_k^{(n)}|^p \le \sum_{i=1}^{\infty} |a_i^{(m)} - a_i^{(n)}|^p = \|f_m - f_n\|^p \to 0 \qquad : m, n \to \infty$$

となる．よって，数列 $\{a_k^{(n)}\}_{n=1}^{\infty}$ は $\mathbf{C}$ のコーシー列になり，$\mathbf{C}$ の中に極限をもつ．それを a_k で表し，$f = (a_k)$ とおく．

$f \in l^p$ を示す．定理 2.32 よりコーシー列は有界であるから，$\|f_n\| \le M$ $(n = 1, 2, \cdots)$ となる定数 M が存在する．したがって，

$$\sum_{i=1}^{N} |a_i^{(n)}|^p \le \sum_{i=1}^{\infty} |a_i^{(n)}|^p = \|f_n\|^p \le M^p$$

となる．左辺で $n \to \infty$ とすれば，

$$\sum_{i=1}^{N} |a_i|^p \le M^p$$

となる．これが任意の N に対して成立するので，

$$\sum_{i=1}^{\infty} |a_i|^p \leq M^p$$

となり，$f \in l^p$ となる．

$f_n \to f$ を示し，l^p の完備性を示す．$\{f_n\}_{n=1}^{\infty}$ はコーシー列であるから，任意の $\varepsilon > 0$ に対して自然数 $N(\varepsilon)$ が存在し，$m, n > N(\varepsilon)$ なる任意の m, n に対して，

$$\sum_{i=1}^{N} |a_i^{(m)} - a_i^{(n)}|^p \leq \|f_m - f_n\|^p < \varepsilon$$

となる．ここで，$m \to \infty$ とすれば，$n > N(\varepsilon)$ なる任意の n に対して，

$$\sum_{i=1}^{N} |a_i - a_i^{(n)}|^p \leq \varepsilon$$

となる．したがって，$n > N(\varepsilon)$ なる任意の n に対して，

$$\|f - f_n\|^p \leq \varepsilon$$

となり，$f_n \to f$ となる．よって，l^p は完備になる．

$p = \infty$ の場合も同様に証明できる．■

$L^p(a, b)$ の完備性を示すために，一つの補題を準備する．

□**補題 2.36**　ノルム空間 X が完備になるための必要十分条件は，X の点列 $\{f_k\}$ で，

$$\sum_{k=1}^{\infty} \|f_{k+1} - f_k\| < \infty \tag{2.30}$$

を満たすものはすべて，X で収束することである．

証明　式 (2.30) を満たす $\{f_k\}$ は X のコーシー列であるから，必要性は明らかである．十分性を示す．$\{g_n\}$ を X のコーシー列とする．$\{g_n\}$ の部分列 $\{g_{n_k}\} = \{f_k\}$ で式 (2.30) を満たすものをつくる．そのためには，まず番号 N_k を，任意の $i, j \geq N_k$ に対して，

$$\|g_i - g_j\| < \frac{1}{2^k}$$

となるように選ぶ．次に n_k を，$n_k > N_k$ かつ $n_1 < n_2 < \cdots$ となるように選べばよい．そうすれば，部分列 $\{g_{n_k}\} = \{f_k\}$ は式 (2.30) を満たすので，仮定により，$\{g_{n_k}\} = \{f_k\}$ はある元 $f \in X$ に収束する．したがって，もとのコーシー列 $\{g_n\}$ も同じ元 f に収束する．よって，X は完備になる．■

この補題を使って，$L^p(a, b)$ の完備性を示す．

例 2.37　$L^p(a, b)$ $(1 \leq p \leq \infty)$ は完備である．

証明　まず，$1 \leq p < \infty$ の場合について証明する．補題 2.36 より，$L^p(a, b)$ の関数列 $\{f_k\}$ が，

$$C = \sum_{k=1}^{\infty} \|f_{k+1} - f_k\| < \infty$$

を満たすとき，$\{f_k\}$ が $L^p(a,b)$ で収束することを示せばよい．

$$g_N(x) = |f_1(x)| + \sum_{k=1}^{N-1} |f_{k+1}(x) - f_k(x)|$$
$$g(x) = \lim_{N\to\infty} g_N(x)$$

とおく．g_N は非負の非減少列である．しかも，

$$\left(\int_a^b g_N(x)^p\,dx\right)^{1/p} = \|g_N\| \le \|f_1\| + \sum_{k=1}^{N-1} \|f_{k+1} - f_k\| \le \|f_1\| + C$$

となる．よって，$g(x) = \lim_{N\to\infty} g_N(x) < \infty$ (a.e.) かつ $g \in L^p(a,b)$ となる．次に，

$$f_N(x) = f_1(x) + \sum_{k=1}^{N-1} (f_{k+1}(x) - f_k(x))$$

と表す．$g(x) < \infty$ であるようなほとんど至るところの x で，$\sum_{k=1}^{N-1} |f_{k+1}(x) - f_k(x)| < \infty$ であるから，そのような x で，

$$f(x) = \lim_{N\to\infty} f_N(x) = f_1(x) + \sum_{k=1}^{\infty} (f_{k+1}(x) - f_k(x))$$

が存在する．f は可測関数の極限であるから可測である．また，$|f_N(x)| \le g(x)$ より，

$$|f(x)| = \lim_{N\to\infty} |f_N(x)| \le g(x)$$

となる．したがって，$f \in L^p(a,b)$ となる．さらに，$f_N(x) - f(x) \to 0$ (a.e.) かつ，

$$|f_N(x) - f(x)| \le 2g(x) \in L^p(a,b)$$

であるから，

$$\|f_N - f\| = \left(\int_a^b |f_N(x) - f(x)|^p\,dx\right)^{1/p} \to 0 \qquad : N \to \infty$$

となる．よって，$L^p(a,b)$ $(1 \le p < \infty)$ は完備になる．

$p = \infty$ の場合について証明する．補題 2.36 より，$L^\infty(a,b)$ の関数列 $\{f_k\}$ が，

$$C = \sum_{k=1}^{\infty} \|f_{k+1} - f_k\| < \infty$$

を満たすとき，$\{f_k\}$ が $L^\infty(a,b)$ で収束することを示せばよい．$c_k = \|f_{k+1} - f_k\|$ とおけば，$\sum_{k=1}^{\infty} c_k = C < \infty$ となっている．したがって，測度 0 の点の集合 $D_k \subset (a,b)$ $(k = 0,1,2,\cdots)$ で，

$$|f_1(x)| \le \|f_1\| \qquad : x \in (a,b)\backslash D_0$$
$$|f_{k+1}(x) - f_k(x)| \le c_k \qquad : x \in (a,b)\backslash D_k,\ k = 1,2,\cdots$$

となるものが存在する．$D = \cup_{k=0}^{\infty} D_k$ とおけば，D の測度は零であり，かつ，

$$|f_{k+1}(x) - f_k(x)| \le c_k \qquad : x \in (a,b)\backslash D,\ k = 1,2,\cdots$$

となる．そこで，

$$f_k(x) = f_1(x) + \sum_{i=1}^{k-1} (f_{i+1}(x) - f_i(x))$$

と表せば，$f_k(x)$ は，$(a,b)\backslash D$ で一様に，

$$f(x) = f_1(x) + \sum_{i=1}^{\infty} (f_{i+1}(x) - f_i(x))$$

に収束する．しかも，$x \in (a,b)\backslash D$ に対して，

$$|f_1(x)| \leq \|f_1\| + C$$

であるから，$f \in L^\infty(a,b)$ となる．さらに，$(a,b)\backslash D$ の上で一様収束しているので，任意の ε に対して N_0 を十分大きくとれば，任意の $k > N_0$，$x \in (a,b)\backslash D$ に対して，$\|f_k - f\| < \varepsilon$ となる．したがって，$L^\infty(a,b)$ は完備になる． ■

部分空間の閉性と完備性の間には，次の関係がある．

定理 2.38 ノルム空間 X の完備な部分空間 S は閉じている．また，バナッハ空間 X の閉じた部分空間 S は完備である．

証明 まず前半を証明する．S の点列 $\{f_n\}_{n=1}^\infty$ が X のある元 f に収束したとする．収束する点列はコーシー列をなすから，S の完備性により $f \in S$ となる．すなわち，S は閉集合である．後半を証明する．S のコーシー列を $\{f_n\}_{n=1}^\infty$ とすれば，これは同時に X のコーシー列になっている．よって，X の完備性より $\{f_n\}_{n=1}^\infty$ の極限 f が X の中に存在する．さらに，S の閉性より $f \in S$ となる．これは S が完備であることを意味している． ■

2.7 商空間

線形空間 X の部分空間 S をつぎつぎに平行移動していけば，線形多様体の族ができる．各線形多様体を一つの要素としてみたとき，線形多様体の族は再び線形空間になる．これを，S を法とする商空間といい，X/S と表す．厳密には，次のように定義される．

定義 2.39 S を線形空間 X の部分空間とする．X の要素 f_1，f_2 に対して $f_1 - f_2 \in S$ となるとき，f_1 と f_2 は **S を法として同値**であるといい，$f_1 \equiv f_2$ と表す．

この同値関係によって，線形空間 X は同値類に分割できる．各同値類を S の**剰余類** (residue class) という．すなわち X は，S を平行移動してできる互いに共通部分をもたない線形多様体の和集合として表現できる．X の各元 f が属する剰余類は一意に定まるので，それを $[f]$ と表す．すなわち，$[f] = f + S$ である．

なお，記号 $[f]$ は f で張られる部分空間の意味にも使われているが，前後の文脈から間違えることはないので，f が属する剰余類にも同じ記号を用いている．

定義 2.40 S を線形空間 X の部分空間とする．S の剰余類の全体であって，線形演算が，

$$[f]+[g]=[f+g], \qquad a[f]=[af] \tag{2.31}$$

で定義される空間を，**S を法とする商空間** (quotient space) といい，X/S と表す．

式 (2.31) の定義が，代表元 f, g のとり方に依存しないこと，および，この演算で X/S が線形空間になることは容易に証明できる．

この商空間にノルムを導入する．

定理 2.41 S をノルム空間 X の閉部分空間とする．

$$\|[f]\| = \inf_{g\in[f]} \|g\| \tag{2.32}$$

をノルムとして，商空間 X/S はノルム空間になる．さらに，X がバナッハ空間ならば，X/S もバナッハ空間になる．

証明 X をノルム空間とする．$[f]$ を X/S の零元とすれば，$[f]=S$ であるから，$[f]$ は X の零元を含む．よって，式 (2.32) より，$\|[f]\|=0$ となる．逆に $\|[f]\|=0$ とすれば，$g_n \to 0$ となる $[f]$ の列 $\{g_n\}$ が存在する．S は閉集合であるから，$[f]$ も閉集合になる．よって，$0\in[f]$ となり，$[f]=S$ となる．すなわち，$[f]=S$ は X/S の零元になる．よって，ノルムの公理の (i) が成立する．

三角不等式を示す．$[f],[g]\in X/S$ とすれば，式 (2.32) より，任意の $\varepsilon>0$ に対して $u\in[f]$, $v\in[g]$ が存在して，$\|u\|<\|[f]\|+\varepsilon$, $\|v\|<\|[g]\|+\varepsilon$ となる．よって，

$$\|u+v\| \le \|u\|+\|v\| < \|[f]\|+\|[g]\|+2\varepsilon$$

となる．一方，$u+v\in([f]+[g])$ より，$\|[f]+[g]\|\le\|u+v\|$ となる．よって，

$$\|[f]+[g]\| \le \|[f]\|+\|[g]\|+2\varepsilon$$

となる．ε は任意であるから，$\|[f]+[g]\|\le\|[f]\|+\|[g]\|$ となる．

ノルムの公理の残りの部分も容易に証明できる．

X をバナッハ空間とする．$\{[f_n]\}$ をコーシー列とすれば，

$$\|[f_{n_{k+1}}]-[f_{n_k}]\| < \frac{1}{2^{k+1}}$$

なる部分列 $\{[f_{n_k}]\}$ を選び出すことができる．h_1 を $[f_{n_1}]$ の任意の元とする．各 $k=2,3,\cdots$ に対して，X/S におけるノルムの定義より，

$$\|h_k\| < \|[f_{n_k}]-[f_{n_{k-1}}]\|+\frac{1}{2^k} < \frac{1}{2^{k-1}} \tag{2.33}$$

を満たす $h_k \in [f_{n_k}] - [f_{n_{k-1}}]$ が存在する．級数

$$h_1 + h_2 + h_3 + \cdots$$

の部分和を

$$g_k = \sum_{i=1}^{k} h_i$$

と表す．式 (2.33) より，

$$\|g_{k+1} - g_k\| = \|h_{k+1}\| < \frac{1}{2^k}$$

となり，$\{g_k\}$ は X のコーシー列になる．X はバナッハ空間であるから，その極限が存在する．それを g と表せば，$g_k \in [f_{n_k}]$ と X/S におけるノルムの定義より，

$$\|[f_{n_k}] - [g]\| = \|[g_k] - [g]\| \leq \|g_k - g\| \to 0 \qquad (k \to \infty)$$

となり，$[f_{n_k}] \to [g]$ となる．よって，$\{[f_n]\}$ がコーシー列であることを考慮すれば，

$$\|[f_n] - [g]\| \leq \|[f_n] - [f_{n_k}]\| + \|[f_{n_k}] - [g]\|$$

より $[f_n] \to [g]$ となり，X/S もバナッハ空間になる．■

$[f]$ のノルム $\|[f]\|$ は，幾何学的には，X の原点から剰余類 $[f]$ までの距離になっている．

2.8　ノルム空間の完備化

有理数のコーシー列の極限は必ずしも有理数にならないので，有理数の全体は完備ではない．しかし，これを実数まで拡張すると，実数の全体は完備になり，厳密な解析学が展開されるようになった．このように，完備性の概念は非常に有効な概念である．

そこで，本節では完備でないノルム空間を完備なノルム空間に拡張する方法について述べる．この操作を完備化という．厳密な定義を与える前に，等長性の概念を導入する．

二つのノルム空間 X, Y を考える．X と Y の間に 1 対 1 の対応があり，しかも，一方の空間の元の間の距離が，他方の空間の対応する元の間の距離に等しいとき，X と Y は**等長** (isometric) であるという．

この概念を使うと，完備化は次のように定義できる．完備でないノルム空間を X で表す．あるノルム空間 $\tilde{X}$ が，条件

(i)　$\tilde{X}$ は完備である．

(ii)　$\tilde{X}$ の中に，$\tilde{X}$ で稠密な部分空間 $\tilde{X}'$ で，空間 X と等長なものが存在する．

を満たすとき，$\tilde{X}$ は X の**完備化** (completion) であるという．

定理 2.42 完備でないノルム空間を完備化することができる.

証明 6段階に分けて証明する.

(i) 完備でないノルム空間 X のすべてのコーシー列を類に分ける. すなわち, $\|f_n - f'_n\| \to 0$ となるコーシー列 $\{f_n\}$, $\{f'_n\}$ を一つの類に入れる. もし, $\{f_n\}$ と $\{f'_n\}$ が同じ類に入り, $\{f_n\}$ と $\{f''_n\}$ が同じ類に入っていれば,

$$\|f'_n - f''_n\| \leq \|f'_n - f_n\| + \|f_n - f''_n\| \to 0 \qquad : n \to \infty$$

より, $\{f'_n\}$ と $\{f''_n\}$ も同じ類に入る.

異なる類に入っている $\{f_n\}$ と $\{g_n\}$ に対しては, $\|f_n - g_n\|$ の極限は正になり, 0 になることはない.

また, $\{f_n\}$ が X の中に極限 f_0 をもてば, ノルムの三角不等式より, 同じ類に入っている他のコーシー列 $\{f'_n\}$ も同じ f_0 に収束する. ノルムの連続性により, 異なる類に属するコーシー列が同じ極限をもつことはない.

(ii) コーシー列の類を二つの型に分ける. 第1の型は, X の各元 f_0 に収束するようなコーシー列からなる類である. たとえば, **停留列** (stationary sequence), すなわち, すべての n に対して $f_n = f_0$ となるコーシー列は f_0 に収束するので, 各元 $f_0 \in X$ に対して, このような型の類が必ず存在する. 第2の型は, X の中に極限をもたないコーシー列からなっている類である. X が完備でないので, このような型の類も必ず存在する.

(iii) さて, X のコーシー列からなる類を元とする新しい空間 $\tilde{X}$ を考える. $\tilde{X}$ の元 $\tilde{f}$ に対して, 類 $\tilde{f}$ に属するコーシー列の一つを $\{f_n\}$ で表す. 定理 2.32 より $\|f_n\|$ は収束するので,

$$\|\tilde{f}\| = \lim_{n\to\infty} \|f_n\| \tag{2.34}$$

によって, 空間 $\tilde{X}$ にノルムを導入する. これがノルムの公理を満たすことを示す前に, まず, 式 (2.34) の右辺の極限値が, 類 $\tilde{f}$ の中のコーシー列の選び方によらないことを示す. $\{g_n\}$ を類 $\tilde{f}$ に属する別のコーシー列とし,

$$\|\tilde{f}\|' = \lim_{n\to\infty} \|g_n\|$$

とおく. $\{f_n\}$ と $\{g_n\}$ は同じ類に属しているので, $\|f_n - g_n\| \to 0\ (n \to \infty)$ となる. よって,

$$\|f_n\| \leq \|f_n - g_n\| + \|g_n\|$$

で $n \to \infty$ の極限をとれば, $\|\tilde{f}\| \leq \|\tilde{f}\|'$ となる. 同様にして $\|\tilde{f}\| \geq \|\tilde{f}\|'$ も得られるので, $\|\tilde{f}\| = \|\tilde{f}\|'$ となる.

次に, 式 (2.34) の $\|\tilde{f}\|$ がノルムの公理を満たすことを示す. $\|\tilde{f}\| = 0$ とすれば, $\|f_n - 0\| \to 0\ (n \to \infty)$ となり, $\tilde{f} = \tilde{0}$ となる. $\tilde{0}$ が $\tilde{X}$ における零元になっている. ノルムの公理の残りの部分は明らかである.

(iv) 第1の型に属する類の全体を $\tilde{X}'$ で表す. (ii) で述べたように, X の各点 f_0 に対して, 停留列 $f_0, f_0, \cdots, f_0, \cdots$ が属する類を $\tilde{f}_0$ で表せば, $\tilde{X}'$ と X は1対1に対応している. しかも, 式 (2.34) より, $\|\tilde{f}_0\| = \|f_0\|$ となる. したがって, $\tilde{X}'$ と X は等長である.

(v) $\tilde{X}'$ が $\tilde{X}$ で稠密になることを示す．任意の元 $\tilde{f} \in \tilde{X}$ と任意の $\varepsilon > 0$ を考える．類 $\tilde{f}$ に含まれるコーシー列の一つを $f_1, f_2, \cdots$ とすれば，ある番号 n が存在して，$m > n$ ならば $\|f_m - f_n\| < \varepsilon$ となる．そこで，停留列 $f_n, f_n, \cdots, f_n, \cdots$ をつくる．$f_n \in X$ であるから，このコーシー列が属する類を $\tilde{f}_n$ と表せば，$\tilde{f}_n \in \tilde{X}'$ となる．しかも，

$$\|\tilde{f} - \tilde{f}_n\| = \lim_{m\to\infty} \|f_m - f_n\| \leq \varepsilon$$

となる．よって，$\tilde{X}'$ は $\tilde{X}$ で稠密になる．

(vi) 最後に $\tilde{X}$ の完備性を示す．$\{\tilde{f}_n\}$ を $\tilde{X}$ のコーシー列とする．各類 $\tilde{f}_n$ に属する X のコーシー列を一つ選びだし，

$$f_1^{(n)}, f_2^{(n)}, \cdots, f_k^{(n)}, \cdots$$

とおく．$\{f_k^{(n)}\}_{k=1}^{\infty}$ がコーシー列であることから，各 n に対して自然数 k_n が存在し，

$$\|f_j^{(n)} - f_{k_n}^{(n)}\| < \frac{1}{n} \qquad : j > k_n$$

とすることができる．そこで，点列

$$f_{k_1}^{(1)}, f_{k_2}^{(2)}, \cdots, f_{k_n}^{(n)}, \cdots$$

を考える．この点列がコーシー列になることを示す．まず，

$$\|f_{k_m}^{(m)} - f_{k_n}^{(n)}\| \leq \|f_{k_m}^{(m)} - f_j^{(m)}\| + \|f_j^{(m)} - f_j^{(n)}\| + \|f_j^{(n)} - f_{k_n}^{(n)}\| \tag{2.35}$$

なる関係が成立する．$\{\tilde{f}_n\}$ は $\tilde{X}$ のコーシー列であるから，

$$\|\tilde{f}_m - \tilde{f}_n\| \to 0 \qquad : m, n \to \infty$$

となる．したがって，任意の $\varepsilon > 0$ に対し，ある番号 N_0 が存在して，任意の $m, n \geq N_0$ に対して，

$$\|\tilde{f}_m - \tilde{f}_n\| = \lim_{j\to\infty} \|f_j^{(m)} - f_j^{(n)}\| < \frac{\varepsilon}{2}$$

となる．よって，十分大きな j と $m, n \geq N_0$ に対して，

$$\|f_j^{(m)} - f_j^{(n)}\| < \frac{\varepsilon}{2} \tag{2.36}$$

となる．ここで，N_0 は $\dfrac{1}{N_0} < \dfrac{\varepsilon}{4}$ となるように選ぶことにする．また，m, n は，$m, n \geq N_0$ となるように選んで，固定する．さらに，j も十分大きくとって，$j > k_m$，$j > k_n$ となるようにする．このとき，

$$\|f_j^{(n)} - f_{k_n}^{(n)}\| < \frac{1}{n} < \frac{\varepsilon}{4}, \qquad \|f_j^{(m)} - f_{k_m}^{(m)}\| < \frac{1}{m} < \frac{\varepsilon}{4} \tag{2.37}$$

となる．式 (2.35)〜(2.37) より，任意の $m, n \geq N_0$ に対して，

$$\|f_{k_m}^{(m)} - f_{k_n}^{(n)}\| < \varepsilon$$

となる．したがって，点列 $\{f_{k_n}^{(n)}\}_{n=1}^{\infty}$ は X のコーシー列になる．

このコーシー列を含む類を $\tilde{f}$ と表し，$\tilde{f}_n \to \tilde{f}$ を示す．容易にわかるように，

$$\|\tilde{f}_n - \tilde{f}\| = \lim_{j\to\infty} \|f_j^{(n)} - f_{k_j}^{(j)}\|$$

$$\leq \lim_{j\to\infty} \|f_j^{(n)} - f_{k_n}^{(n)}\| + \lim_{j\to\infty} \|f_{k_n}^{(n)} - f_{k_j}^{(j)}\|$$

$$\leq \frac{1}{n} + \lim_{j\to\infty} \|f_{k_n}^{(n)} - f_{k_j}^{(j)}\| \tag{2.38}$$

となる．点列 $\{f_{k_n}^{(n)}\}_{n=1}^{\infty}$ は X のコーシー列であるから，任意の $\varepsilon > 0$ に対して，ある番号 N_0 が存在し，任意の $j, n \geq N_0$ に対して，

$$\|f_{k_n}^{(n)} - f_{k_j}^{(j)}\| < \frac{\varepsilon}{2}$$

となる．よって，$n \geq N_0$ に対して，

$$\lim_{j\to\infty} \|f_{k_n}^{(n)} - f_{k_j}^{(j)}\| \leq \frac{\varepsilon}{2} \tag{2.39}$$

となる．式 (2.38)，(2.39) と $\dfrac{1}{N_0} < \dfrac{\varepsilon}{4} < \dfrac{\varepsilon}{2}$ より，

$$\|\tilde{f}_n - \tilde{f}\| < \varepsilon$$

となる．すなわち，$\tilde{f}_n \to \tilde{f}$ となり，$\tilde{X}$ は完備になる． ■

完備化によって得られる空間は，次の意味で一意に定まる．

定理 2.43 完備化によって得られる空間は，等長な範囲で一意に定まる．

証明 $\tilde{Y}$ を X のいま一つの完備化とする．すなわち，完備な空間 $\tilde{Y}$ の中に，$\tilde{Y}$ で稠密な部分空間 $\tilde{Y}'$ で，空間 X と等長なものが存在すると仮定する．$\tilde{Y}'$ は $\tilde{Y}$ で稠密であるから，各点 $\tilde{g} \in \tilde{Y}$ に対して，$\tilde{g} = \lim_{n\to\infty} g_n$ となるような $\tilde{Y}'$ の点列 $\{g_n\}_{n=1}^{\infty}$ が存在する．$\tilde{Y}'$ と X は等長であるから，各 g_n $(n = 1, 2, \cdots)$ に対して X の点 f_n が定まり，点列 $\{f_n\}_{n=1}^{\infty}$ は X のコーシー列になる．このコーシー列に対して $\tilde{X}$ の元が一つ定まる．それを $\tilde{f}$ で表す．すなわち，$\tilde{Y}$ から $\tilde{X}$ への対応が一つ定まる．

逆に，任意の元 $\tilde{X}$ の元 $\tilde{u}$ が与えられたとき，この類 $\tilde{u}$ から一つのコーシー列 $\{u_n\}_{n=1}^{\infty}$ を選び出す．$\tilde{Y}'$ と X は等長であるから，各 u_n $(n = 1, 2, \cdots)$ に対して $\tilde{Y}'$ の点 v_n が定まり，点列 $\{v_n\}_{n=1}^{\infty}$ は $\tilde{Y}'$ のコーシー列になる．したがって，同時に $\tilde{Y}$ のコーシー列になる．$\tilde{Y}$ は完備であるから，$\tilde{Y}$ の中に極限 $\tilde{v}$ が定まる．すなわち，$\tilde{X}$ から $\tilde{Y}$ への対応が一つ定まる．

これら二つの対応は一対一対応である．さらに，

$$\|\tilde{f} - \tilde{u}\| = \lim_{n\to\infty} \|f_n - u_n\| = \lim_{n\to\infty} \|g_n - v_n\| = \|\tilde{g} - \tilde{v}\|$$

となる．よって，$\tilde{X}$ と $\tilde{Y}$ は等長になる． ■

例 2.44 多項式の全体からなる空間 $\Pi[0,1]$ は，$C[0,1]$ の中で C ノルムで稠密であるが，完備ではない．これを完備化すれば，$C[0,1]$ と等長になる．

例 2.45 $C[0,1]$ に L^p ノルムを導入したものは完備ではない．これを完備化すれば，L^p と等長になる．

2.9 同形なノルム空間

ノルム空間 X_1 からノルム空間 X_2 の上への一対一対応 φ に対して，φ も φ^{-1} も連続になるとき，φ は**双連続**であるという．

ノルム空間 X_1 と X_2 の間に一対一対応 φ が存在し，φ が線形空間として同形対応であり，更に双連続になるとき，X_1 と X_2 は**ノルム空間として同形**であるという．X_1 のノルムを $\|\cdot\|_1$ で表し，X_2 のノルムを $\|\cdot\|_2$ で表す．φ が双連続であるということは，正数 α, β を適切にとることにより，任意の $f \in X_1$ に対して

$$\alpha\|\varphi(f)\|_2 \leq \|f\|_1 \leq \beta\|\varphi(f)\|_2 \tag{2.40}$$

が成立するようにできることと等価である．このとき，$\|\cdot\|_1$ と $\|\cdot\|_2$ は**同値なノルム**であるという．同形なノルム空間 X_1 と X_2 の位相的性質は一致する．たとえば，X_1 の収束列に対応する X_2 の点列は収束するし，次の関係も成立する．

定理 2.46　X_1，X_2 を同形なノルム空間とする．X_1 が完備ならば X_2 も完備である．

証明　g_n を X_2 のコーシー列とし，$f_n = \varphi^{-1}(g_n)$ とおく．式 (2.40) の第 2 の不等式より，f_n は X_1 のコーシー列になっている．しかも，X_1 は完備であるから，$\{f_n\}$ の極限が存在する．それを f で表し，$g = \varphi(f)$ とおけば，式 (2.40) の第 1 の不等式より，$\{g_n\}$ は g に収束する．すなわち，X_2 は完備である．■

定理 2.46 と例 2.31，例 2.33 より，連続関数の空間に導入した L^2 ノルムと C ノルムが同値でないノルムになっていることがわかる．このように，一般に，無限次元線形空間には，無限種類の同値でないノルムを導入することができる．

しかし，線形空間を有限次元に限ると，次の驚くべき性質が成り立つのである．

定理 2.47　有限 N 次元ノルム空間 X はすべて $l^2(N)$ と同形である．

証明　$\{u_n\}_{n=1}^N$ を X の基底とする．任意の $f \in X$ は，

$$f = \sum_{n=1}^{N} a_n u_n \tag{2.41}$$

と一意に表される．この展開係数からできる N 次元ベクトルを $\tilde{f}$ で表す．すなわち，

$$\tilde{f} = (a_1, a_2, \cdots, a_N)^{\mathrm{T}}$$

である．ここで，$\cdot^{\mathrm{T}}$ はベクトル $\cdot$ の転置を表す．$\tilde{f}$ は $l^2(N)$ の元になっている．f を $\tilde{f}$ に対応づける変換を，次のように φ で表す．

$$\varphi(f) = \tilde{f} \tag{2.42}$$

φ は X と $l^2(N)$ の間の一対一対応になり，1.9 節で述べたように，線形空間 X と $l^2(N)$ の間の同形対応になる．

φ が双連続であることを示す．

$$\beta = \left(\sum_{n=1}^{N} \|u_n\|^2 \right)^{1/2} \tag{2.43}$$

とおく．任意の $f \in X$ に対して，式 (2.41)，(2.7) より，

$$\begin{aligned} \|f\| &= \left\| \sum_{n=1}^{N} a_n u_n \right\| \leq \sum_{n=1}^{N} |a_n| \|u_n\| \\ &\leq \left(\sum_{n=1}^{N} |a_n|^2 \right)^{1/2} \left(\sum_{n=1}^{N} \|u_n\|^2 \right)^{1/2} = \beta \|\tilde{f}\| \end{aligned}$$

となり，

$$\|f\| \leq \beta \|\tilde{f}\| \tag{2.44}$$

となる．

次に，逆向きの不等式を証明する．$l^2(N)$ の単位球 S の上で，関数

$$\psi(\tilde{f}) = \|f\| = \left\| \sum_{n=1}^{N} a_n u_n \right\| \qquad : \tilde{f} \in S \tag{2.45}$$

を考える．S 上では $\|\tilde{f}\| = 1$ であるから，すべての a_n が同時に 0 になることはない．よって，$\{u_n\}_{n=1}^{N}$ の 1 次独立性より $\|f\| > 0$ となり，$\psi(\tilde{f}) > 0$ となる．一方，$\tilde{f}, \tilde{g} \in S$ に対して，式 (2.45)，(2.44) より，

$$|\psi(\tilde{f}) - \psi(\tilde{g})| = \big| \|f\| - \|g\| \big| \leq \|f - g\| \leq \beta \|\tilde{f} - \tilde{g}\|$$

となるから，ψ は連続になる．したがって，ワイエルシュトラスの定理より，ψ は S 上で最小値をとる．その値を α とすれば，

$$\psi(\tilde{f}) = \|f\| \geq \alpha \qquad : \tilde{f} \in S \tag{2.46}$$

となる．よって，$l^2(N)$ の任意の非零元 $\tilde{f}$ に対して，

$$\alpha \leq \psi\left(\frac{\tilde{f}}{\|\tilde{f}\|} \right) = \left\| \frac{f}{\|\tilde{f}\|} \right\| = \frac{\|f\|}{\|\tilde{f}\|}$$

となり，

$$\alpha \|\tilde{f}\| \leq \|f\| \tag{2.47}$$

となる．式 (2.44)，(2.47) より，

$$\alpha \|\tilde{f}\| \leq \|f\| \leq \beta \|\tilde{f}\| \tag{2.48}$$

となる．しかも，$\psi(f) > 0$ より $\alpha > 0$ であるから，φ は双連続になる． ■

式 (2.46) で等号が成立する元が S に存在する．それを $\tilde{f}_0$ で表せば，$\|\tilde{f}_0\| = 1$，$\|f_0\| = \alpha$ となる．よって，この f_0 に対して式 (2.48) の第 1 不等式の等号が成立する．すな

わち，式 (2.48) の第 1 不等式は最良の評価になっている．しかし，第 2 不等式は必ずしも最良の評価にはなっていない．

例 2.48　N 次元ベクトル空間 $l^p(N), l^q(N)$ $(1 \leq p \leq q \leq \infty)$ に対して，次の関係が成立する．

$$\|f\|_q \leq \|f\|_p \leq N^{1/p-1/q}\|f\|_q \tag{2.49}$$

式 (2.49) の各不等式で等号が成立するための必要十分条件は，$f = (a_n)$ とするとき，それぞれ，

$$f = a\mathbf{e}_n, \qquad |a_n| = \text{一定} \tag{2.50}$$

となることである．ここで，a は任意の複素数であり，$\mathbf{e}_n$ は n 番目の要素だけが 1 で，ほかはすべて 0 となる N 次元ベクトルである．$\{\mathbf{e}_n\}_{n=1}^N$ を $l^p(N)$ の**標準基底** (canonical basis) という．特に $p, q = 1, 2, \infty$ の場合，次の関係が成立する．

$$\|f\|_\infty \leq \|f\|_2 \leq \|f\|_1 \leq \sqrt{N}\|f\|_2 \leq N\|f\|_\infty \tag{2.51}$$

証明　(i)　$q = \infty$ のとき，$1 \leq p < \infty$ なる p に対して，

$$\|f\|_\infty = \max_n |a_n| = (\max_n |a_n|^p)^{1/p} \leq \left(\sum_{n=1}^N |a_n|^p\right)^{1/p} = \|f\|_p$$

となり，式 (2.49) の第 1 不等式が成立する．等号が成立する条件が式 (2.50) の第 1 式になることは明らかである．

第 2 不等式を示す．

$$\begin{aligned}\|f\|_p^p &= \sum_{n=1}^N |a_n|^p \\ &\leq \sum_{n=1}^N (\max_n |a_n|)^p \\ &= N\|f\|_\infty^p\end{aligned} \tag{2.52}$$

となり，

$$\|f\|_p \leq N^{1/p}\|f\|_\infty$$

となる．よって，$1 \leq p < q = \infty$ に対して式 (2.49) の第 2 不等式が成立する．等号は，式 (2.52) で等号が成立するとき，すなわち，すべての n に対して $|a_n|$ が一定のとき，またそのときに限って成立する．

(ii)　$1 \leq p < q < \infty$ のとき，$q/p > 1$ であるから，

$$\frac{\left(\sum\limits_{n=1}^N |a_n|^q\right)^{1/q}}{\left(\sum\limits_{n=1}^N |a_n|^p\right)^{1/p}} = \left(\sum_{n=1}^N \frac{|a_n|^q}{\left(\sum\limits_{m=1}^N |a_m|^p\right)^{q/p}}\right)^{1/q} = \left(\sum_{n=1}^N \left(\frac{|a_n|^p}{\sum\limits_{m=1}^N |a_m|^p}\right)^{q/p}\right)^{1/q}$$

$$\leq \left(\sum_{n=1}^{N} \frac{|a_n|^p}{\sum_{m=1}^{N} |a_m|^p} \right)^{1/q} = 1$$

となり，$\|f\|_q \leq \|f\|_p$ となる．すなわち，式 (2.49) の第 1 不等式が成立する．等号が成立する条件も明らかである．

第 2 不等式を示す．

$$s = \frac{q}{p} > 1, \qquad r = \frac{q}{q-p} = \frac{s}{s-1}$$

とおけば，$\dfrac{1}{r} + \dfrac{1}{s} = 1$ となる．よって，$ps = q$ とヘルダーの不等式より，

$$\begin{aligned} \|f\|_p^p &= \sum_{n=1}^{N} |a_n|^p \\ &\leq \left(\sum_{n=1}^{N} 1^r \right)^{1/r} \left(\sum_{n=1}^{N} |a_n|^{ps} \right)^{1/s} \qquad (2.53) \\ &= N^{1/r} \left(\sum_{n=1}^{N} |a_n|^q \right)^{1/s} \\ &= N^{(q-p)/q} \|f\|_q^{q/s} \\ &= N^{(q-p)/q} \|f\|_q^p \end{aligned}$$

となり，

$$\|f\|_p \leq N^{1/p-1/q} \|f\|_q \qquad (2.54)$$

となる．したがって，$1 \leq p < q < \infty$ に対して式 (2.49) の第 2 不等式が成立する．式 (2.54) で等号が成立することと，式 (2.53) で等号が成立することとは同値であるから，ヘルダーの不等式で等号が成立する条件より，

$$\left(\frac{1}{\|\mathbf{1}\|_r} \right)^{1/s} = \left(\frac{|a_n|^p}{\|f\|_{ps}^{ps}} \right)^{1/r}$$

となり，

$$\left(\frac{1}{N} \right)^{1/rs} = \left(\frac{|a_n|^p}{\left(\sum_{n=1}^{N} |a_n|^{ps} \right)^{1/s}} \right)^{1/r}$$

となる．よって，

$$\frac{1}{N} = \frac{|a_n|^q}{\|f\|_q^q}$$

となり，

$$|a_n| = N^{-1/q} \|f\|_q \qquad : n = 1, 2, \cdots, N$$

となる．すなわち，式 (2.50) の第 2 式が成立する． ■

$l^2(N)$ は完備であるから，定理 2.46，定理 2.47，定理 2.38 より，次の定理を得る．

定理 2.49　有限次元ノルム空間 X はすべて完備かつ閉である．

2.10　コンパクト集合

ボルツァノは，数直線上の有界な無限集合が常に少なくとも一つの集積点をもつことに気づき，解析学の厳密な基礎づけに貢献した．この考え方を昇華させたものが，コンパクト性の概念である．

S をノルム空間 X の部分集合とする．S の任意の点列が収束する部分列を含むとき，S をノルム空間 X の**コンパクト集合**という．部分列の極限は必ずしも S に属する必要はない．特に S に属するとき，S は**自己コンパクト**であるといい，S に属さないこともありうるとき，空間 X において**相対コンパクト**であるという．この意味では，本書でいうコンパクトとは相対コンパクトのことである．しかし，書籍によっては，自己コンパクトを単にコンパクトということもあるので，用語の使い方には注意を要する．

ノルム空間 X 自身がその中でコンパクトになるとき，X は**コンパクトな空間**であるという．この場合は，自己コンパクトと相対コンパクトの区別はなくなる．

定理 2.50　ノルム空間 X の部分集合 S がコンパクトならば，S は有界である．

証明　S が有界でないと仮定する．X の任意に固定した元 f に対して，$\|f - f_n\| \to \infty$ となる S の点列 $\{f_n\}$ が存在する．しかも，収束する点列は有界であるから，$\{f_n\}$ の中から収束する部分列を選び出すことはできない．これは S のコンパクト性に矛盾する．■

逆は必ずしも成立しない．実際，S として，空間 l^2 の単位球を考える．e_n を第 n 成分だけが 1 で，他はすべて 0 となる l^2 の元とする．このとき，$\|e_n\| = 1$ であるから，$\{e_n\}$ は単位球 S に属している．しかし，任意の m, n に対して $\|e_m - e_n\| = \sqrt{2}$ であるから，$\{e_n\}_{n=1}^{\infty}$ の中から収束する部分列を取り出すことはできない．よって，S はコンパクトにならない．

これに関連して，次の関係が成立する．

定理 2.51　S を有限次元ノルム空間 X の部分集合とする．S が有界ならば相対コンパクトになり，S が有界閉集合ならば自己コンパクトになる．

証明 定理を証明するためには，S の有界な任意の点列 $\{f_n\}$ が収束する部分列 $\{f_{n_k}\}$ を含むことを示せばよい．ノルム空間 X の次元を N とし，$\{u_n\}_{n=1}^N$ を X の基底とする．任意の $f \in X$ は，式 (2.41) でも述べたように，

$$f = \sum_{n=1}^{N} a_n u_n \tag{2.55}$$

と一意に表される．この展開係数を用いて，X に新しいノルムを，

$$\|f\|_1 = \max_{1 \le n \le N} |a_n|$$

によって導入する．定理 2.47 より，$\|f\|_1$ は X の本来のノルム $\|f\|$ と同値である．よって，$\|f_n\|$ の有界性と $\|f_n\|_1$ の有界性は同値である．また，$\|f_{n_k} - f\| \to 0$ と $\|f_{n_k} - f\|_1 \to 0$ は同値である．そこで，$\|f_n\|_1 \le M$ ならば $\|f_{n_k} - f\|_1 \to 0$ となる部分列 $\{f_{n_k}\}$ と $f \in X$ が存在することを示すことにする．

$$f_m = \sum_{n=1}^{N} a_n^{(m)} u_n$$

と表し，$a^{(m)} = (a_1^{(m)}, a_2^{(m)}, \cdots, a_N^{(m)}) \in \mathbf{C}^N$ とおく．$|a_n^{(m)}| \le \|f_m\|_1 \le M$ であるから，各 n に対して，$\{a_n^{(m)}\}_{m=1}^{\infty}$ は有界列になる．よって，直線上の有界な点列は収束する部分列を含むというボルツァノ・ワイエルシュトラスの定理により，$\{a_n^{(m)}\}_{m=1}^{\infty}$ は収束する部分列 $\{a_n^{(m_k)}\}_{k=1}^{\infty}$ を含む．各 n に対するその極限を a_n で表し，式 (2.55) および

$$f_{m_k} = \sum_{n=1}^{N} a_n^{(m_k)} u_n \tag{2.56}$$

によって f と $\{f_{m_k}\}$ を構成すれば，$\|f_m\|_1 \le M$ かつ $\|f_{m_k} - f\|_1 \to 0$ となる．したがって，S はコンパクトになる．定理の残りの部分は，いまの証明から明らかである． ■

ノルム空間 X の部分集合 S の任意の点列が収束する部分列を含むとき，S をノルム空間 X のコンパクト集合とよんだ．S に条件をつけて，X の任意の有界閉集合 S がコンパクトであるとき，X を**局所コンパクト** (locally compact) という．この概念を使えば，定理 2.51 は，「有限次元ノルム空間は局所コンパクトである」ということができる．

ノルム空間 X が無限次元の場合，状況はもっと複雑になる．そのような例を示すために，準備として一つの補題を示す．

□補題 2.52 S をノルム空間 X の閉じた部分空間で，X と一致しないものとする．任意の $\varepsilon > 0$ に対し，$g \in X$ が存在し，すべての $f \in S$ に対して，

$$\|f - g\| > 1 - \varepsilon, \qquad \|g\| = 1$$

が成立する．

証明　$g_0 \in X$ を S に属さない点とする．

$$d = \inf_{f \in S} \|f - g_0\|$$

とおけば，S が閉集合であるから，$d > 0$ となる．よって，任意の $\delta > 0$ に対して，適当に $f_0 \in S$ をとり，

$$d \leq \|f_0 - g_0\| < d + \delta$$

とすることができる．そこで，$g = \dfrac{f_0 - g_0}{\|f_0 - g_0\|}$ とおけば，$\|g\| = 1$ となる．さらに，$\dfrac{\delta}{d + \delta} < \varepsilon$ となる $\delta > 0$ をとり，任意の $f \in S$ に対して，$f_0 - \|f_0 - g_0\| f \in S$ を考慮すれば，

$$\begin{aligned}\|f - g\| &= \frac{\|g_0 - (f_0 - \|f_0 - g_0\| f)\|}{\|f_0 - g_0\|} \\ &\geq \frac{d}{\|f_0 - g_0\|} \\ &> \frac{d}{d + \delta} = 1 - \frac{\delta}{d + \delta} > 1 - \varepsilon\end{aligned}$$

となる．■

定理 2.53　無限次元ノルム空間 X の単位球はコンパクトにならない．

証明　帰納法によって，

$$\|f_n\| = 1, \quad \|f_n - f_m\| > \frac{1}{2} \qquad : n \neq m$$

となる無限列 $f_n \in X$ を構成する．f_1 として，$\|f_1\| = 1$ となる X の任意の点をとる．すでに $f_1, f_2, \cdots, f_n$ がとれたものとして，$\{f_1, f_2, \cdots, f_n\}$ によって張られる部分空間を S で表す．定理 2.49 より，S は閉じている．X は無限次元であるから，$S \neq X$ である．よって補題 2.52 より，f_{n+1} が存在して，$\|f_{n+1}\| = 1$ かつ，任意の $f \in S$ に対して $\|f - f_{n+1}\| > \dfrac{1}{2}$ となる．したがって，$\|f_k - f_{n+1}\| > \dfrac{1}{2}$ $(k = 1, 2, \cdots, n)$ となる．このようにして，単位球面上の点列 $f_n \in X$ でコーシー列を含まないものを構成することができる．よって，単位球面はコンパクトではなくなり，単位球もコンパクトではなくなる．■

定理 2.54　ノルム空間 X がコンパクトな空間ならば完備である．

証明　$\{f_n\}$ を X のコーシー列とする．X はコンパクトであるから，$\{f_n\}$ の中からある元 $f \in X$ に収束する部分列 $\{f_{n_k}\}$ を選ぶことができる．任意の k に対して，

$$\|f_k - f\| \leq \|f_k - f_{n_k}\| + \|f_{n_k} - f\|$$

となる．k を十分に大きくとれば，この式の右辺はいくらでも小さくできるので，$f_k \to f$ となる．したがって，X は完備になる．■

集合のコンパクト性を判定するためには，次の概念が便利である．M を X の部分集合とする．S のどんな点 f に対しても，f からの距離が ε よりも小さい M の点が存

在するとき，M を S の ε **網** という．M が有限個の要素からなる集合のとき，M を S の**有限な** ε **網** といい，M がコンパクト集合のとき，M を S の**コンパクトな** ε **網**という．

定理 2.55 (**ハウスドルフ** (Hausdorff) **の定理**)　ノルム空間 X の部分集合 S がコンパクトになるためには，任意の $\varepsilon > 0$ に対して，S の有限な ε 網が存在することが必要である．X が完備ならば，これはまた十分条件になる．

証明　必要性を示す．定理の条件が満たされないと仮定する．すなわち，ある $\varepsilon > 0$ に対して有限な ε 網が存在しないものとする．このとき，任意の $f_1 \in S$ をとると，ただ 1 点 f_1 からなる集合は S の ε 網ではないので，$\|f_2 - f_1\| \geq \varepsilon$ となる $f_2 \in S$ が存在する．集合 $\{f_1, f_2\}$ も S の ε 網ではありえないので，$\|f_3 - f_n\| \geq \varepsilon \ (n = 1, 2)$ となる $f_3 \in S$ が存在する．以下同様にして，$\|f_m - f_n\| \geq \varepsilon \ (m \neq n,\ m, n = 1, 2, \cdots)$ となる点列 $\{f_n\}$ ができる．この点列から収束する部分列を選び出すことはできないので，S はコンパクトにならない．これは矛盾であるから，必要性が成立する．

十分性を示す．X が完備で，定理の条件が満たされているとする．このとき，S の任意の点列 $\{f_n\}$ から収束する部分列を選び出せることを示せばよい．いま $\varepsilon_n \to 0 \ (\varepsilon_n > 0)$ なる数列をとり，ε_1 網を考える．これは条件により有限集合である．ε_1 網の各点を中心とする半径 ε_1 の球を考えると，S の各点はこれらの球のどれかに属する．球の個数は有限であるから，どれかの球は点列 $\{f_n\}$ の無限部分列を含む．この球の中心を g_1 で表し，この球を $B_{\varepsilon_1}(g_1)$ で表す．

次に ε_2 網をとり，その各点を中心とする半径 ε_2 の球を考える．これらの球のどれかは $B_{\varepsilon_1}(g_1)$ に含まれている点列 $\{f_n\}$ の要素を無限個含む．この球の中心を g_2 で表し，この球を $B_{\varepsilon_2}(g_2)$ で表す．この操作を続けていけば，$B_{\varepsilon_1}(g_1), B_{\varepsilon_1}(g_2), B_{\varepsilon_1}(g_3), \cdots$ なる球の列ができる．これらの球の任意有限個の共通部分は $\{f_n\}$ の点を無限個含む．したがって，

$$f_{n_1} \in B_{\varepsilon_1}(g_1), \quad f_{n_2} \in B_{\varepsilon_1}(g_1) \cap B_{\varepsilon_1}(g_2) \qquad : n_2 > n_1$$

となり，

$$f_{n_k} \in \bigcap_{i=1}^{k} B_{\varepsilon_1}(g_i) \qquad : n_k > n_{k-1} > \cdots > n_1$$

となる．2 点 f_{n_k}，f_{n_l} $(k \leq l)$ は球 $B_{\varepsilon_k}(g_k)$ に含まれているので，

$$\|f_{n_k} - f_{n_l}\| \leq \|f_{n_k} - g_k\| + \|f_{n_l} - g_k\| < 2\varepsilon_k$$

となる．したがって，点列 $\{f_{n_k}\}$ はコーシー列になる．X は完備であるから，この点列は X の元に収束する．よって，S はコンパクトになる．■

この定理からただちに，次の結果を得る．

□**系 2.56**　バナッハ空間 X の部分集合 S が任意の $\varepsilon > 0$ に対してコンパクトな ε 網をもてば，S はコンパクトになる．

証明　S のコンパクトな ε 網を S_1 とし，これに対する有限な ε 網を S_2 とする．任意の $f \in S$ に対して，$\|f-g\| < \varepsilon$ となる点 $g \in S_1$ が存在する．さらに，この g に対して，$\|g-h\| < \varepsilon$ となる点 $h \in S_2$ が存在する．したがって，

$$\|f-h\| \leq \|f-g\| + \|g-h\| < 2\varepsilon$$

となり，S_2 は S の有限な 2ε 網となる．よって定理 2.55 より，S はコンパクトになる．■

ε 網の概念を使えば，次のコンパクト集合の具体例を得ることができる．

定理 2.57 (アスコリ・アルツェラ (Ascoli-Arzelà) の定理)　有限区間 $[a,b]$ 上の連続関数の空間 $C[a,b]$ の部分集合 S がコンパクトになるための必要十分条件は，S が次の 2 条件を満たすことである．

(ｉ) S の関数は一様に有界である．すなわち，

$$|f(x)| \leq K \qquad : f \in S, \quad x \in [a,b]$$

となる定数 K が存在する．

(ii) S の関数は同程度に連続である．すなわち，任意の ε に対して適当な δ をとれば，$|x-x'| < \delta$ のとき，

$$|f(x) - f(x')| < \varepsilon \qquad : f \in S, \quad x, x' \in [a,b]$$

となる．

証明　必要性を示す．S を $C[a,b]$ のコンパクトな部分集合とする．定理 2.55 より，S に対する有限な ε 網が存在する．この ε 網を構成する $C[a,b]$ の元を $\{f_k\}_{k=1}^n$ で表す．$\{f_k\}_{k=1}^n$ は有界であり，任意の $f \in S$ に対して $\|f-f_k\| < \varepsilon$ となる f_k が存在する．よって，

$$|f(x)| \leq |f_k(x)| + |f(x) - f_k(x)| \leq \|f_k\| + \|f-f_k\| \leq \|f_k\| + \varepsilon$$

となる．$\{f_k\}_{k=1}^n$ の上界に ε を加えたものを K とおけば，定理 2.57 の (ｉ) が成立する．

(ii) を示す．任意の ε と各 f_k に対して適当な δ_k をとれば，$|x-x'| < \delta_k$ のとき，

$$|f_k(x) - f_k(x')| < \varepsilon \qquad : x, x' \in [a,b]$$

となる．$\delta = \min\{\delta_k : k = 1, 2, \cdots, n\}$ とおく．任意の $f \in S$ に対して，$\|f-f_k\| < \varepsilon$ となる f_k を選べば，

$$\begin{aligned}|f(x) - f(x')| &\leq |f(x) - f_k(x')| + |f_k(x) - f_k(x')| + |f_k(x) - f(x')| \\ &\leq \|f-f_k\| + |f_k(x) - f_k(x')| + \|f_k - f\| \\ &\leq 3\varepsilon\end{aligned}$$

となる．したがって，S の関数は同程度連続になる．

十分性を示す．区間 $[a,b]$ を分割して，その分点を $a = x_0 < x_1 < \cdots < x_n = b$ とし，$x_{k+1} - x_k < \delta$ となるようにしておく．

頂点を (x_k, y_k) $(|y_k| < K)$ にもつ折れ線関数を $\tilde{f}(x)$ で表し，$\{y_k\}$ を動かしてできるそのような関数の全体を S_1 で表す．関数 $\tilde{f}(x)$ は $\{y_k\}$ によって決まる．そのような関数列の収束は $\{y_k\}$ の収束と同値であるから，S_1 はコンパクトになる．

この S_1 が S の ε 網になっていることを示す．任意の $f \in S$ に対して $(x_k, f(x_k))$ $(k = 0, 1, \cdots, n)$ を頂点とする折れ線関数 $\tilde{f} \in S_1$ をつくる．$\|f - \tilde{f}\| < \varepsilon$ を示す．すなわち，任意の $x \in [a, b]$ に対して $|f(x) - \tilde{f}(x)| < \varepsilon$ となることを示す．$x \in [a, b]$ は小区間 $[x_k, x_{k+1}]$ のどれかに属する．$[x_k, x_{k+1}]$ における $f(x)$ の上限および下限を，それぞれ M_k, m_k で表す．$|x_{k+1} - x_k| < \delta$ であるから，$M_k - m_k < \varepsilon$ となる．

$$m_k \leq f(x) \leq M_k, \qquad m_k \leq \tilde{f}(x) \leq M_k$$

であるから，

$$|f(x) - \tilde{f}(x)| \leq M_k - m_k < \varepsilon$$

となる．よって，S_1 は S のコンパクトな ε 網になる．したがって，系 2.56 より，S はコンパクトになる． ■

2.11 ノルム空間における近似理論

近似問題は大きく 2 種類の型に分けることができる．たとえば連続関数を多項式で近似する問題を考えてみよう．定理 2.29 で述べたように，ワイエルシュトラスは，

「有界閉区間で連続な関数は多項式によって一様に近似できる」

という定理を証明した．これに対してチェビシェフ (Chebyshev) は，あとで定理 2.67 に示すように，

「与えられた連続関数に最も近い n 次以下の多項式を求めよ」

という問題を論じた．前者が多項式の次数をいくらでも大きくとることができたのに対して，後者は次数が n 次以下に制限されているのである．

そこで，前者の型の近似問題をワイエルシュトラス型近似問題とよび，後者の型の問題をチェビシェフ型近似問題とよぶことにする．本節では後者の問題を論じる．厳密には次の問題を扱う．

チェビシェフ型近似問題：ノルム空間 X の部分集合 S と，X の 1 点 f を考える．元 g が S の中を動くとき，f と g の距離 $\|f - g\|$ は負にならない一定の下限 d をもつ．この下限の値が S の中の元によって実際に達せられるとき，その元を S における**最良近似** (best approximation) といい，d を**最良近似度** (degree of best approximation) という．近似問題で基本的なものは，次の 3 点である．

(i) **存在性**： 任意の $f \in H$ に対して，少なくとも 1 個の最良近似が存在するか．

(ii) **一意性**： 最良近似が存在する場合，それは一意に定まるか．

(iii) **解の構成**：最良近似が存在する場合，その最良近似を具体的に構成することができるか．

X がノルム空間の場合，状況は複雑である．たとえば，最良近似が存在しないような部分空間もあるのである．まずは，そのような例から始める．

例 2.58　0 に収束する数列からなる空間を c_0 で表す．c_0 のノルムは，$f=(a_n)$ とするとき，

$$\|f\| = \max_n |a_n|$$

によって定義する．c_0 の中で，

$$\sum_{n=1}^{\infty} \frac{1}{2^n} a_n = 0$$

を満たす元からなる閉部分空間を S で表す．S に属さない任意の点に対して，S における最良近似は存在しない．

証明　まず，S が部分空間になることは明らかであるから，S が閉集合になることを示す．S の元 $f_m = (a_n^{(m)})$ が $f \in c_0$ に収束したとする．任意の ε に対して十分大きな m をとれば，$\|f - f_m\| < \varepsilon$ となる．また，$f_m \in S$ より，十分大きな M に対して，

$$\left| \sum_{n=1}^{M} \frac{1}{2^n} a_n^{(m)} \right| < \varepsilon$$

となる．したがって，

$$\begin{aligned}
\left| \sum_{n=1}^{M} \frac{1}{2^n} a_n \right| &= \left| \sum_{n=1}^{M} \frac{1}{2^n} (a_n - a_n^{(m)}) + \sum_{n=1}^{M} \frac{1}{2^n} a_n^{(m)} \right| \\
&\le \sum_{n=1}^{M} \frac{1}{2^n} |a_n - a_n^{(m)}| + \left| \sum_{n=1}^{M} \frac{1}{2^n} a_n^{(m)} \right| \\
&\le \|f - f_m\| \sum_{n=1}^{M} \frac{1}{2^n} + \varepsilon \\
&\le \|f - f_m\| + \varepsilon \\
&< 2\varepsilon
\end{aligned}$$

となる．M は十分大きな任意の数であるから，

$$\sum_{n=1}^{\infty} \frac{1}{2^n} a_n = 0$$

となり，$f \in S$ となる．すなわち，S は閉集合になる．

最良近似が存在しないことを示す．$f=(a_n)$ を，S に属さない c_0 の任意の点とする．

$$\lambda = \sum_{n=1}^{\infty} \frac{1}{2^n} a_n \tag{2.57}$$

とおけば，S の定義より，$\lambda \neq 0$ となる．

f から S までの距離が $|\lambda|$ を超えないことを示す．

$$g_n = f - \frac{2^n}{2^n - 1}(\underbrace{\lambda, \lambda, \cdots, \lambda}_{n}, 0, 0, \cdots) \qquad : n = 1, 2, \cdots \tag{2.58}$$

とおけば，$g_n \in S$ となる．実際，$r = 1/2$ のとき，

$$\sum_{i=1}^{n} r^i = \frac{r(1 - r^n)}{1 - r} = 1 - r^n = 1 - \frac{1}{2^n}$$

となるので，

$$\begin{aligned}\sum_{i=1}^{n} \frac{1}{2^i}\left(a_i - \frac{2^n}{2^n - 1}\lambda\right) + \sum_{i=n+1}^{\infty} \frac{1}{2^i} a_i &= \sum_{i=1}^{\infty} \frac{1}{2^i} a_i - \frac{2^n}{2^n - 1}\left(\sum_{i=1}^{n} \frac{1}{2^i}\right)\lambda \\ &= \lambda - \frac{2^n}{2^n - 1}\left(1 - \frac{1}{2^n}\right)\lambda \\ &= \lambda - \lambda = 0\end{aligned}$$

となり，$g_n \in S$ となる．c_0 のノルムの定義と式 (2.58) より，

$$\|f - g_n\| = \frac{2^n}{2^n - 1}|\lambda|$$

となる．よって，$n \to \infty$ のとき，$\|f - g_n\| \to |\lambda|$ となる．したがって，f から S までの距離 $\mathrm{d}(f, S)$ は，

$$\mathrm{d}(f, S) = \inf_{g \in S} \|f - g\| \leq |\lambda| \tag{2.59}$$

となる．

次に，任意の $g \in S$ に対して，

$$\|f - g\| > |\lambda| \tag{2.60}$$

を示す．任意の $g = (b_i) \in S$ に対して，$k \geq n$ のとき常に，

$$|a_k - b_k| < \frac{1}{2}|\lambda|$$

となるように n を選ぶ．$f, g \in c_0$ であるから，そのような n は確かに存在する．さて，$\|f - g\| \leq |\lambda|$ と仮定する．このとき，

$$\begin{aligned}\left|\sum_{k=1}^{\infty} \frac{1}{2^k} a_k\right| &= \left|\sum_{k=1}^{\infty} \frac{1}{2^k} a_k - \sum_{k=1}^{\infty} \frac{1}{2^k} b_k\right| \\ &= \left|\sum_{k=1}^{\infty} \frac{1}{2^k}(a_k - b_k)\right| \\ &\leq \sum_{k=1}^{\infty} \frac{1}{2^k}|a_k - b_k| \\ &\leq |\lambda| \sum_{k=1}^{n} \frac{1}{2^k} + \frac{1}{2}|\lambda| \sum_{k=n+1}^{\infty} \frac{1}{2^k} \\ &< |\lambda| \sum_{k=1}^{\infty} \frac{1}{2^k} = |\lambda|\end{aligned}$$

となり，式 (2.57) に矛盾する．よって，式 (2.60) が成立する．式 (2.59)，(2.60) より，

$$\mathrm{d}(f, S) = |\lambda|$$

となる．しかし，式 (2.60) からわかるように，最良近似度 $|\lambda|$ を達成するような元は，S には存在しない． ■

このように，たとえ S が閉部分空間であっても，S には最良近似が存在しないのである．しかし，部分空間を有限次元に限れば，次に示すように，最良近似の存在が保証される．

定理 2.59　S をノルム空間 X の有限次元部分空間とする．任意の $f \in X$ に対して，少なくとも 1 個の最良近似が S の中に存在する．

証明　S は有限次元であるから，定理 2.49 より，閉集合である．よって，$d = 0$ のとき，f は S に含まれる．したがって，f 自身が f の S における唯一の最良近似になる．そこで，$d > 0$ の場合を考える．d の定義より，任意の ε に対して，

$$\|f - g\| \leq (1 + \varepsilon)d$$

となる $g \in S$ が存在する．この式で $\varepsilon = 1/n$ としたときの g を g_n で表せば，

$$\|f - g_n\| \leq \left(1 + \frac{1}{n}\right) d \qquad : n = 1, 2, \cdots \tag{2.61}$$

となる．したがって，補題 2.24 より，

$$\|g_n\| \leq \|f\| + 2d$$

となり，$\{g_n\}$ は有界になる．定理 2.51 より，有限次元ノルム空間は 局所コンパクトであるから，$\{g_n\}$ の部分列で，S のある元 g に収束するものが存在する．この g に対して，式 (2.61) で $n \to \infty$ とすれば，

$$\|f - g\| \leq d \tag{2.62}$$

となる．ところで，d は $\|f - u\|$ $(u \in S)$ の下限であったから，式 (2.62) で等号が成立する．すなわち，$\|f - u\|$ $(u \in S)$ は $u = g$ で実際に最小値をとる． ■

定理 2.59 は，あくまでも存在定理であって，存在の一意性については何も語っていない．次に論じなければいけないことは，存在の一意性である．その前に，最良近似全体のつくる集合の性質について調べておく．

定理 2.60　f の S における最良近似の全体は，有界凸集合になる．

証明　最良近似の全体が有界になることを示す．f に対する最良近似を g とし，$d = \|f - g\|$ とすれば，

$$\|g\| = \|g - f + f\| \leq \|f\| + \|f - g\| = \|f\| + d$$

となり，最良近似の全体は有界になる．

凸集合になることを示す．f の S における最良近似を $\hat{f}_1$，$\hat{f}_2$ とすれば，

$$d = \|f - \hat{f}_1\| = \|f - \hat{f}_2\| \tag{2.63}$$

となる．したがって，任意の $\theta \in [0,1]$ に対して，

$$\begin{aligned} \|f - (\theta\hat{f}_1 + (1-\theta)\hat{f}_2)\| &= \|\theta(f - \hat{f}_1) + (1-\theta)(f - \hat{f}_2)\| \\ &\le \theta\|f - \hat{f}_1\| + (1-\theta)\|f - \hat{f}_2\| \\ &= \theta d + (1-\theta)d = d \end{aligned} \tag{2.64}$$

となり，

$$\|f - (\theta\hat{f}_1 + (1-\theta)\hat{f}_2)\| \le d \tag{2.65}$$

となる．S は線形空間であるから，$\theta\hat{f}_1 + (1-\theta)\hat{f}_2$ は S の元である．さらに d の定義から，式 (2.65) で実際に等号が成立する．よって，任意の $\theta \in [0,1]$ に対して $\theta\hat{f}_1 + (1-\theta)\hat{f}_2$ は f の最良近似になる．■

この定理からわかるように，$f \in X$ に対して 2 個の最良近似が存在すれば，それらを結ぶ線分上の点はすべて最良近似になる．したがって，2 個の最良近似が存在すれば，無限個の最良近似が存在することになる．

最良近似の一意性に関して，次の概念を導入する．

定義 2.61 任意の $f \in X$ に対して，ただ 1 個の最良近似が存在するような部分空間を**チェビシェフ部分空間** (Chebyshev subspace) といい，そうでないものを**非チェビシェフ部分空間** (non-Chebyshev subspace) という．

定義 2.62 任意の非零元 f, g に対して，

$$\|f + g\| = \|f\| + \|g\|$$

ならば，

$$g = \lambda f \qquad : \lambda > 0$$

となるノルムを**強ノルム** (strict norm) といい，強ノルムが定義されている空間を**強ノルム空間** (strictly normed space) という．

これらの概念を使えば，次の結果を得る．

定理 2.63 強ノルム空間 X の任意の有限次元部分空間 S は，チェビシェフ部分空間になる．

証明　$f \in S$ とすれば，f 自身が S における唯一の最良近似になる．そこで，$f \notin S$ の場合を考える．S は閉集合であるから，$d > 0$ である．S は有限次元部分空間であるから，定理 2.59 より，f の最良近似が存在する．それらを $\hat{f}_1$, $\hat{f}_2$ としたとき，$\hat{f}_1 = \hat{f}_2$ を示せばよい．式 (2.64) で $\theta = 1/2$ とおき，d の定義を考慮すれば，

$$\|(f - \hat{f}_1) + (f - \hat{f}_2)\| = \|f - \hat{f}_1\| + \|f - \hat{f}_2\|$$

となる．ここで強ノルムの性質を使えば，$\lambda > 0$ が存在して，

$$f - \hat{f}_2 = \lambda(f - \hat{f}_1) \tag{2.66}$$

となる．両辺のノルムをとれば，

$$\|f - \hat{f}_2\| = \lambda\|f - \hat{f}_1\|$$

となる．よって，式 (2.63) より，$d(\lambda - 1) = 0$ となる．さらに $d > 0$ であるから，$\lambda = 1$ となる．そこで，式 (2.66) で $\lambda = 1$ とおけば，$\hat{f}_1 = \hat{f}_2$ となる．■

補題 2.7，補題 2.11 のミンコフスキーの不等式で等号が成立する条件からわかるように，$1 < p < \infty$ なる p に対して，l^p および L^p は強ノルム空間である．しかし，l^1, l^∞ および L^1, L^∞ は強ノルム空間ではない．しかも，これらの空間では，最良近似が一意に定まらない場合がある．そのような例を示すために，ベクトル $\begin{pmatrix} a \\ b \end{pmatrix}$ によって張られる部分空間を $\mathcal{L}\begin{pmatrix} a \\ b \end{pmatrix}$ と表すことにする．

例 2.64　$l^1(2)$ には，非チェビシェフ部分空間が 2 個存在し，$\mathcal{L}\begin{pmatrix} 1 \\ 1 \end{pmatrix}$, $\mathcal{L}\begin{pmatrix} 1 \\ -1 \end{pmatrix}$ で与えられる．その様子を図 2.3(a) に示す．この図の中の太線の部分が，点 f に対する最良近似である．

例 2.65　$l^\infty(2)$ には，非チェビシェフ部分空間が 2 個存在し，$\mathcal{L}\begin{pmatrix} 1 \\ 0 \end{pmatrix}$, $\mathcal{L}\begin{pmatrix} 0 \\ 1 \end{pmatrix}$ で与えられる．その様子を図 2.3(b) に示す．この図の中の太線の部分が，点 f に対する最良近似である．

非チェビシェフ部分空間の別の例を示す．

例 2.66　X として関数空間 $C[0,1]$ を考え，S として $f_1(x) = x$ によって張られる 1 次元部分空間を考える．$f(x) = 1$ の S における最良近似を求める．$f(x) = 1$ は実数値関数であるから，最良近似も実数値関数である．したがって，S の最良近似の対象になる関数 g は，a を実数とするとき，$g(x) = af_1(x) = ax$ と表される．よって，

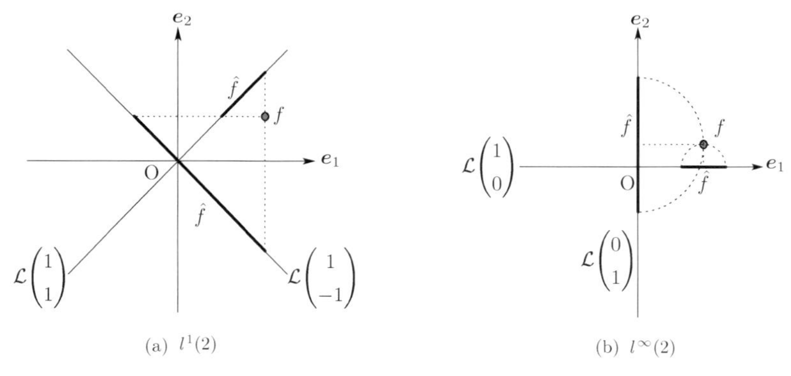

図 2.3 非チェビシェフ部分空間と最良近似

$$\|f-g\| = \max_x |f(x)-g(x)| = \begin{cases} a-1 & : a > 2 \\ 1 & : 0 \leq a \leq 2 \\ 1-a & : a < 0 \end{cases}$$

となり，$0 \leq a \leq 2$ なる任意の a に対応する g が最良近似になる．すなわち，$f(x) = x$ によって張られる部分空間は非チェビシェフ部分空間になる．これはまた，$C[0,1]$ が強ノルム空間でないことを意味している．

しかし，$C[a,b]$ は，部分空間 S のとり方によっては，最良近似が一意に定まる．すなわち，次の結果が成立する．

定理 2.67 (**チェビシェフ**) n 次以下の多項式の全体 $\Pi_n[a,b]$ は，$C[a,b]$ におけるチェビシェフ部分空間である．

この定理を証明するために，多項式空間 $\Pi_n[a,b]$ における最良近似のもつ性質を調べておく．$f \in C[a,b]$ に対する最良近似多項式 $g_0 \in \Pi_n[a,b]$ に対して，

$$h = f - g_0$$

とおく．$d = \|h\|$ が最良近似度である．$d = \|h\|$ は，区間 $[a,b]$ における $|h(x)|$ の最大値が d であることを意味している．$|h(x)|$ が最大値 d をとる点 x を，$|h|$ の**最大点**とよぶことにする．最大点の個数に関して，次の補題が成立する．

□**補題 2.68** $|h|$ の最大点は少なくとも $n+2$ 個存在する．

証明 背理法で証明する．$|h|$ の最大点の個数が $n+1$ 個以下であると仮定し，それらを $x_1, x_2, \cdots, x_m$ $(m \leq n+1)$ で表す．式 (1.43) で導入したラグランジュ補間多項式

$$u_j(x) = \frac{\prod_{i \neq j}(x - x_i)}{\prod_{i \neq j}(x_j - x_i)} \qquad : j = 1, 2, \cdots, m \tag{2.67}$$

を用いて，$m-1$ 次以下の多項式，したがって，n 次以下の多項式を，

$$p(x) = \sum_{j=1}^{m} h(x_j) u_j(x)$$

によって構成する．そうすれば，ラグランジュ補間多項式の性質 (1.44) から，

$$p(x_j) = h(x_j) \qquad : j = 1, 2, \cdots, m$$

となる．

$h(x_j) - p(x_j) = 0$ であるから，h，p の一様連続性によって，十分小さい正数 δ をとれば，ある j に対して $|x - x_j| < \delta$ である限り，

$$|h(x) - p(x)| \leq \frac{d}{2} \tag{2.68}$$

となる．m 個の小区間 $|x - x_j| < \delta$ の全体を I で表し，区間 $[a,b]$ から I を除いた部分を I' で表す．I の中では，式 (2.68) が成立している．I' の中には $x_1, x_2, \cdots, x_m$ は含まれないから，I' の中には $|h(x)|$ の最大点は存在しない．すなわち，閉集合 I' の中で，$|h(x)| < d$ となっている．よって，$x \in I'$ に対して，正数 η が存在し，

$$|h(x)| \leq d - \eta \tag{2.69}$$

となる．

十分小さい正数 ε に対して，

$$h_1 = h - \varepsilon p$$

とおく．$x \in I$ に対して，式 (2.68) より，

$$\begin{aligned} |h_1(x)| &= |h(x) - \varepsilon p(x)| \\ &\leq (1 - \varepsilon)|h(x)| + \varepsilon |h(x) - p(x)| \\ &\leq (1 - \varepsilon) d + \varepsilon \frac{d}{2} \\ &= d - \frac{1}{2} \varepsilon d \end{aligned}$$

となる．一方，$x \in I'$ に対しては，式 (2.69) より，

$$\begin{aligned} |h_1(x)| &= |h(x) - \varepsilon p(x)| \\ &\leq |h(x)| + \varepsilon |p(x)| \\ &\leq (d - \eta) + \varepsilon |p(x)| \end{aligned}$$

となる．したがって，ε を十分小さくとっておけば，すべての $x \in [a,b]$ に対して，$|h_1(x)| < d$ となり，$\|h_1\| < d$ となる．ところが，

$$h_1 = h - \varepsilon p = f - (g_0 + \varepsilon p)$$

であり，g_0 も p も n 次以下の多項式であるから，$g_0 + \varepsilon p$ も n 次以下の多項式になる．これは，d が $\|f - g\|$ $(g \in \Pi_n[a,b])$ の最小値であることと矛盾する．■

この補題を使って，定理 2.67 の証明を行う．

定理 2.67 の証明 $\Pi_n[a,b]$ の中に少なくとも 1 個の最良近似が存在することは，定理 2.59 から明らかである．最良近似の一意性を示す．そのために，f の $\Pi_n[a,b]$ における異なる最良近似 $\hat{f}_1$，$\hat{f}_2$ が存在したと仮定して，矛盾を導くことにする．定理 2.60 より，最良近似の全体は凸集合になるので，任意の $\theta \in [0,1]$ に対して，

$$\hat{f}_\theta = \theta \hat{f}_1 + (1-\theta)\hat{f}_2$$

とおけば，$\hat{f}_\theta$ も最良近似になっている．そこで，

$$\hat{f}_{\frac{1}{2}} = \frac{1}{2}(\hat{f}_1 + \hat{f}_2)$$

を用いて，

$$h = f - \hat{f}_{\frac{1}{2}} = f - \frac{1}{2}(\hat{f}_1 + \hat{f}_2) \tag{2.70}$$

$$g = \frac{1}{2}(\hat{f}_1 - \hat{f}_2) \neq 0 \tag{2.71}$$

とおく．そして，$g = 0$ を示すことによって矛盾を導く．式 (2.70)，(2.71) より，

$$f - \hat{f}_1 = h + \frac{1}{2}(\hat{f}_1 + \hat{f}_2) - \hat{f}_1 = h - \frac{1}{2}(\hat{f}_1 - \hat{f}_2) = h - g$$
$$f - \hat{f}_2 = h + \frac{1}{2}(\hat{f}_1 + \hat{f}_2) - \hat{f}_2 = h + \frac{1}{2}(\hat{f}_1 - \hat{f}_2) = h + g$$

となる．したがって，$\lambda = 1 - 2\theta$ とおけば，$-1 \leq \lambda \leq 1$ となり，

$$\begin{aligned} f - \hat{f}_\theta &= f - \theta\hat{f}_1 - (1-\theta)\hat{f}_2 \\ &= (f - \hat{f}_2) - \theta(\hat{f}_1 - \hat{f}_2) \\ &= (h+g) - 2\theta g \\ &= h + (1-2\theta)g \\ &= h + \lambda g \end{aligned}$$

となる．よって，$\hat{f}_\theta$ が最良近似であることを考慮すれば，

$$\|h + \lambda g\| = \|f - \hat{f}_\theta\| = d \qquad : -1 \leq \lambda \leq 1 \tag{2.72}$$

となる．式 (2.72) で $\lambda = 0$ とおけば，$\|h\| = d$ となる．したがって，補題 2.68 より，$|h|$ の最大点は少なくとも $n+2$ 個存在する．それらを，$x_1, x_2, \cdots, x_m$ $(m \geq n+2)$ で表せば，

$$|h(x_j)| = d \qquad : j = 1, 2, \cdots, m$$

となる．一方，式 (2.72) で $\lambda = \pm 1$ とおけば，$\|h \pm g\| = d$ となるので，

$$|h(x_j) \pm g(x_j)| \leq d$$

となる．よって，

$$\begin{aligned} 2d^2 &\geq |h(x_j) + g(x_j)|^2 + |h(x_j) - g(x_j)|^2 \\ &= 2|h(x_j)|^2 + 2|g(x_j)|^2 \\ &= 2d^2 + 2|g(x_j)|^2 \end{aligned}$$

となり，

$$g(x_j)=0 \qquad : j=1,2,\cdots,m \quad (m \geq n+2)$$

となる．g は n 次以下の多項式であり，$n+2$ 個以上の点で零になるので，$g=0$ となる．これは，$g \neq 0$ と矛盾する．■

定理 2.67 は，最良近似の一意性を保証しているだけであり，最良近似の構成法については何も述べていない．実は，最良近似の一般的な構成法については何も知られていない．しかし，具体的な関数が与えられたとき，それが最良近似になるかどうかの判定法はわかっている．それを次に述べる．

定理 2.69　f を，複素空間 $C[a,b]$ の実数値関数とする．与えられた多項式 g が f に対する最良近似になるための必要十分条件は，次の 2 条件が成立することである．

(i)　g は n 次以下の実多項式である．

(ii)　$h=f-g$, $\|h\|=d$ とおく．区間 $[a,b]$ に適当な $n+2$ 個の点 $x_0, x_1, x_2, \cdots, x_{n+1}$ をとるとき，h はこれらの点で交互に d および $-d$ の値をとる．

証明　(i) の必要性を示す．g が f の最良近似多項式ならば，

$$\|f-\Re g\|=\|\Re(f-g)\| \leq \|f-g\|$$

となり，$\Re g$ も f の最良近似多項式になる．最良近似多項式の一意性より，$\Re g=g$ となる．

(ii) の必要性を示す．$h=0$ ならば明らかである．よって，$h \neq 0$，すなわち，$d>0$ の場合を考える．(ii) の条件を満たすような $n+2$ 個の点が存在しないと仮定する．このとき，区間 $[a,b]$ を $n+1$ 個以下の小区間 $I_1, I_2, \cdots, I_{m+1}$ $(m \leq n)$ に分けて，たとえばある区間 I_i においては，$h(x)$ の最大値は d であるが，最小値は $-d$ より大きく，I_i に隣接する区間 $I_{i\pm 1}$ では，逆に $h(x)$ の最小値は $-d$ であるが，最大値は d より小さい，というようになっており，しかも分点では $|h(x)|<d$ となるようにすることができる．

このような小区間 $I_1, I_2, \cdots, I_{m+1}$ $(m \leq n)$ を構成するためには，次のようにすればよい．$|h(x)|=d$ となるような最小の x を x_0 とし，たとえば $h(x)=d$ であったならば，$x \geq x_0$ で $h(x)=-d$ となるような最小の x を x_1 とし，$x \geq x_1$ で $h(x)=d$ となるような最小の x を x_2 とし，以下同様に点 $x_3, x_4, \cdots$ ととっていく．仮定によって，この方法は x_m $(m \leq n)$ で終わる．十分小さい $\varepsilon>0$ を用いて，$I_1=[a, x_1-\varepsilon]$, $I_2=[x_1-\varepsilon, x_2-\varepsilon]$, $\cdots$, $I_m=[x_{m-1}-\varepsilon, x_m-\varepsilon]$, $I_{m+1}=[x_m-\varepsilon, b]$ とおけば，これが上の性質を満たす小区間の列になっている．$I_1, I_2, \cdots, I_{m+1}$ の分点を $a_1, a_2, \cdots, a_m$ とし，多項式

$$p(x)=(x-a_1)(x-a_2)\cdots(x-a_m)$$

を考える．$p(x)$ は区間 $I_1, I_2, \cdots, I_{m+1}$ において交互に正負の値をとる．そこで，十分小さい実数 δ に対して関数 $h-\delta p$ を考える．δ の符号を適当にとれば，$h-\delta p$ は各小区間 I_i で $|h(x)|$

の最大値を減少させ，$\|h-\delta p\|<d$ となる．ここで，

$$h-\delta p=f-(g+\delta p)$$

であり，$g+\delta p$ は n 次以下の多項式であるから，$\|h-\delta p\|<d$ は g が最良近似でないことを意味しており，矛盾をきたす．よって，(ii) の必要性が成立する．

(i), (ii) が十分であることを示す．そのためには，任意の n 次以下の多項式 p に対して，

$$\|f-(g+p)\|=\|h-p\|\geq d$$

となることを示せばよい．明らかに，実多項式 p に対してこれを示せば十分である．実多項式 p に対して $\|h-p\|<d$ と仮定する．このとき，$x=x_0,x_1,x_2,\cdots,x_{n+1}$ において $|h(x)-p(x)|<d$ となる．よって，$|h(x_i)|=d$ より，$p(x_i)$ は $h(x_i)$ と同じ符号でなければいけない．ところで，$h(x_i)$ は順次符号を変えるので，$p(x_i)$ も同様になる．しかし，n 次多項式が，$n+2$ 個の点で符号を変えれば，$n+1$ 個の零点をもつことになり，矛盾が生じる． ■

$h(x)$ が d から $-d$ まで，あるいは，$-d$ から d まで変化することを，一つの**半振動**とよぶことにする．そして (ii) の条件を，「h が $[a,b]$ で少なくとも $n+1$ 回**完全半振動する**」という．

定理 2.69 の応用例を一つ与える．

例 2.70　$C[-1,1]$ を考える．$f(x)=x^n$ $(n=1,2,\cdots)$ に対する $n-1$ 次の最良近似多項式を g で表し，$h_n=f-g$ とおけば，

$$h_n(x)=\frac{1}{2^{n-1}}\cos(n\cos^{-1}x) \tag{2.73}$$

で与えられる．これは，n 次のチェビシェフ多項式の x^n の係数を 1 にしたものになっている．

証明　$\cos n\theta$ は $0\leq\theta\leq\pi$ において n 回完全半振動を行う．そこで，$\cos\theta=x$ とおけば，$h_n(x)$ は $-1\leq x\leq 1$ で n 回完全半振動を行う．また，$\cos n\theta$ は $\cos\theta$ の n 次の多項式であり，その最高次の係数は 2^{n-1} であるから，$h_n(x)$ は最高次の係数が 1 の n 次の実多項式になっている． ■

問　題

1. ノルムが凸関数になることを示せ．
2. ノルム空間の単位球が凸集合になることを示せ．
3. N 次元ベクトル $f=(x_n)$ に対して，次の関係を証明せよ．

$$\lim_{p\to\infty}\|f\|_p=\|f\|_\infty$$

4. 空集合および全空間は閉かつ開集合であることを示せ．

5. 部分集合 S の閉包は S を含む最小の閉集合であることを示せ.

6. 連続関数の全体が L^1 ノルムで完備にならないことを示せ.

7. l^∞ が完備であることを示せ.

8. $[a,b]$ を有限区間とする. 空間 $C^{(1)}[a,b]$ のノルムは式 (2.28) で定義されている. そこで, 任意に固定した定数 $c \in [a,b]$ に対して, 新しいノルムを,

$$\|f\|_1 = \sup_{a \le x \le b} |f'(x)| + |f(c)|$$

で定義すれば, 式 (2.28) のノルムと同値なノルムになることを示せ.

9. $L^1[-1,1]$ には最良近似が一意に定まらない部分空間が存在することを示せ. このことから, $L^1[-1,1]$ が強ノルム空間でないことがわかる.

10. 線形空間 X 上に r 種類のノルム $\|\cdot\|_i$ $(i = 1, 2, \cdots, r)$ が与えられているとき, $1 \le p < \infty$ に対して,

$$\|f\| = \left(\sum_{i=1}^{r} \|f\|_i^p \right)^{1/p}$$

とおけば, $\|\cdot\|$ がノルムになることを示せ. さらに, $\|\cdot\|_i$ $(i = 1, 2, \cdots, r)$ の中に少なくとも 1 個の強ノルムがあれば, $\|\cdot\|$ も強ノルムになることを示せ.

第3章 ヒルベルト空間

3.1 ヒルベルト空間

定義 3.1 (**内積**) 複素線形空間 H の任意の 2 元 f, g に対して一つの複素数を対応させる関数 $\langle f, g\rangle$ が次の条件を満たすとき，関数 $\langle\cdot,\cdot\rangle$ を**内積** (inner product) という．ただし，f, g, h は H の任意の元であり，a, b は任意の複素数である．

(i) $\langle g, f\rangle = \overline{\langle f, g\rangle}$

(ii) $\langle af + bg, h\rangle = a\langle f, h\rangle + b\langle g, h\rangle$

(iii) $\langle f, f\rangle \geq 0$，かつ，等号が成立するのは $f = 0$ の場合に限る．

内積の定義された線形空間を**内積空間**または前ヒルベルト空間 (pre-Hilbert space) という．内積のとる値は一般には複素数である．しかし，内積の公理 (iii) からわかるように，$\langle f, f\rangle$ は正か零になる．したがって，$\langle f, f\rangle$ の平方根を考えることができる．そして，次の重要な不等式を得る．

定理 3.2 (**シュヴァルツ** (Schwarz) **の不等式**) 内積空間 H の任意の元 f に対して

$$\|f\| = \sqrt{\langle f, f\rangle} \tag{3.1}$$

とおけば，

$$|\langle f, g\rangle| \leq \|f\|\|g\| \tag{3.2}$$

となる．等号は $g = 0$ か，f と g が 1 次従属のとき，またそのときに限って成立する．

証明 $g = 0$ の場合は明らかであるから，$g \neq 0$ の場合を証明する．任意の複素数 λ に対して，

$$0 \leq \|f - \lambda g\|^2 = \|f\|^2 - \overline{\lambda}\langle f, g\rangle - \lambda\langle g, f\rangle + |\lambda|^2\|g\|^2$$

となる．この式で $\lambda = \langle f, g\rangle/\|g\|^2$ とおけば，

$$0 \leq \|f\|^2 - \frac{|\langle f, g\rangle|^2}{\|g\|^2}$$

となり，式 (3.2) が成立する．等号が成立する条件は，いまの証明から明らかである． ■

シュヴァルツの不等式は，このように容易に導くことができる不等式であるけれども，関数解析の分野で極めて有力な武器となる不等式である．

空間 l^2 および $L^2(a,b)$ に対して，シュヴァルツの不等式は，

$$\left|\sum_{n=1}^{\infty} a_n \overline{b_n}\right|^2 \leq \sum_{n=1}^{\infty} |a_n|^2 \sum_{n=1}^{\infty} |b_n|^2 \tag{3.3}$$

$$\left|\int_a^b f(x)\overline{g(x)}\,dx\right|^2 \leq \int_a^b |f(x)|^2\,dx \int_a^b |g(x)|^2\,dx \tag{3.4}$$

となる．コーシー (Cauchy) は式 (3.3) を，$a_n > 0, b_n > 0$ かつ有限和の場合について，著書 "解析教程" (1821 年) の付録の中で証明している．この付録は，不等式を系統的に述べた最初の本である．また，シュヴァルツは，極小曲面に関する論文 (1885 年) の中で，式 (3.4) を 2 変数の場合について証明した．そこで，式 (3.2) をコーシー・シュヴァルツの不等式とよぶことがある．

定理 3.3　内積空間は，式 (3.1) の $\|f\|$ に関してノルム空間になる．

証明　ノルムの公理の (i), (ii) は内積の公理から明らかである．シュヴァルツの不等式より，

$$\begin{aligned}\|f+g\|^2 &= \langle f+g, f+g\rangle = \langle f,f\rangle + \langle f,g\rangle + \langle g,f\rangle + \langle g,g\rangle \\ &\leq \|f\|^2 + 2|\langle f,g\rangle| + \|g\|^2 \\ &\leq \|f\|^2 + 2\|f\|\|g\| + \|g\|^2 = (\|f\| + \|g\|)^2\end{aligned}$$

となり，三角不等式も成立する． ■

式 (3.1) を，内積から導かれるノルムという．内積から導かれるノルムに関しては，次節で詳しく論じる．

定理 3.3 より，内積空間はノルム空間になる．したがって，内積空間でも収束性や連続性の問題を考えることができる．たとえば，あとで示すように，内積空間の中にも完備な空間と完備でない空間（例 3.7）がある．完備な内積空間を**ヒルベルト空間** (Hilbert space) という．本書では特に断らない限り，空間を H で表すときにはヒルベルト空間を表し，X で表すときには一般のノルム空間を表すものとする．

系 2.25 に対応して，次の定理が成立する．

□**系 3.4**　内積 $\langle f,g\rangle$ は f と g の連続関数である．すなわち，

$$f_n \to f,\ g_n \to g \quad \text{ならば} \quad \langle f_n, g_n\rangle \to \langle f,g\rangle$$

となる.

証明 系 2.26 より，$\{f_n\}_{n=1}^{\infty}$ は有界である．すなわち，$\|f_n\| \leq M$ となる n によらない定数 M が存在する．したがって，シュヴァルツの不等式より，

$$\begin{aligned}|\langle f_n, g_n\rangle - \langle f, g\rangle| &= |\langle f_n, g_n - g\rangle - \langle f_n - f, g\rangle| \\ &\leq |\langle f_n, g_n - g\rangle| + |\langle f_n - f, g\rangle| \\ &\leq \|f_n\|\|g_n - g\| + \|f_n - f\|\|g\| \\ &\leq M\|g_n - g\| + \|f_n - f\|\|g\| \\ &\to 0 \qquad : n \to \infty\end{aligned}$$

となり，内積は連続になる． ■

例 3.5 2.2 節で導入した空間 l^p で $p = 2$ の場合を考える．l^2 の元 $f = (a_n), g = (b_n)$ に対して，

$$\langle f, g\rangle = \sum_{n=1}^{\infty} a_n \overline{b_n} \tag{3.5}$$

とおけば，$\langle f, g\rangle$ は l^2 の内積になり，この内積のもとで l^2 はヒルベルト空間になる．

証明 l^2 の元に対して $\sum |a_n|^2$ は収束する．よって，

$$|a_n\overline{b_n}| \leq \frac{1}{2}(|a_n|^2 + |b_n|^2)$$

より，式 (3.5) の右辺は絶対収束する．式 (3.5) の $\langle f, g\rangle$ が内積の公理 (i)～(iii) を満たすことも，容易に証明できる．完備性は，例 2.35 の l^p の完備性から明らかである． ■

例 3.6 2.3 節で導入した空間 $L^p(a, b)$ で $p = 2$ の場合を考える．$f, g \in L^2(a, b)$ に対して，

$$\langle f, g\rangle = \int_a^b f(x)\overline{g(x)}\, dx \tag{3.6}$$

とおけば，$\langle f, g\rangle$ は $L^2(a, b)$ の内積になる．さらに，この内積のもとで $L^2(a, b)$ はヒルベルト空間になる．

例 3.7 $C[a, b]$ の元 $f(x)$，$g(x)$ に対して式 (3.6) で $\langle f, g\rangle$ を定義すれば，$\langle f, g\rangle$ は $C[a, b]$ の内積になる．しかし，例 2.31 に示したように，この内積のもとで $C[a, b]$ は完備にならないので，ヒルベルト空間にはならない．

例 3.8 $w(x)$ を区間 (a, b) 上で正の値をとる関数とする．同じ区間で定義された複素数値関数で，条件

$$\int_a^b w(x)|f(x)|^2\, dx < \infty \tag{3.7}$$

を満たすものの全体を $L_w^2(a, b)$ で表す．$f, g \in L_w^2(a, b)$ に対して

$$\langle f, g \rangle = \int_a^b w(x) f(x) \overline{g(x)}\, dx \tag{3.8}$$

とおけば，$\langle f, g \rangle$ は $L^2_w(a,b)$ の内積になる．これを重み付き内積という．

ところで，$f \in L^2_w(a,b)$ に対して，

$$f_1(x) = \sqrt{w(x)} f(x) \tag{3.9}$$

とおけば $f_1 \in L^2(a,b)$ となるので，$f \in L^2_w(a,b)$ を考える必要がないように思われるかもしれない．しかし，$L^2_w(a,b)$ を考えることには二つの意味がある．第1は数学的立場からみたとき，f_1 よりも f のほうが簡単な構造をしていることがある．そのような例を3.5節で与える．第2は工学的立場からみた場合である．我々が内積を使うのは，それによって何かを評価したいからである．このとき，f が評価されるべき客観的対象であるのに対して，重み $w(x)$ は評価する側の価値基準を表している．同じ対象に対しても，使用目的に応じて重み $w(x)$ を変えなければいけないのである．

3.2　内積から導かれるノルム

内積から導かれるノルムの特徴は，次の中線定理が成立することである．

定理 3.9 (中線定理)　内積から導かれるノルムに対して，次の関係が成立する．

$$\|f+g\|^2 + \|f-g\|^2 = 2(\|f\|^2 + \|g\|^2) \tag{3.10}$$

定理3.9は，図3.1に示すユークリッド幾何学における中線定理および平行四辺形の法則とよばれるものに対応している．

定理3.9の証明そのものは，$\|f-g\|^2 = \langle f-g, f-g \rangle$ のように，ノルムを内積を使って表し，内積の公理 (i), (ii) を使って展開していけば，機械的な計算で実行できる．興味深いことは，式(3.10)が成立するようなノルムは内積から導かれるノルムに限るということである．すなわち，次の定理が成立する．

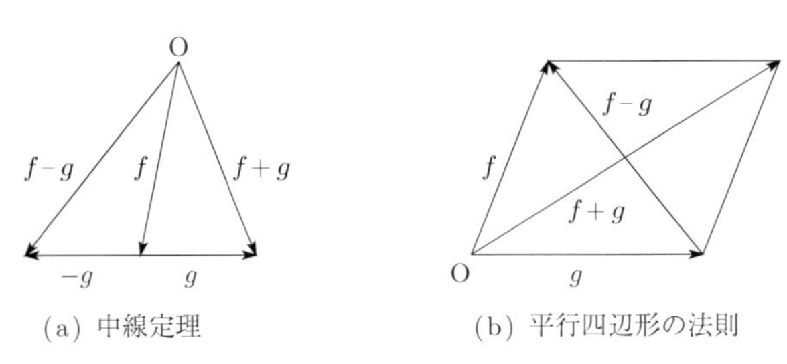

図 3.1　中線定理および平行四辺形の法則

定理 3.10 (ジョルダン・フォン ノイマン (Jordan-von Neumann)) ノルム空間 X に,

$$\sqrt{\langle f, f\rangle} = \|f\| \tag{3.11}$$

を満たす内積が存在するための必要十分条件は，式 (3.10) が成立することである．このとき，内積は一意に定まり，次のように表される．

(i) X が実ノルム空間の場合：

$$\langle f, g\rangle = \frac{1}{4}(\|f+g\|^2 - \|f-g\|^2) \tag{3.12}$$

$$= \frac{1}{2}(\|f+g\|^2 - \|f\|^2 - \|g\|^2) \tag{3.13}$$

(ii) X が複素ノルム空間の場合：

$$\langle f, g\rangle = \frac{1}{4}\{(\|f+g\|^2 - \|f-g\|^2) + i(\|f+ig\|^2 - \|f-ig\|^2)\} \tag{3.14}$$

$$= \frac{1}{2}\{(\|f+g\|^2 - \|f\|^2 - \|g\|^2) + i(\|f+ig\|^2 - \|f\|^2 - \|g\|^2)\} \tag{3.15}$$

証明 他も同様に証明できるので，式 (3.14) を示す．式 (3.10) の必要性は定理 3.9 で示したとおりである．十分性をいくつかの段階に分けて証明する．

(1) 式 (3.14) が内積の公理の中の (i), (iii) を満たすことは明らかである．たとえば，式 (3.14) で $g = f$ とおけば,

$$\langle f, f\rangle = \|f\|^2 \tag{3.16}$$

となり，内積の公理の中の (iii) が成立する．

さらに，式 (3.16) から，もし式 (3.14) の $\langle f, g\rangle$ が内積になっていれば，式 (3.11) が成立することもわかる．

(2) $\langle f, g\rangle$ の f に関する加法性

$$\langle f_1 + f_2, g\rangle = \langle f_1, g\rangle + \langle f_2, g\rangle \tag{3.17}$$

が成立することを示す．まず，式 (3.14) の最初の ( ) の項に対して加法性を示す．

$$\begin{aligned}&\|f_1 + f_2 + g\|^2 - \|f_1 + f_2 - g\|^2 \\ &\quad = \frac{1}{2}\{(2\|f_1 + f_2 + g\|^2 + 2\|g\|^2 - \|f_1 + f_2\|^2) \\ &\qquad - (2\|f_1 + f_2 - g\|^2 + 2\|g\|^2 - \|f_1 + f_2\|^2)\}\end{aligned}$$

なる関係が成立している．ここで,

$$a = f_1 + f_2 + g, \quad b = g, \quad a - b = f_1 + f_2$$

$$c = f_1 + f_2 - g, \quad d = g, \quad c + d = f_1 + f_2$$

とみなして式 (3.10) を適用すれば,

$$
\begin{aligned}
&= \frac{1}{2}(\|f_1 + f_2 + 2g\|^2 - \|f_1 + f_2 - 2g\|^2) \\
&= \frac{1}{2}\bigl\{(\|f_1 + f_2 + 2g\|^2 + \|f_1 - f_2\|^2) \\
&\quad - (\|f_1 + f_2 - 2g\|^2 + \|f_1 - f_2\|^2)\bigr\}
\end{aligned}
$$

となる．ここで，

$$
\begin{gathered}
a = f_1 + g, \quad b = f_2 + g, \quad a + b = f_1 + f_2 + 2g, \quad a - b = f_1 - f_2 \\
c = f_1 - g, \quad d = f_2 - g, \quad c + d = f_1 + f_2 - 2g, \quad c - d = f_1 - f_2
\end{gathered}
$$

とみなして，再び式 (3.10) を適用すれば，

$$
\begin{aligned}
&= (\|f_1 + g\|^2 + \|f_2 + g\|^2) - (\|f_1 - g\|^2 + \|f_2 - g\|^2) \\
&= (\|f_1 + g\|^2 - \|f_1 - g\|^2) + (\|f_2 + g\|^2 - \|f_2 - g\|^2)
\end{aligned}
$$

となり，

$$
\begin{aligned}
&\|f_1 + f_2 + g\|^2 - \|f_1 + f_2 - g\|^2 \\
&\quad = (\|f_1 + g\|^2 - \|f_1 - g\|^2) + (\|f_2 + g\|^2 - \|f_2 - g\|^2) \qquad (3.18)
\end{aligned}
$$

となる．式 (3.18) の g を ig に換えれば，式 (3.14) の第 2 の (　) の項に対しても加法性が成立する．したがって，式 (3.17) が成立する．

(3)　同次性を示す．式 (3.14) に対して

$$
\begin{aligned}
\varphi(a) &= 4\langle af, g\rangle \\
&= (\|af + g\|^2 - \|af - g\|^2) + i(\|af + ig\|^2 - \|af - ig\|^2) \qquad (3.19)
\end{aligned}
$$

とおき，任意の複素数 a に対して，

$$
\varphi(a) = a\varphi(1) \qquad (3.20)
$$

が成立することを示せばよい．まず，式 (3.19) より，

$$
\varphi(0) = 0, \qquad \varphi(-a) = -\varphi(a) \qquad (3.21)
$$

が成立する．$n = 1, 2, 3, \cdots$ に対しては，式 (3.17) より，

$$
\varphi(na) = 4\langle naf, g\rangle = 4n\langle af, g\rangle = n\varphi(a) \qquad (3.22)
$$

となる．$n = -1, -2, -3, \cdots$ に対しては，式 (3.21)，(3.22) より，

$$
\varphi(na) = \varphi(-|n|a) = -\varphi(|n|a) = -|n|\varphi(a) = n\varphi(a)
$$

となる．両者をまとめれば，

$$
\varphi(na) = n\varphi(a) \qquad : n = 0, \pm 1, \pm 2, \cdots \qquad (3.23)
$$

となる．また，

$$
\begin{aligned}
\varphi(ia) &= (\|iaf + g\|^2 - \|iaf - g\|^2) + i(\|iaf + ig\|^2 - \|iaf - ig\|^2) \\
&= (\|af - ig\|^2 - \|af + ig\|^2) + i(\|af + g\|^2 - \|af - g\|^2)
\end{aligned}
$$

となり，

$$\varphi(ia) = i\varphi(a) \tag{3.24}$$

となる．式 (3.17), (3.23), (3.24) より，

$$\varphi((m+in)a) = (m+in)\varphi(a) \tag{3.25}$$

となる．よって，任意の整数 m, n, p, q $(mp \neq 0)$ に対して，

$$\begin{aligned}\varphi\left(\frac{n}{m}+i\frac{q}{p}\right) &= \varphi\left(\frac{np+imq}{mp}\right)\\ &= \frac{np+imq}{mp}mp\varphi\left(\frac{1}{mp}\right)\\ &= \left(\frac{n}{m}+i\frac{q}{p}\right)\varphi(1)\end{aligned}$$

となり，任意の複素有理数 r に対して，

$$\varphi(r) = r\varphi(1) \tag{3.26}$$

となる．しかも，式 (3.19) とノルムの連続性より $\varphi(a)$ は a の連続関数であるから，式 (3.26) より，複素数 a に対して式 (3.20) が成立する．

こうして，式 (3.14) で定義された $\langle f, g\rangle$ が確かに内積の公理を満たし，この内積に対して式 (3.11) が成立することがわかる．

(4) 最後に，内積の一意性を示す．式 (3.14) のほかに式 (3.11) を満たす内積 $\langle f, g\rangle_1$ が存在したとする．このとき，$\langle f, f\rangle_1 = \langle f, f\rangle$ であるから，複素数の実部を $\Re$ で表し，虚部を $\Im$ で表せば，

$$\langle f+g, f+g\rangle = \langle f, f\rangle + \langle f, g\rangle + \langle g, f\rangle + \langle g, g\rangle$$

より，

$$\Re\langle f, g\rangle_1 = \Re\langle f, g\rangle \tag{3.27}$$

となる．さらに，

$$\langle f+ig, f+ig\rangle = \langle f, f\rangle - i\langle f, g\rangle + i\langle g, f\rangle + \langle g, g\rangle$$

より，

$$\Im\langle f, g\rangle_1 = \Im\langle f, g\rangle \tag{3.28}$$

となる．式 (3.27)，(3.28) より $\langle f, g\rangle_1 = \langle f, g\rangle$ となり，内積は一意に定まる． ■

この定理の証明の本質は，式 (3.10) に対応する関数方程式

$$\varphi(f+g) + \varphi(f-g) = 2\left(\varphi(f) + \varphi(g)\right) \tag{3.29}$$

をある条件のもとで解いて，$\varphi(f) = \|f\|^2$ を示すことにある．ここで使われた技巧は，他の多くの関数方程式の解法にも適用できるものである．

定理 3.10 を使うことにより，内積から導くことのできないノルムの例をみいだすことができる．

例 3.11　C ノルムは，内積から導くことのできないノルムである．実際，このノルムに対して式 (3.10) が成立しないことは，たとえば $C[-1,1]$ に対して次のようにして示すことができる．

$$f(x) = x, \qquad g(x) = 1$$

とおけば，

$$(f+g)(x) = x+1, \qquad (f-g)(x) = x-1$$

であるから，

$$\|f\| = \|g\| = 1, \qquad \|f+g\| = \|f-g\| = 2$$

となり，式 (3.10) は成立しない．

例 3.12　空間 l^p は，$p=2$ のとき，例 3.5 からわかるように，確かに l^2 ノルムを内積から導くことができる．しかし，$p \neq 2$ のとき，l^p ノルムを内積から導くことはできない．実際，l^p の元

$$f = (1, 0, 0, 0, \cdots)$$
$$g = (0, 1, 0, 0, \cdots)$$

に対して，$\|f\| = \|g\| = 1$，$\|f \pm g\| = 2^{1/p}$ となり，

$$\|f+g\|^2 + \|f-g\|^2 = 2 \cdot 4^{1/p}$$
$$2(\|f\|^2 + \|g\|^2) = 4$$

となる．よって，式 (3.10) は $p=2$ のとき成立するが，$p \neq 2$ のとき成立しない．

3.3　直交補空間と直和分解

ヒルベルト空間 H の元 f, g に対して $\langle f, g \rangle = 0$ が成立するとき，f と g は**直交**しているといい，$f \perp g$ と表す．式 (3.13)，(3.15) よりただちに，次のピタゴラスの定理を得る．

□ **補題 3.13** (ピタゴラスの定理)

(i)　H が実空間の場合，f と g が直交するための必要十分条件は，

$$\|f+g\|^2 = \|f\|^2 + \|g\|^2 \tag{3.30}$$

が成立することである．

(ii)　H が複素空間の場合，f と g が直交するための必要十分条件は，

$$\|f+g\|^2 = \|f\|^2 + \|g\|^2 \tag{3.31}$$

$$\|f+ig\|^2 = \|f\|^2 + \|g\|^2 \tag{3.32}$$

が成立することである.

実ヒルベルト空間と複素ヒルベルト空間では，多くの結果がそのまま成立する．しかし，この例からわかるように，時として異なる結果が対応するので，注意を要する．

集合に対する直交性は次のように定義される．S, G を H の部分集合とする．$f \in H$ が S のすべての元と直交しているとき，f は部分集合 S と直交するといい，$f \perp S$ と表す．S の任意の元が G と直交するとき，S と G は直交するといい，$S \perp G$ と表す．また，S に直交する元の全体を $S^\perp$ で表し，S の**直交補空間** (orthogonal complement) という．

□**補題 3.14** S を H の部分集合とすれば，$S^\perp$ は H の閉部分空間になる．

証明 $S^\perp$ が部分空間になることは明らかであるから，それが閉集合になることを示す．$f_n \in S^\perp$ に対して，$f_n \to f \in H$ とすれば，任意の $g \in S$ に対して，$\langle f_n, g\rangle = 0$ であるから，

$$|\langle f, g\rangle| = |\langle f - f_n, g\rangle| \leq \|f - f_n\|\|g\|$$

となる．右辺は，$n \to \infty$ のとき 0 になるので，$\langle f, g\rangle = 0$ となり，$f \in S^\perp$ となる．すなわち，$S^\perp$ は閉集合になる． ■

補題 3.14 の結果からわかるように，S が部分空間でなくても，また閉集合でなくても，$S^\perp$ は部分空間になっており，しかも閉集合になっているのである．

□**系 3.15** H の部分集合 S_1, S_2 に対して，$S_1 \subseteq S_2$ ならば $S_1^\perp \supseteq S_2^\perp$ となる．

証明 $f \in S_2^\perp$ とする．任意の $g \in S_1$ に対して，$g \in S_2$ であるから $\langle f, g\rangle = 0$ となり，$f \in S_1^\perp$ となる． ■

□**系 3.16** H の部分集合 S に対して次の関係が成立する．

$$[S]^\perp = S^\perp, \qquad \overline{S}^\perp = S^\perp$$

証明 まず $S^\perp \subseteq [S]^\perp$ を示す．$f \in S^\perp$ とする．任意の $g \in [S]$ は S の元の線形和で表されるから，$\langle f, g\rangle = 0$ となり，$S^\perp \subseteq [S]^\perp$ となる．逆は $S \subseteq [S]$ と系 3.15 より明らかであるから，$S^\perp = [S]^\perp$ となる．

$S^\perp = \overline{S}^\perp$ を示す．$f \in S^\perp$ とする．任意の $g \in \overline{S}$ と任意の $\varepsilon > 0$ に対して，$\|g - h\| < \varepsilon$ となる $h \in S$ が存在するので，

$$|\langle f, g\rangle| = |\langle f, g - h\rangle| \leq \|f\|\|g - h\| < \|f\|\varepsilon$$

となり，$\langle f, g\rangle = 0$ となる．よって，$S^\perp \subseteq \overline{S}^\perp$ となる．逆は $S \subseteq \overline{S}$ と系 3.15 より明らかであるから，$\overline{S}^\perp = S^\perp$ となる． ■

一般の部分集合 S に対して，$[S]$ は S を含む部分空間であるが閉集合ではない．また，$\overline{S}$ は S を含む閉集合であるが部分空間ではない．しかし，いずれの場合も，その直交補空間は S の直交補空間と一致し，閉じた部分空間になるのである．

定理 3.17　S を H の閉部分空間とする．H の任意の元 f は，

$$f = g + h \qquad : g \in S,\ h \in S^{\perp} \tag{3.33}$$

と一意に表される．

証明　5 段階に分けて証明する．

(i)　$f \in H$ に対して，式 (3.33) が成立するような g, h を具体的に構成する．f から S への距離の 2 乗を，次のように d とおく．

$$d = \inf_{u \in S} \|f - u\|^2 \tag{3.34}$$

inf の定義より，$g_n \in S$ かつ

$$d_n = \|f - g_n\|^2 \to d \qquad : n \to \infty$$

となる点列 $\{g_n\}$ が存在し，任意の ε に対して十分大きな n をとれば，

$$d_n \leq d + \varepsilon$$

となる．

(ii)　$\{g_n\}$ がコーシー列になることを示す．$\dfrac{1}{2}(g_m + g_n) \in S$ であるから，式 (3.34) より，

$$\left\| f - \frac{g_m + g_n}{2} \right\|^2 \geq d$$

となる．したがって，中線定理より，

$$\begin{aligned}
\|g_m - g_n\|^2 &= \|(f - g_m) - (f - g_n)\|^2 \\
&= 2(\|f - g_m\|^2 + \|f - g_n\|^2) - \|(f - g_m) + (f - g_n)\|^2 \\
&= 2(d_m + d_n) - 4\left\| f - \frac{g_m + g_n}{2} \right\|^2 \\
&\leq 2(d_m + d_n) - 4d \\
&\leq 4(d + \varepsilon) - 4d \\
&= 4\varepsilon
\end{aligned}$$

となり，$\{g_n\}$ はコーシー列になる．

(iii)　H は完備であるから，$\{g_n\}$ の極限が存在する．それを g で表す．S は閉じているから，$g \in S$ となる．

(iv)　$h = f - g$ とおけば，$f = g + h$ となる．そこで，$h \in S^{\perp}$ を示す．まず，ノルムの連続性より，

$$\|h\|^2 = \|f - g\|^2 = \lim_{n \to \infty} \|f - g_n\|^2 = \lim_{n \to \infty} d_n = d$$

となり，$\|h\|^2 = d$ となる．任意の $u \in S, a \in \mathbf{R}$ に対して $g + au \in S$ であるから，

$$\begin{aligned} d &\le \|f - (g + au)\|^2 = \|(f - g) - au\|^2 \\ &= \|h - au\|^2 = \|h\|^2 - 2a\Re\langle h, u\rangle + a^2\|u\|^2 \\ &= d - 2a\Re\langle h, u\rangle + a^2\|u\|^2 \end{aligned}$$

となり，

$$2a\Re\langle h, u\rangle \le a^2\|u\|^2 \tag{3.35}$$

となる．$\Re\langle h, u\rangle = 0$ を示す．もし，$\Re\langle h, u\rangle \ne 0$ とすれば，式 (3.35) で，a として，$\Re\langle h, u\rangle$ と同じ符号の非零の数を考えることができ，

$$|\Re\langle h, u\rangle| \le \frac{|a|}{2}\|u\|^2$$

となる．a はいくらでも小さくとれるから，$\Re\langle h, u\rangle = 0$ となり，$\Re\langle h, u\rangle \ne 0$ と矛盾する．よって，$\Re\langle h, u\rangle = 0$ である．この式で u を iu とおけば，$\Im\langle h, u\rangle = 0$ となる．したがって，任意の $u \in S$ に対して，$\langle h, u\rangle = 0$ となり，$h \in S^\perp$ となる．

(v) 最後に表現の一意性を示す．式 (3.33) のほかに

$$f = g' + h' \qquad : g' \in S,\ h' \in S^\perp$$

と分解できたとすれば，$g + h = g' + h'$ より $g - g' = h' - h$ となる．この式の左辺は S の元であり，右辺は $S^\perp$ の元であるから，$g' = g,\ h' = h$ となる． ■

定理 3.17 は，

$$S \cap S^\perp = \{0\}, \quad S + S^\perp = H, \quad S \perp S^\perp$$

と同値である．この 3 式をまとめて，

$$H = S \oplus S^\perp \tag{3.36}$$

と表し，H の**直交直和分解** (orthogonal direct sum decomposition) という．

定理 3.17 の証明からわかるように，この定理では，S が閉じた部分空間であることと，H が完備な空間であることが重要である．

3.4 直交展開

フーリエ級数展開の問題を考えてみよう．大雑把にいえば，周期 2π の周期関数 $f(x)$ は，

$$f(x) = \sum_{n=-\infty}^{\infty} a_n e^{inx} \tag{3.37}$$

とフーリエ級数展開できる．そして，展開係数 a_n は，

$$a_n = \frac{1}{2\pi}\int_{-\pi}^{\pi} f(x)e^{-inx}\,dx \tag{3.38}$$

によって求められる．これを $L^2[-\pi,\pi]$ の中で考えれば，次のようになる．$L^2[-\pi,\pi]$ の内積および関数系 $\{u_n\}_{n=-\infty}^{\infty}$ を，

$$\langle f,g\rangle = \frac{1}{2\pi}\int_{-\pi}^{\pi} f(x)\overline{g(x)}\,dx$$
$$u_n(x) = e^{inx}$$

によって定義する．このとき，式 (3.37)，(3.38) はそれぞれ，

$$f(x) = \sum_{n=-\infty}^{\infty} a_n u_n(x)$$
$$a_n = \langle f, u_n\rangle$$

と表される．フーリエ級数展開の問題をこのように表現すれば，一般のヒルベルト空間における級数展開の問題へと自然に発展させることができる．

1. 級数と正規直交系

H の元 $\{u_n\}_{n=1}^{\infty}$ からなる級数

$$\sum_{n=1}^{\infty} u_n \tag{3.39}$$

の収束性は次のように定義される．式 (3.39) の部分和を，

$$f_N = \sum_{n=1}^{N} u_n \tag{3.40}$$

と表す．点列 f_N が f に収束するとき，級数 (3.39) は f に収束するといい，

$$\sum_{n=1}^{\infty} u_n = f$$

と表す．

級数の収束性は，$\{u_n\}_{n=1}^{\infty}$ が直交系の場合，容易に検証することができる．まずは直交系の説明から始める．H の元の組 $\{u_n\}_{n=1}^{\infty}$ に対して，

$$\langle u_m, u_n\rangle = 0 \qquad : m \neq n$$

が成立するとき，$\{u_n\}_{n=1}^{\infty}$ を H の**直交系** (orthogonal system) という．さらに，任意の n に対して $\|u_n\| = 1$ となるとき，$\{u_n\}_{n=1}^{\infty}$ を**正規直交系** (orthonormal system) という．

定理 3.18　H の直交系からなる級数 (3.39) が収束するための必要十分条件は，正項級数

$$\sum_{n=1}^{\infty} \|u_n\|^2 \tag{3.41}$$

が収束することである．

証明 式 (3.41) が収束しているとき，式 (3.40) の部分和の列 $\{f_N\}_{N=1}^{\infty}$ を考える．$M > N$ なる整数に対して，ピタゴラスの定理より，

$$\|f_M - f_N\|^2 = \sum_{n=N+1}^{M} \|u_n\|^2$$

となる．$M, N \to \infty$ のとき，この式の右辺は式 (3.41) より 0 に収束するので，$\|f_M - f_N\| \to 0$ となる．よって $\{f_N\}_{N=1}^{\infty}$ は H のコーシー列になる．H は完備であるから，その極限が H の中に存在する．すなわち，式 (3.39) は収束する．逆は明らかである． ■

式 (3.41) が収束するとき，式 (3.39) は絶対収束するという．実数からなる正項級数が収束すれば，その項をどのように並べ替えても収束するので，定理 3.18 より次の結果を得る．

□系 3.19 H の直交系からなる級数 (3.39) は，もしそれが収束すれば，項の順序に関係なく，同じ元に収束する．

証明 前半は明らかであるから，最後の部分を証明する．$\{u_n\}_{n=1}^{\infty}$ の部分和を f_N とし，$\{u_n\}_{n=1}^{\infty}$ を並べ替えたものの部分和を g_N とする．また，$N \to \infty$ のとき，$f_N \to f$, $g_N \to g$ とする．自然数 N に対して，$L(N)$ を，f_N の和に含まれている u_n がすべて $g_{L(N)}$ に含まれるような最小の整数とし，$M(N)$ を，g_N の和に含まれている u_n がすべて $f_{M(N)}$ に含まれるような最小の整数とする．このとき，$N \to \infty$ に対して $L(N) \to \infty$ および $M(N) \to \infty$ となる．

$f_N - g_{L(N)}$ と $f_N - f_{M(L(N))}$ を比較してみる．$f_N - g_{L(N)}$ では，f_N に含まれる u_n は $g_{L(N)}$ により相殺されている．よって，$f_N - f_{M(L(N))}$ に含まれる u_n は，$f_N - g_{L(N)}$ に含まれる u_n が増加した状態になっている．したがって，$\{u_n\}_{n=1}^{\infty}$ が直交系であることを考慮すれば，

$$\|f_N - g_{L(N)}\| \leq \|f_N - f_{M(L(N))}\|$$

となる．この関係を使えば，

$$\begin{aligned}
\|f - g\| &= \|(f - f_N) + (f_N - g_{L(N)}) + (g_{L(N)} - g)\| \\
&\leq \|f - f_N\| + \|f_N - g_{L(N)}\| + \|g_{L(N)} - g\| \\
&\leq \|f - f_N\| + \|f_N - f_{M(L(N))}\| + \|g_{L(N)} - g\|
\end{aligned}$$

となる．この最後の式の各項は，$N \to \infty$ のとき 0 に近づくので，$f = g$ となる． ■

2. 直交展開

$\{u_n\}_{n=1}^{\infty}$ をヒルベルト空間 H の正規直交系とする．定理 3.18 からわかるように，級数

$$\sum_{n=1}^{\infty} a_n u_n \tag{3.42}$$

が収束するための必要十分条件は，正項級数

$$\sum_{n=1}^{\infty} |a_n|^2 \tag{3.43}$$

が収束することである．

定理 3.20 式 (3.43) が収束しているとき，式 (3.42) の和を f で表す．このとき，

$$a_n = \langle f, u_n \rangle \qquad : n = 1, 2, \cdots \tag{3.44}$$

となり，

$$\|f\|^2 = \sum_{n=1}^{\infty} |a_n|^2 \tag{3.45}$$

となる．

証明 式 (3.42) より，f を

$$f = \sum_{k=1}^{n} a_k u_k + \sum_{k=n+1}^{\infty} a_k u_k$$

と表し，右辺第 1 項，第 2 項をそれぞれ f_1, f_2 とおく．$\{u_k\}_{k=1}^{n}$ で張られる部分空間を S で表せば，$k \geq n+1$ に対して $u_k \in S^{\perp}$ となる．さらに $S^{\perp}$ は閉集合であるから，$f_2 \in S^{\perp}$ となる．よって，

$$\langle f, u_n \rangle = \langle f_1 + f_2, u_n \rangle = \langle f_1, u_n \rangle = \left\langle \sum_{k=1}^{n} a_k u_k, u_n \right\rangle = a_n$$

となり，式 (3.44) が成立する．式 (3.45) を示す．

$$\|f\|^2 = \|f_1 + f_2\|^2 = \|f_1\|^2 + \|f_2\|^2$$

と，$f_2 = f - f_1$ より，

$$\|f - f_1\|^2 = \|f\|^2 - \|f_1\|^2$$

となる．よって，

$$\left\| f - \sum_{n=1}^{N} a_n u_n \right\|^2 = \|f\|^2 - \sum_{n=1}^{N} |a_n|^2$$

となる．この式の左辺は $N \to \infty$ のとき 0 になるので，右辺も 0 になり，式 (3.45) が成立する．

■

フーリエ級数展開との類推から，式 (3.44) で与えられる $\{a_n\}_{n=1}^{\infty}$ を，正規直交系 $\{u_n\}_{n=1}^{\infty}$ に関する f の**展開係数** (expansion coefficients) あるいは**フーリエ係数** (Fourier coefficients) といい，式 (3.42) を f の**直交展開** (orthogonal expansion) あるいは**フーリエ展開** (Fourier expansion) という．また，式 (3.45) を**パーセバルの等式** (Parseval's equality) という．

いままでの議論とは逆に，f が先に与えられているとき，式 (3.44) で $\{a_n\}_{n=1}^{\infty}$ をつくり，この $\{a_n\}_{n=1}^{\infty}$ を用いて式 (3.42) で級数を構成すれば，それは収束し，再びもとの f と一致するであろうか．また，式 (3.45) のパーセバルの等式が成立するであろうか．実は，式 (3.42) の級数は収束するけれども，その結果は，一般には f にならないし，パーセバルの等式も成立しない．**ベッセルの不等式** (Bessel's inequality) とよばれる次の不等式が成立するにとどまるのである．

$$\sum_{n=1}^{\infty} |a_n|^2 \leq \|f\|^2 \qquad : f \in H \tag{3.46}$$

実際，式 (3.42) の第 N 項までの部分和を f_N で表し，$\{u_n\}_{n=1}^{N}$ で張られる部分空間を S で表せば，$1 \leq n \leq N$ に対して $\langle f - f_N, u_n \rangle = 0$ となり，$f - f_N \in S^{\perp}$ となる．よって，

$$\|f\|^2 = \|f - f_N\|^2 + \|f_N\|^2 \geq \|f_N\|^2$$

となり，

$$\sum_{n=1}^{N} |a_n|^2 \leq \|f\|^2 \qquad : f \in H$$

となる．この式の右辺は N によらないから，左辺は収束し，式 (3.46) が成立する．

式 (3.46) で等号が成立する条件，すなわち，ベッセルの不等式がパーセバルの等式になるための条件を次に示す．

定理 3.21 H の正規直交系 $\{u_n\}_{n=1}^{\infty}$ に対して，次の各条件は互いに同値である．

(i) $\{u_n\}_{n=1}^{\infty}$ は**完全**である．すなわち，すべての u_n に直交する元は零元だけである．

(ii) $\{u_n\}_{n=1}^{\infty}$ は**閉じている**．すなわち，$\{u_n\}_{n=1}^{\infty}$ の線形包が H で稠密である．

(iii) H の任意の元を直交展開できる．すなわち，$a_n = \langle f, u_n \rangle$ とおくとき，

$$f = \sum_{n=1}^{\infty} a_n u_n \tag{3.47}$$

が成立する．

(iv) $a_n = \langle f, u_n \rangle$ とおくとき，次のパーセバルの等式が成り立つ．

$$\|f\|^2 = \sum_{n=1}^{\infty} |a_n|^2 \tag{3.48}$$

(v) $a_n = \langle f, u_n \rangle$, $b_n = \langle g, u_n \rangle$ とおくとき，次の**一般化パーセバルの等式** が成り立つ．

$$\langle f, g\rangle = \sum_{n=1}^{\infty} a_n \overline{b_n} \tag{3.49}$$

証明　(i)⇒(ii)：$\{u_n\}_{n=1}^{\infty}$ の線形包が H で稠密でないと仮定する．このとき，すべての n に対して $\langle f, u_n\rangle = 0$ となる非零元 f が存在し，(i) と矛盾する．

(ii)⇒(i)：すべての n に対して $\langle f, u_n\rangle = 0$ となる元 f を考える．(ii) より，任意の $\varepsilon > 0$ に対して，

$$\left\| f - \sum_{n=1}^{N} a_n u_n \right\|^2 < \varepsilon$$

となる係数の組 $\{a_n\}_{n=1}^{N}$ が存在する．したがって，

$$\|f\|^2 + \sum_{n=1}^{N} |a_n|^2 = \left\| f - \sum_{n=1}^{N} a_n u_n \right\|^2 < \varepsilon$$

となり，$\|f\| = 0$ となる．すなわち，$f = 0$ となる．

(i)⇒(iii)：$m < N$ に対して，

$$\left\langle f - \sum_{n=1}^{N} a_n u_n, u_m \right\rangle = \langle f, u_m\rangle - a_m = 0$$

となる．ここで，$N \to \infty$ とすれば，任意の $\{u_m\}_{m=1}^{\infty}$ に対して，

$$\left\langle f - \sum_{n=1}^{\infty} a_n u_n, u_m \right\rangle = 0$$

となり，(iii) が成立する．

(iii)⇒(v)：任意の $f, g \in H$ に対して，内積の連続性より，

$$\langle f, g\rangle = \left\langle \sum_{n=1}^{\infty} a_n u_n, g \right\rangle = \sum_{n=1}^{\infty} a_n \overline{b_n}$$

となり，(v) が成立する．

(v)⇒(iv)：(v) で $g = f$ とおけば，(iv) を得る．

(iv)⇒(i)：すべての n に対して $\langle f, u_n\rangle = 0$ となる元 f を考える．(iv) より，すべての n に対して $a_n = 0$ となるから，$\|f\| = 0$ となり，$f = 0$ となる．■

定理 3.21 が示すように，正規直交系が完全ならば，H の任意の元を式 (3.47) のように表現することができ，パーセバルの等式が成立する．完全な正規直交系，すなわち，**完全正規直交系** (complete orthonormal system) を**正規直交基底** (orthonormal basis) という．

稠密な可算部分集合を含む空間を**可分** (separable) であるという．$1 \leq p < \infty$ に対して，l^p および L^p は可分であるが，l^∞，L^∞ は可分でない．

定理 3.22 ヒルベルト空間 H が可算個の元からなる正規直交基底をもつための必要十分条件は，H が可分になることである．

証明 (i) H を可分であるとする．H で稠密な可算部分集合を S で表す．この点列に含まれる元で，それよりも前にある元の 1 次結合で表されるものを捨ててしまい，残りの元に直交化法を適用して得られる正規直交系を Φ で表す．Φ が完全であることを示す．$f \in H$ が Φ の任意の元と直交したとする．そうすれば，f は S のすべての元と直交することになる．S は H で稠密であるから，任意の $\varepsilon > 0$ に対して，

$$\|f - g\| < \varepsilon$$

となる $g \in S$ が存在する．よって，

$$\|f\|^2 = \langle f, f\rangle = \langle f - g, f\rangle \leq \|f - g\|\|f\| < \varepsilon\|f\|$$

となり，

$$\|f\| < \varepsilon$$

となる．ε は任意であるから，$f = 0$ となる．よって，定理 3.21 より，正規直交系 Φ は完全になる．

(ii) 逆に，H が完全正規直交系 $\{u_n\}_{n=1}^{\infty}$ をもつと仮定する．実部も虚部もともに有理数であるような複素数 $a_k^{(n)}$ を係数とする 1 次結合

$$\sum_{k=1}^{n} a_k^{(n)} u_k \qquad : n = 1, 2, 3, \cdots$$

の全体を S で表す．S は可算集合である．S が H で稠密であることを示す．任意の $f \in S$ と任意の $\varepsilon > 0$ に対して，

$$\left\| f - \sum_{k=1}^{n} \langle f, u_k\rangle u_k \right\| < \frac{\varepsilon}{2}$$

となる n が存在する．各係数 $\langle f, u_k\rangle$ $(k = 1, 2, \cdots, n)$ は，複素数 $a_k^{(n)}$ でいくらでも近似できるので，

$$\left\| \sum_{k=1}^{n} (\langle f, u_k\rangle - a_k^{(n)}) u_k \right\| < \frac{\varepsilon}{2}$$

とすることができる．よって，S に属する元

$$g = \sum_{k=1}^{n} a_k^{(n)} u_k$$

に対して，

$$\|f - g\| < \varepsilon$$

となり，S は H で稠密になる．すなわち，H は可分になる． ■

具体的な正規直交系の構成法を次節で与える．

3.5　シュミットの直交化法

ヒルベルト空間 H の1次独立な元 $\{f_n\}_{n=1}^{\infty}$ から，次のようにして，正規直交系 $\{u_n\}_{n=1}^{\infty}$ を構成することができる．

（i）f_1 のノルムを次に示すように，1に正規化する．

$$u_1 = \frac{f_1}{\|f_1\|}$$

（ii）次に示すように，f_2 の中から f_1 に直交する成分を取り出し，ノルムを1に正規化する．

$$\begin{aligned} g_2 &= f_2 - \langle f_2, u_1 \rangle u_1 \\ u_2 &= \frac{g_2}{\|g_2\|} \end{aligned}$$

（iii）$u_1, u_2, \cdots, u_{n-1}$ が既に決定されているとき，次に示すように，f_n の中からこれらの元に直交する成分を取り出し，ノルムを1に正規化する．

$$\begin{aligned} g_n &= f_n - \sum_{k=1}^{n-1} \langle f_n, u_k \rangle u_k \\ u_n &= \frac{g_n}{\|g_n\|} \end{aligned}$$

（iv）この操作を順に続けていけば，$\{u_n\}_{n=1}^{\infty}$ は正規直交系になる．

なお，$\{f_n\}_{n=1}^{\infty}$ は1次独立であるから，g_2 や g_n が0になることはない．

このような正規直交系の構成法を，**シュミットの直交化法**という．

正規直交系の例

例3.8で導入した空間 $L_w^2(a,b)$ を考える．これは，内積が

$$\langle f, g \rangle = \int_a^b w(x) f(x) \overline{g(x)}\, dx \tag{3.50}$$

で定義される空間である．ここで，$w(x)$ は，

$$w(x) > 0 \tag{3.51}$$

$$\int_a^b x^n w(x)\, dx < \infty \qquad : n = 0, 1, 2, \cdots \tag{3.52}$$

を満たす重み関数である．

さまざまな区間 $[a,b]$，さまざまな重み関数 $w(x)$ に対して，関数系 $\{f_n(x) = x^n : n = 1, 2, \cdots\}$ にシュミットの直交化法を適用すれば，次のように，さまざまな直交多項式を得ることができる．

（i）ルジャンドル (Legendre) 多項式：

$[a,b]=[-1,1]$, $w(x)=1$ のとき,

$$u_n(x)=\sqrt{\frac{2n+1}{2}}P_n(x) \tag{3.53}$$

となる．ここで, $P_n(x)$ は,

$$P_n(x)=\frac{1}{2^n n!}\frac{d^n}{dx^n}(x^2-1)^n$$

で定義されるルジャンドル多項式である．

(ii) チェビシェフ (Chebyshev) 多項式：

$[a,b]=[-1,1]$, $w(x)=\dfrac{1}{\sqrt{1-x^2}}$ のとき,

$$\begin{cases} u_0(x)=\dfrac{1}{\sqrt{\pi}}T_0(x) \\ u_n(x)=\sqrt{\dfrac{2}{\pi}}T_n(x) \qquad : n=1,2,\cdots \end{cases} \tag{3.54}$$

となる．ここで, $T_n(x)$ は,

$$T_n(x)=\frac{(-1)^n}{(2n-1)!!}\sqrt{1-x^2}\frac{d^n}{dx^n}(1-x^2)^{n-(1/2)}$$

で定義されるチェビシェフ多項式である．

(iii) エルミート (Hermite) 多項式 (1)：

$(a,b)=(-\infty,\infty)$, $w(x)=\exp\left(-\dfrac{x^2}{2}\right)$ のとき,

$$u_n(x)=\frac{1}{\sqrt{n!\sqrt{2\pi}}}H_n(x) \tag{3.55}$$

となる．ここで, $H_n(x)$ は,

$$H_n(x)=(-1)^n\exp\left(\frac{x^2}{2}\right)\frac{d^n}{dx^n}\exp\left(-\frac{x^2}{2}\right)$$

で定義されるエルミート多項式である．

(iv) エルミート (Hermite) 多項式 (2)：

$(a,b)=(-\infty,\infty)$, $w(x)=\exp(-x^2)$ のとき,

$$u_n(x)=\frac{1}{\sqrt{2^n n!\sqrt{\pi}}}H_n^*(x) \tag{3.56}$$

となる．ここで, $H_n^*(x)$ は,

$$H_n^*(x)=(-1)^n\exp(x^2)\frac{d^n}{dx^n}\exp(-x^2)$$

で定義されるエルミート多項式である．

(v) ラゲール (Laguerre) 陪多項式：

$(a,b)=(0,\infty)$, $w(x)=e^{-x}x^\alpha$ $(\alpha>-1)$ のとき,

$$u_n(x) = \sqrt{\frac{n!}{\Gamma(\alpha+n+1)}} L_n^{(\alpha)}(x) \tag{3.57}$$

となる．ここで，$L_n^{(\alpha)}(x)$ は，

$$L_n^{(\alpha)}(x) = \frac{e^x x^{-\alpha}}{n!} \frac{d^n}{dx^n} \left(e^{-x} x^{n+\alpha}\right)$$

で定義されるラゲール陪多項式であり，$\Gamma(z)$ は，

$$\Gamma(z) = \int_0^\infty e^{-t} t^{z-1} dt \qquad : \Re z > 0$$

で定義されるガンマ関数である．$\alpha = 0$ の場合を単にラゲール多項式といい，$L_n(x)$ と表す．

これまでに挙げた例はすべて，$L^2_w(a,b)$ の完全正規直交系になっている．たとえば，(ｉ) のルジャンドル多項式が完全になることは，次のようにして証明できる．

定理 3.23　式 (3.53) のルジャンドル多項式系 $\{u_n\}_{n=0}^\infty$ は，$L^2[-1,1]$ の完全正規直交系である．

証明　$\{u_n\}_{n=0}^\infty$ はシュミットの直交化法によって構成されたものであるから，正規直交系になっている．完全性を示す．u_n は，その構成法からわかるように，ちょうど n 次の多項式である．そこで，$f \in L^2[-1,1]$ を，すべての x^n $(n = 0,1,2,\cdots)$ に直交している関数，すなわち，

$$\int_{-1}^1 x^n f(x)\,dx = 0 \qquad : n = 0,1,2,\cdots$$

を満たす関数とする．ここで，

$$F(x) = \int_{-1}^x f(y)\,dy$$

とおけば，$F(-1) = F(1) = 0$ となる．したがって，部分積分により，すべての n に対して，

$$\int_{-1}^1 x^n F(x)\,dx = \frac{x^{n+1}}{n+1} F(x)\bigg|_{-1}^1 - \int_{-1}^1 \frac{x^{n+1}}{n+1} f(x)\,dx = 0$$

となる．よって，連続関数 F は任意の多項式と直交する．

一方，$f \in C[-1,1]$ であるから，ワイエルシュトラスの多項式近似定理 2.29 より，任意の $\varepsilon > 0$ と任意の $x \in [-1,1]$ に対して，

$$|F(x) - p(x)| < \varepsilon$$

となる多項式 p が存在する．F が任意の多項式と直交していることとシュヴァルツの不等式を使えば，

$$\begin{aligned}\int_{-1}^1 |F(x)|^2\,dx &= \int_{-1}^1 F(x)\overline{(F(x)-p(x))}\,dx \\ &\le \varepsilon \int_{-1}^1 |F(x)|\,dx\end{aligned}$$

$$\leq \varepsilon\sqrt{2}\left(\int_{-1}^{1} |F(x)|^2\, dx\right)^{1/2}$$

となり,

$$\int_{-1}^{1} |F(x)|^2\, dx \leq 2\varepsilon^2$$

となる. $\varepsilon > 0$ は任意であり, F は連続であるから, $F(x) = 0$ となる. したがって, ほとんど至るところ $f(x) = 0$ となる. よって, 定理 3.21 より, $\{u_n\}_{n=0}^{\infty}$ は完全になる. ■

他も同様に証明できるが, いささか複雑になるので, ここでは省略することにする. ところで, エルミートやルジャンドルは完全系になっているが, a, b の一方が有限でない場合, シュミットの直交化法によって得られる正規直交系は, 一般には完全系にならないことが知られている.

3.6 直交多項式

$u_n(x)$ $(n = 0, 1, 2, \cdots)$ を x の n 次の多項式とする. $\{u_n\}_{n=0}^{\infty}$ が式 (3.50) の内積のもとで正規直交系になっているとき, これを**正規直交多項式** (orthonormal polyniomial) という. 前節では, シュミットの直交化法によって得られる多くの正規直交多項式の例を与えたが, 本節では, 直交多項式のもつ一般的な性質について論じる.

定理 3.24 正規直交多項式 $\{u_n\}_{n=0}^{\infty}$ は次の漸化式を満たす.

$$u_n(x) = (a_n x + b_n)u_{n-1}(x) - c_n u_{n-2}(x) \qquad : n = 2, 3, 4, \cdots \tag{3.58}$$

ここで, $u_n(x)$ の x^n および x^{n-1} の係数を $k_n > 0$, k'_n とおき,

$$\alpha_n = \langle x u_{n-1}, u_n \rangle = \frac{k_{n-1}}{k_n} > 0 \tag{3.59}$$

$$\beta_n = \langle x u_{n-1}, u_{n-1} \rangle = \frac{k_n k'_{n-1} - k'_n k_{n-1}}{k_n k_{n-1}} \tag{3.60}$$

とおくとき,

$$a_n = \frac{1}{\alpha_n} = \frac{k_n}{k_{n-1}} > 0 \tag{3.61}$$

$$b_n = -\frac{\beta_n}{\alpha_n} = \frac{k_{n-1}k'_n - k'_{n-1}k_n}{(k_{n-1})^2} \tag{3.62}$$

$$c_n = \frac{a_n}{a_{n-1}} = \frac{\alpha_{n-1}}{\alpha_n} = \frac{k_n k_{n-2}}{(k_{n-1})^2} > 0 \tag{3.63}$$

である.

証明

$$f(x) = u_n(x) - (a_n x + b_n)u_{n-1}(x) + c_n u_{n-2}(x)$$

とおいて，$f(x)=0$ を示す．そのためには，

$$\langle f, u_j\rangle = 0 \qquad : j=0,1,2,\cdots,n \tag{3.64}$$

を示せばよい．$j=0,1,2,\cdots,n-3$ に対しては明らかであるから，$j=n,n-1,n-2$ に対して式 (3.64) を示す．式 (3.59)，(3.61) より，

$$\langle f, u_n\rangle = 1 - a_n\langle xu_{n-1}, u_n\rangle = 1 - a_n\alpha_n = 0$$

となる．式 (3.60)～(3.62) より，

$$\langle f, u_{n-1}\rangle = -a_n\langle xu_{n-1}, u_{n-1}\rangle - b_n = -a_n\beta_n - b_n = 0$$

となる．同様にして，式 (3.59), (3.61), (3.63) より，

$$\begin{aligned}\langle f, u_{n-2}\rangle &= -a_n\langle xu_{n-1}, u_{n-2}\rangle + c_n\\ &= -a_n\langle xu_{n-2}, u_{n-1}\rangle + c_n\\ &= -a_n\alpha_{n-1} + c_n\\ &= c_n - \frac{\alpha_{n-1}}{\alpha_n} = 0\end{aligned}$$

となる．よって，$f(x)=0$ となり，式 (3.58) が成立する．

式 (3.59) の α_n の，係数 k_n による表現を導く．まず，

$$u_n(x) = k_n x^n + v_n(x)$$

とおく．ここで，v_n は $n-1$ 次の多項式である．このとき，

$$\langle k_n x^n, u_n\rangle = \langle u_n - v_n, u_n\rangle = 1$$

となり，

$$\langle x^n, u_n\rangle = \frac{1}{k_n} \tag{3.65}$$

となる．したがって，

$$\begin{aligned}\alpha_n &= \langle xu_{n-1}, u_n\rangle\\ &= \langle x(k_{n-1}x^{n-1} + v_{n-1}), u_n\rangle\\ &= k_{n-1}\langle x^n, u_n\rangle = \frac{k_{n-1}}{k_n}\end{aligned}$$

となり，式 (3.59) を得る．式 (3.60) の k_n による表現は章末の問題に譲る．■

式 (3.65) は，$u_n(x)$ の x^n の係数 k_n がもつ幾何学的意味を表している．すなわち，$u_n(x)$ の最高次の項 x^n の u_n への正射影が $1/k_n$ になっているのである．

式 (3.58) の漸化式を使えば，次の重要なクリストッフェル・ダルブー (Christoffel-Darboux) の公式を求めることができる．

定理 3.25 (クリストッフェル・ダルブーの公式) 正規直交多項式 $\{u_n\}_{n=0}^{\infty}$ に対して,

$$K(x,y) = \sum_{j=0}^{n} u_j(x)u_j(y)$$

とおけば,

$$K(x,y) = \frac{k_n}{k_{n+1}} \frac{u_{n+1}(x)u_n(y) - u_n(x)u_{n+1}(y)}{x-y} \quad : x \neq y \tag{3.66}$$

$$K(x,x) = \frac{k_n}{k_{n+1}} \left(u'_{n+1}(x)u_n(x) - u'_n(x)u_{n+1}(x)\right) \tag{3.67}$$

となる. ここで, $k_n > 0$ は $u_n(x)$ の x^n の係数であり, $u'_n(x)$ は $u_n(x)$ の x に関する微分である.

証明 $$v_{j+1}(x,y) = u_{j+1}(x)u_j(y) - u_j(x)u_{j+1}(y) \quad : j = 0,1,2,\cdots \tag{3.68}$$

とおく. 漸化式 (3.58) より,

$$\begin{aligned}
v_{j+1}(x,y) &= \{(a_{j+1}x + b_{j+1})u_j(x) - c_{j+1}u_{j-1}(x)\}u_j(y) \\
&\quad -u_j(x)\{(a_{j+1}y + b_{j+1})u_j(y) - c_{j+1}u_{j-1}(y)\} \\
&= a_{j+1}(x-y)u_j(x)u_j(y) \\
&\quad +c_{j+1}\{u_j(x)u_{j-1}(y) - u_{j-1}(x)u_j(y)\} \\
&= a_{j+1}(x-y)u_j(x)u_j(y) + \frac{a_{j+1}}{a_j}v_j(x,y)
\end{aligned}$$

となり,

$$(x-y)u_j(x)u_j(y) = \frac{v_{j+1}(x,y)}{a_{j+1}} - \frac{v_j(x,y)}{a_j} \quad : j = 1,2,\cdots \tag{3.69}$$

となる. この式が $j=0$ に対しても成立することを示す. k_n の定義より,

$$\begin{cases} u_0(x) = k_0 \\ u_1(x) - u_1(y) = k_1(x-y) \end{cases} \tag{3.70}$$

であるから, 式 (3.61), (3.68), (3.70) より,

$$\begin{aligned}
(x-y)u_0(x)u_0(y) &= k_0^2(x-y) \\
\frac{v_1(x,y)}{a_1} &= \frac{u_1(x)u_0(y) - u_0(x)u_1(y)}{a_1} \\
&= \frac{k_0}{k_1}k_0\left(u_1(x) - u_1(y)\right) \\
&= k_0^2(x-y)
\end{aligned}$$

となる. よって, $v_0(x,y) = 0$ と定義すれば, 式 (3.69) は $j=0$ に対しても成立する.

したがって, $x - y \neq 0$ のとき, 式 (3.69), (3.61) より,

$$K(x,y) = \sum_{j=0}^{n} u_j(x)u_j(y)$$

$$= \frac{1}{x-y} \sum_{j=0}^{n} \left(\frac{v_{j+1}(x,y)}{a_{j+1}} - \frac{v_j(x,y)}{a_j} \right)$$
$$= \frac{1}{a_{n+1}} \frac{v_{n+1}(x,y)}{x-y}$$
$$= \frac{k_n}{k_{n+1}} \frac{u_{n+1}(x)u_n(y) - u_n(x)u_{n+1}(y)}{x-y}$$

となり，式 (3.66) が成立する．式 (3.67) は式 (3.66) から明らかである．■

直交多項式の零点について述べる．

定理 3.26　$u_n(x)$ は区間 (a,b) 内に 1 位の零点を n 個もつ．

証明　式 (3.70) より，

$$\int_a^b w(x)u_n(x)\,dx = \frac{1}{k_0}\langle u_n, u_0 \rangle = 0 \qquad : n = 1, 2, \cdots$$

となる．よって，$u_n(x)$ は区間 (a,b) 内に少なくとも 1 個，奇数位の零点をもつ．そこで，(a,b) 内の奇数位の零点の個数を k とし，それらの零点を $\{x_j\}_{j=1}^{k}$ で表す．

$$p_k(x) = (x-x_1)(x-x_2)\cdots(x-x_k)$$

とおけば，$p_k(x)$ は k 次の多項式になる．$k < n$ と仮定すれば，

$$\langle u_n, p_k \rangle = 0 \tag{3.71}$$

となる．しかし，このとき，$u_n(x)p_k(x)$ の (a,b) 内の零点の位数はすべて偶数になる．よって，$u_n(x)p_k(x)$ は (a,b) 内で符号を変えない．そこで，一般性を失うことなく，

$$u_n(x)p_k(x) \geq 0$$

とすれば，

$$\langle u_n, p_k \rangle = \int_a^b w(x)u_n(x)p_k(x)\,dx > 0$$

となり，式 (3.71) と矛盾する．よって，$k \geq n$ となる．$u_n(x)$ の零点は全部で n 個であるから，$k = n$ となり，定理が成立する．■

定理 3.27　$u_n(x)$ と $u_{n+1}(x)$ の零点は (a,b) 内で交互に現れ，両者の零点が一致することはない．

証明　u_n と u_{n+1} が $x = a$ で同時に零になったと仮定すれば，漸化式 (3.58) より，$u_{n-1}(a) = 0$ となる．この操作を繰り返していけば，

$$u_{n+1}(a) = u_n(a) = u_{n-1}(a) = \cdots = u_0(a) = 0$$

となる．しかし，$u_0(a) \neq 0$ であるから，これは矛盾である．よって，同時に零になることはない．

$u_n(x)$ の隣り合う零点を x_r, x_{r+1} とする．式 (3.67) より，

$$0 \le K(x_r, x_r) = \frac{k_n}{k_{n+1}}\left(-u_n'(x_r)u_{n+1}(x_r)\right)$$

となり，

$$u_n'(x_r)u_{n+1}(x_r) \le 0$$

となる．同様にして，

$$u_n'(x_{r+1})u_{n+1}(x_{r+1}) \le 0$$

となる．ところで，x_r と x_{r+1} は隣り合う 1 位の零点であるから，

$$u_n'(x_r)u_n'(x_{r+1}) < 0$$

となる．しかも，x_r, x_{r+1} は u_{n+1} の零点にならないので，

$$u_{n+1}(x_r)u_{n+1}(x_{r+1}) < 0 \tag{3.72}$$

となる．$u_{n+1}(x)$ は x の連続関数であるから，式 (3.72) より，$u_{n+1}(x)$ は区間 (x_r, x_{r+1}) で少なくとも 1 回零になる．

同様にして，$u_{n+1}(x)$ の隣り合う零点の間に少なくとも 1 個 $u_n(x)$ の零点が存在する．よって，u_n と u_{n+1} の零点は (a, b) 内で交互に現れる． ■

3.7 同形なヒルベルト空間

ノルム空間 X とノルム空間 Y の要素の間に一対一対応があり，一方の空間の要素間の距離が，他方の空間の対応する要素間の距離に等しいとき，X と Y は**等長** (isometric) であるという．さらに，この対応が，線形空間としての X と Y の間の同形対応になっているとき，X と Y は**等長的に同形**であるという．

定理 3.28 可分な無限次元複素（実）ヒルベルト空間はすべて，複素（実）空間 l^2 と等長的に同形である．

証明 $\{u_n\}_{n=1}^{\infty}$ を H の完全正規直交系とする．定理 3.21 の (iii) の展開係数 $\{a_n\}_{n=1}^{\infty}$ を並べてできるベクトルを $\tilde{f}$ で表す．定理 3.21 の (iv) より，$\|\tilde{f}\| = \|f\|$ であるから，$\tilde{f} \in l^2$ となる．さらに，f を $\tilde{f}$ に対応づける作用素を A で表せば，A は H から l^2 への等長作用素になっている．あとは，A が全射であることを示せばよい．任意の $\tilde{f} = (a_n) \in l^2$ に対して，定理 3.20 より，$\sum_{n=1}^{\infty} a_n u_n$ は H のある元 f に収束する．しかも，内積の連続性により $\langle f, u_n \rangle = a_n$ となるから，$Af = \tilde{f}$ となる．したがって，A は全射になる． ■

この定理から，すべてのヒルベルト空間が l^2 と等長的に同形になることがわかった．しかし，一般のヒルベルト空間から l^2 に問題を変換することによって議論が簡単

になるようにするためには，完全正規直交系 $\{u_n\}_{n=1}^{\infty}$ を巧妙に選ぶことが必要であり，それは必ずしも容易なことではないのである．

3.8 双直交展開

ヒルベルト空間 H の 1 対の点列 $\{u_n\}_{n=1}^{\infty}$，$\{v_n\}_{n=1}^{\infty}$ が，

$$\langle u_m, v_n\rangle = \delta_{m,n} \qquad : m, n = 1, 2, \cdots$$

なる関係を満たすとき，$\{u_n, v_n\}_{n=1}^{\infty}$ を**正規双直交系** (biorthonormal system) といい，$\{u_n\}_{n=1}^{\infty}$ と $\{v_n\}_{n=1}^{\infty}$ の一方を他方の**双対系** (dual system) という．$\{u_n\}_{n=1}^{\infty}$ および $\{v_n\}_{n=1}^{\infty}$ の線形包が，それぞれ H で稠密になるとき，正規双直交系 $\{u_n, v_n\}_{n=1}^{\infty}$ は完備であるという．完備な正規双直交系を**正規双直交基底** (biorthonormal basis) という．

定理 3.29　$\{u_n, v_n\}_{n=1}^{\infty}$ を完備な正規双直交系とすれば，任意の $f \in H$ は，

$$f = \sum_{n=1}^{\infty}\langle f, v_n\rangle u_n \tag{3.73}$$

$$= \sum_{n=1}^{\infty}\langle f, u_n\rangle v_n \tag{3.74}$$

と表現できる．

証明　式 (3.73) の右辺を f' で表せば，

$$\langle f', v_m\rangle = \sum_{n=1}^{\infty}\langle f, v_n\rangle\langle u_n, v_m\rangle = \langle f, v_m\rangle$$

となり，

$$\langle f' - f, v_m\rangle = 0 \qquad : m = 1, 2, \cdots$$

となる．$\{v_n\}_{n=1}^{\infty}$ の線形包は H で稠密であるから，$f' = f$ となる．式 (3.74) も同様に証明できる．■

式 (3.73)，(3.74) を，f の**正規双直交展開** (biorthonormal expansion) という．

定理 3.30　H が有限 N 次元の場合，1 次独立な $\{u_n\}_{n=1}^{N}$ に対して，双対系 $\{v_n\}_{n=1}^{N}$ が必ず存在し，一意に定まる．

証明　$\{u_n\}_{n=1}^{N}$ のグラム行列を G で表す．すなわち，G の第 m, n 成分を $a_{m,n}$ とすれば，

$$a_{m,n} = \langle u_n, u_m\rangle \qquad : m, n = 1, 2, \cdots, N$$

である．$\{u_n\}_{n=1}^N$ は 1 次独立であるから，G は正則である．G^{-1} の第 m,n 成分を $b_{m,n}$ とし，

$$v_n = \sum_{m=1}^N b_{m,n} u_m \qquad : n = 1, 2, \cdots, N$$

とおく．G はエルミート対称な行列であるから，G^{-1} もエルミート対称である．よって，

$$\langle u_m, v_n \rangle = \left\langle u_m, \sum_{k=1}^N b_{k,n} u_k \right\rangle = \sum_{k=1}^N \overline{b_{k,n}} \langle u_m, u_k \rangle = \sum_{k=1}^N b_{n,k} a_{k,m} = \delta_{m,n}$$

となり，$\{u_n, v_n\}_{n=1}^N$ は正規双直交系になる．一意性も同様に証明できる． ■

このように，H が有限次元の場合は明確な結論が得られる．しかし，H が無限次元になると，状況は非常に複雑なものとなる．たとえば，どんな有限個の部分列も 1 次独立になるような点列 $\{u_n\}_{n=1}^\infty$ に対して，その双対系は必ずしも存在しないのである．そのような例を示す．

例 3.31 空間 $L^2[-1,1]$ には，$\{u_n(x) = x^n \ : n = 0, 1, 2, \cdots\}$ に対する双対系は存在しない．

証明 双対系 $\{v_n\}_{n=0}^\infty$ が存在したと仮定すれば，

$$\int_{-1}^1 v_m(x) x^m \, dx = 1 \tag{3.75}$$

$$\int_{-1}^1 v_m(x) x^n \, dx = 0 \qquad : n \neq m \tag{3.76}$$

となる．式 (3.76) より，

$$\int_{-1}^1 (v_m(x) x^{m+1}) x^k \, dx = 0 \qquad : k = 0, 1, 2, \cdots$$

となる．定理 3.23 で示したように，$\{x^n\}_{n=0}^\infty$ は $L^2[-1,1]$ の完全系であるから，$v_m(x)x^{m+1} = 0$ となり，$v_m(x)x^m = 0$ となる．これは，式 (3.75) と矛盾する． ■

双対系が存在するための条件を与える．

定理 3.32 H の点列 $\{u_n\}_{n=1}^\infty$ に対する双対系が存在するための必要十分条件は，任意の自然数 n に対して，u_n が残りの元

$$u_1, u_2, \cdots, u_{n-1}, u_{n+1}, \cdots \tag{3.77}$$

の閉線形包に属さないことである．

証明 式 (3.77) の閉線形包を S_n で表し，$\{u_n\}_{n=1}^\infty$ 全体の閉線形包を S で表す．任意の n に対して $S_n \neq S$ とし，S における S_n の直交補空間を $S \ominus S_n$ で表す．各 $S \ominus S_n$ の中に，条件

$$\langle u_n, v_n \rangle = 1$$

を満たす元 v_n が存在する．しかも，

$$\langle u_n, v_m \rangle = \delta_{n,m}$$

となっている．よって，$\{v_n\}_{n=1}^{\infty}$ は $\{u_n\}_{n=1}^{\infty}$ の双対系になる．

逆に，$\{u_n\}_{n=1}^{\infty}$ に対する双対系 $\{v_n\}_{n=1}^{\infty}$ が存在したとする．ある n に対して $u_n \in S_n$ と仮定すれば，v_n は S_n のすべての元と直交しているので，u_n とも直交することになり，矛盾する．よって，すべての n に対して $u_n \notin S_n$ となる．■

3.9　弱収束

H の点列 $\{f_n\}_{n=1}^{\infty}$ の $f \in H$ への収束は，f_n と f との差 $f_n - f$ を何らかの方法によって実数に変換し，その数値が 0 に収束することによって定義することができる．たとえば 2.5 節で導入した強収束の概念は，$f_n - f$ のノルム $\|f_n - f\|$ によって実数に変換したものである．本節では，内積によって実数に変換する方法を導入する．

ヒルベルト空間 H の点列 $\{f_n\}_{n=1}^{\infty}$ と元 $f \in H$ を考える．任意の $\varepsilon > 0$ と任意の $g \in H$ に対して自然数 $N(\varepsilon, g)$ が存在し，任意の $n > N(\varepsilon, g)$ に対して

$$|\langle f_n - f, g \rangle| < \varepsilon$$

が成立するとき，$\{f_n\}_{n=1}^{\infty}$ は f に**弱収束** (weak convergence) するといい，$f_n \to f$(弱)$(n \to \infty)$ または $\text{w-lim}_{n\to\infty} f_n = f$ と表す．lim の前の w は weak の w である．f を $\{f_n\}_{n=1}^{\infty}$ の**弱極限**という．

□**補題 3.33**　$\{f_n\}_{n=1}^{\infty}$ が弱収束すれば，極限は一意に定まる．

証明　$f_n \to f$(弱) $(n \to \infty)$ かつ $f_n \to g$(弱) $(n \to \infty)$ のとき，任意の $\varepsilon > 0$ と任意の $h \in H$ に対して十分大きな n をとれば，

$$|\langle f_n - f, h \rangle| < \frac{\varepsilon}{2}, \qquad |\langle f_n - g, h \rangle| < \frac{\varepsilon}{2}$$

となっている．したがって，

$$\begin{aligned} |\langle f - g, h \rangle| &= |\langle f, h \rangle - \langle f_n, h \rangle + \langle f_n, h \rangle - \langle g, h \rangle| \\ &\le |\langle f - f_n, h \rangle| + |\langle f_n - g, h \rangle| < \varepsilon \end{aligned}$$

となり，任意の $h \in H$ に対して，$|\langle f - g, h \rangle| = 0$ となる．よって，$f = g$ となり，極限は一意に定まる．■

強収束と弱収束の関係を示す．シュヴァルツの不等式より，

$$|\langle f_n - f, g \rangle| \le \|f_n - f\| \|g\|$$

となるから，強収束すれば弱収束する．しかし，次の例に示すように，逆は必ずしも成立しない．これが‘収束’の前についている‘強’と‘弱’の意味である．

例 3.34　H の任意に固定した正規直交無限列 $\{u_n\}_{n=1}^{\infty}$ は弱収束するが，強収束しない．実際，H の任意の元 f に対して，ベッセルの不等式より，

$$\sum_{n=1}^{\infty} |\langle u_n, f\rangle|^2 \leq \|f\|^2$$

となるから，$|\langle u_n, f\rangle|$ は 0 に収束する．すなわち，$\{u_n\}_{n=1}^{\infty}$ は 0 に弱収束する．しかし，

$$\|u_m - u_n\|^2 = 2 \qquad : m \neq n$$

となるから，$\{u_n\}_{n=1}^{\infty}$ は強収束しない．

それでは，どのような場合に弱収束する点列が強収束するのであろうか．答は次の定理が与えてくれる．

定理 3.35　$f \in H$ に弱収束する H の点列 $\{f_n\}_{n=1}^{\infty}$ が強収束するための必要十分条件は，数列 $\{\|f_n\|\}_{n=1}^{\infty}$ が $\|f\|$ に収束することである．

証明　必要性はノルムの連続性から明らかである．十分性を示す．

$$\begin{aligned}
\|f_n - f\|^2 &= \langle f_n - f, f_n - f\rangle \\
&= \|f_n\|^2 - \langle f_n, f\rangle - \langle f, f_n\rangle + \|f\|^2 \\
&= (\|f_n\|^2 - \|f\|^2) - (\langle f_n, f\rangle - \|f\|^2) - (\langle f, f_n\rangle - \|f\|^2) \\
&\leq \left|\|f_n\|^2 - \|f\|^2\right| - 2|\langle f_n, f\rangle - \langle f, f\rangle| \\
&= \left|\|f_n\|^2 - \|f\|^2\right| - 2|\langle f_n - f, f\rangle|
\end{aligned}$$

となり，$\{f_n\}_{n=1}^{\infty}$ は f に強収束する．■

この証明からわかるように，弱収束する点列が強収束すれば，両者の極限は一致する．

問　題

1.　内積に対して次の関係を証明せよ．

$$\langle f, ag\rangle = \overline{a}\langle f, g\rangle \qquad : f, g \in H,\ a \in \mathbf{C}$$

$$\langle f, 0\rangle = \langle 0, f\rangle = 0 \qquad : f \in H$$

2.　次の相加平均と調和平均に関する不等式を証明せよ．ただし，$a_n > 0\ (n = 1, 2, \cdots, N)$ とする．

$$\frac{1}{N}\sum_{n=1}^{N} a_n \geq \frac{N}{\displaystyle\sum_{n=1}^{N}\frac{1}{a_n}}$$

3. ヒルベルト空間 H の任意に固定した元 f に対して，次の関係を証明せよ．

$$\|f\| = \sup_{\|g\|=1} |\langle f, g\rangle|$$

4. 関数空間 L^p のノルムが，$p \neq 2$ のとき，中線定理を満たさないことを示せ．

5. 式 (3.31) を満たすけれども，$\langle f, g\rangle = 0$ にならない例を示せ．

6. H の部分集合 S に対して，次の関係を証明せよ．

(i) S が閉部分空間のとき：$S^{\perp\perp} = S$

(ii) S が部分集合のとき：$S^{\perp\perp} = \overline{[S]}$

(iii) S が必ずしも閉じていない部分空間のとき：$S^{\perp\perp} = \overline{S}$

7. H の閉部分空間 S_1，S_2 に対して次の関係が成立することを示せ．

$$(S_1 + S_2)^{\perp} = S_1^{\perp} \cap S_2^{\perp}, \qquad (S_1 \cap S_2)^{\perp} = \overline{S_1^{\perp} + S_2^{\perp}}$$

8. $\{u_n\}_{n=1}^{\infty}$ をヒルベルト空間 H の正規直交基底とし，$\{u_n\}_{n=1}^{N}$ で張られる部分空間を S_N で表す．任意の $f \in H$ に対して，

$$f_N = \sum_{n=1}^{N} \langle f, u_n\rangle u_n$$

とおく．各 N に対して，f_N は f の S_N における最良近似になっていること，すなわち，任意の $g \in S_N$ に対して，$\|f - f_N\| \leq \|f - g\|$ が成立することを示せ．また，最良近似は一意に定まることを示せ．

9. 式 (3.60) で与えた係数 k_n，k_n' による β_n の表現を導け．

10. 有限次元ヒルベルト空間における正規双直交基底 $\{u_n, v_n\}_{n=1}^{N}$ に対して，パーセバルの等式が

$$\|f\|^2 = \sum_{n=1}^{N} \langle f, u_n\rangle \overline{\langle f, v_n\rangle}$$

$$\langle f, g\rangle = \sum_{n=1}^{N} \langle f, u_n\rangle \overline{\langle g, v_n\rangle}$$

となることを示せ．

第4章　線形作用素

4.1　線形作用素

ノルム空間 X の部分集合 $\mathcal{D}$ の各元をノルム空間 Y の元に対応させる変換 A を，

$$g = Af \qquad : f \in \mathcal{D} \subseteq X,\ g \in Y$$

と表し，X から Y への**作用素** (operator) という．$\mathcal{D}$ を A の**定義域** (domain) といい，$\mathcal{D}(A)$ で表す．本書では，特に断らない限り，$\mathcal{D} = X$ の場合を扱う．したがって，$\mathcal{D}$ は線形空間になっている．Y がスカラー空間のとき，A を**汎関数** (functional) という．

X から Y への作用素 A が，任意の $f_1, f_2 \in X$ と任意のスカラー a, b に対して，

$$A(af_1 + bf_2) = aAf_1 + bAf_2 \tag{4.1}$$

を満たすとき，A は**線形** (linear) であるという．これは，A が X の線形空間としての構造を Y の中でも保存していることを意味している．すなわち，X の元 f_1, f_2 を A で変換した結果をそれぞれ g_1, g_2 で表すとき，f_1 と f_2 の X における線形結合 $af_1 + bf_2$ に対する A の変換が，g_1 と g_2 の Y における線形結合 $ag_1 + bg_2$ で得られることを示している．式 (4.1) は，

$$\begin{cases} A(af) = a(Af) \\ A(f_1 + f_2) = Af_1 + Af_2 \end{cases}$$

の二つの条件から成り立っている．前者の性質を**同次性**といい，後者の性質を**加法性**という．

□**補題 4.1**　X から Y への同次的あるいは加法的作用素 A は，X の零元を Y の零元に変換する．すなわち，$A0 = 0$ となる．

証明　この証明では，0 の記号を 3 種類の意味に用いるので，論理を明確にするために，異なる記号で表すことにする．すなわち，ノルム空間 X, Y の零元をそれぞれ θ_X, θ_Y で表し，数の零を 0 で表す．

A が同次的ならば，任意の $f \in X$ に対して，式 (1.6) より，

$$A\theta_X = A(0f) = 0(Af) = \theta_Y$$

となり，$A\theta_X = \theta_Y$ となる．同様に，A が加法的ならば，

$$A\theta_X = A(\theta_X + \theta_X) = A\theta_X + A\theta_X$$

となる．よって，線形空間における零元の存在と一意性より，$A\theta_X = \theta_Y$ となる．■

この証明の最後の部分は，次のように示すこともできる．すなわち，式 (1.15)，(1.16) より，

$$A\theta_X = A\theta_X - A\theta_X = \theta_Y$$

となり，$A\theta_X = \theta_Y$ となる．

これらの証明は簡単なものであるから，両者の違いはそれほど目立たない．しかし，その意味するところは大きく異なる．すなわち，第1の証明は概念による証明であり，第2の証明は計算による証明である．数学の本質は概念の操作にあるので，前者のほうが優れた証明であるということができる．

X の部分集合 S のさまざまな元を A で変換していくと，対応する Y の元が次々に得られる．そのような Y の元の全体，すなわち Af $(f \in S)$ の全体を，A による S の**像** (image) といい，AS で表す．特に，$S = X$ の場合，AX を A の**値域** (range) といい，$\mathcal{R}(A)$ で表す．なお，A の値域を A の像といい，Im(A) と表すこともある．

A で変換すると Y の零元になるような X の元の全体，すなわち，$Af = 0$ となる $f \in X$ の全体を A の**零空間** (null space) といい，$\mathcal{N}(A)$ で表す．なお，A の零空間を A の核といい，Ker(A) と表すこともある．

A の値域が全空間のとき，すなわち，$\mathcal{R}(A) = Y$ のとき，A は**全射** (surjection) であるという．また，零空間が $\{0\}$ のとき，A は**単射** (injection) であるという．全射かつ単射のとき，**全単射** (bijection) であるという．

X から Y への線形作用素 A の値域も零空間もともに部分空間になる．あとでわかるように，値域と零空間を使って作用素に関する多くの性質を導くことができる．

例 4.2　X のすべての元を Y の零元に変換する作用素を**零作用素**といい，0 で表す．零作用素は X から Y への線形作用素であり，$\mathcal{N}(0) = X, \mathcal{R}(0) = \{0\}$ となる．

例 4.3　X の各元を自分自身に対応づける作用素を**恒等作用素**といい，I で表す．恒等作用素は X から X への線形作用素であり，全単射になる．

例 4.4　$f = (a_1, a_2, \cdots) \in l^2$ に対して $Af = (0, a_1, a_2, \cdots)$ とおけば，A は l^2 から l^2 への線形作用素になる．この A を**移動作用素** (shift operator) という．

例 4.5　$L^2(-\infty, \infty)$ の元を a だけ平行移動する変換を，次のように $T(a)$ で表す．

$$(T(a)f)(x) = f(x-a) \qquad : -\infty < a < \infty$$

$T(a)$ は $L^2(-\infty,\infty)$ から $L^2(-\infty,\infty)$ への線形作用素であり，全単射になる．$T(a)$ を**並進作用素** (translation operator) という．

例 4.6 同じ平行移動であっても，ノルム空間 X の中での平行移動は線形にならない．すなわち，X の固定した非零元を h とするとき，$f \in X$ に対し，

$$Af = f + h$$

によって A を定義する．Af は f を X の中で h だけ平行移動したものになっているが，同次性も加法性も成立しない．

4.2 有界線形作用素

ノルム空間 X からノルム空間 Y への作用素 A は，$f_n \to f_0$ のとき $Af_n \to Af_0$ ならば，点 $f_0 \in X$ で連続であるという．より厳密には次のように定義される．任意の $\varepsilon > 0$ に対して実数 $\delta = \delta(\varepsilon) > 0$ が存在し，

$$\|f - f_0\| < \delta \tag{4.2}$$

となる任意の f に対して，

$$\|Af - Af_0\| < \varepsilon \tag{4.3}$$

が成立するとき，A は点 f_0 で連続であるという．すべての $f \in X$ で連続な A を**連続作用素**という．

□**補題 4.7** ノルム空間 X からノルム空間 Y への線形作用素 A は，X の一点で連続ならば，X のすべての点で連続である．

証明 A が点 $f_0 \in X$ で連続とすれば，任意の $\varepsilon > 0$ に対して実数 $\delta = \delta(\varepsilon) > 0$ が存在し，

$$\|g - f_0\| < \delta$$

なる任意の $g \in X$ に対して，

$$\|Ag - Af_0\| < \varepsilon$$

となる．f_1 を X の任意に固定した点とする．任意の $\varepsilon > 0$ に対して，上の δ を用いて，

$$\|f - f_1\| < \delta$$

なる任意の $f \in X$ を考えれば，

$$\|Af - Af_1\| = \|A(f - f_1 + f_0) - Af_0\|$$

となる．そこで，$g = f - f_1 + f_0$ とおけば，

$$\|g - f_0\| = \|f - f_1\| < \delta$$

となり，f_0 における A の連続性より，

$$\|Af - Af_1\| = \|Ag - Af_0\| < \varepsilon$$

となる．よって，A は f_1 においても連続になる． ■

作用素 A に対してある定数 M が存在し，任意の $f \in X$ に対して，

$$\|Af\| \leq M\|f\| \tag{4.4}$$

が成立するとき，A は**有界** (bounded) であるという．有界でない作用素を**非有界作用素** (unbounded operator) という．有界作用素は X の有界集合を Y の有界集合に変換するものとして特徴づけることができる．X から Y への有界線形作用素の全体を $\mathcal{B}(X, Y)$ で表す．特に $Y = X$ の場合を$\mathcal{B}(\mathrm{X})$ で表す．零作用素，恒等作用素，移動作用素，並進作用素はすべて有界作用素である．

有界性と連続性は本来別の概念である．しかし，線形作用素に対しては，次に示すように，両者は密接な関係で結ばれている．

定理 4.8　ノルム空間 X からノルム空間 Y への線形作用素 A が有界になるための必要十分条件は，A が連続になることである．

証明　A を有界線形作用素とする．A の線形性と式 (4.4) より，

$$\|Af - Ag\| \leq M\|f - g\|$$

となるから，A は連続になる．逆を示す．A を連続とすれば，$f_0 = 0$ でも連続である．そこで，式 (4.2)，(4.3) で $f_0 = 0$ とおけば，任意に固定した $\varepsilon > 0$ に対して実数 $\delta = \delta(\varepsilon) > 0$ が存在し，

$$\|g\| < \delta$$

となる任意の g に対して，

$$\|Ag\| < \varepsilon \tag{4.5}$$

が成立する．そこで，任意の $f \neq 0$ に対して，

$$g = \frac{\delta}{2\|f\|} f \tag{4.6}$$

とおけば，$\|g\| = \dfrac{\delta}{2} < \delta$ となるから，式 (4.6)，(4.5) より，

$$\frac{\delta}{2\|f\|}\|Af\| = \|Ag\| < \varepsilon$$

となる．よって，

$$\|Af\| \leq \frac{2\varepsilon}{\delta}\|f\|$$

となり，A は有界になる． ■

例 4.9 有限な区間 $[a,b]\times[c,d]$ で定義された積分変換

$$(Af)(x) = \int_a^b k(x,y)f(y)\,dy \qquad : x \in [c,d] \tag{4.7}$$

を考える．積分核 $k(x,y)$ が，x に関しても y に関しても連続ならば，連続関数 $f(y)$ に対して $(Af)(x)$ も連続になり，A は $C[a,b]$ から $C[c,d]$ への線形作用素になる．さらに，

$$M = \max_{c\le x\le d}\int_a^b |k(x,y)|\,dy$$

とおけば，

$$|(Af)(x)| \le \int_a^b |k(x,y)||f(y)|\,dy \le \|f\|\int_a^b |k(x,y)|\,dy \le M\|f\| \tag{4.8}$$

となり，$\|Af\| \le M\|f\|$ となる．よって，A は有界作用素になる．

次に，有界でない線形作用素の例を示す．

例 4.10 区間 $[0,1]$ 上で定義された 1 階連続微分可能な関数の集合であって，ノルムを

$$\|f\| = \max_{0\le x\le 1}|f(x)| \tag{4.9}$$

で定義したノルム空間を，$C^{(1)}[0,1]$ で表す．微分作用素 $A = \dfrac{d}{dx}$ は，$C^{(1)}[0,1]$ から $C[0,1]$ への線形作用素であるが，非有界である．実際，

$$f_n(x) = \frac{1}{n}x^n \qquad : n \ge 1$$

とおけば，$Af_n(x) = x^{n-1}$ となるから，

$$\|f_n\| = \frac{1}{n}, \qquad \|Af_n\| = 1 \tag{4.10}$$

となる．よって，

$$\frac{\|Af_n\|}{\|f_n\|} = n \tag{4.11}$$

となる．この式の右辺はいくらでも大きな値をとることができるので，微分作用素 $A = \dfrac{d}{dx}$ は非有界になる．

定理 4.8 に示したように，線形作用素の有界性と連続性は等価であった．したがって，上で示した微分作用素は不連続になっているはずである．実際，式 (4.10) より，f_n は $n\to\infty$ のとき 0 に収束するが，Af_n は決して 0 に収束することはない．このように，微分作用素は確かに不連続になっているのである．

例 4.10 の非有界性の証明では，式 (4.11) で n がいくらでも大きくとれることが重要であった．これは，空間 $C^{(1)}[0,1]$ が無限次元空間であったからこそ可能であった

のである．もし X が有限次元ならば，次に示すように，すべての作用素が有界になってしまう．

定理 4.11　有限次元ノルム空間 X からノルム空間 Y への線形作用素 A は有界である．

証明　X の次元を N とし，$\{u_n\}_{n=1}^{N}$ を X の基底とする．この基底に関する $f \in X$ の展開を，

$$f = \sum_{n=1}^{N} a_n u_n \tag{4.12}$$

と表す．まず，

$$|a_n| \leq M\|f\| \qquad : n = 1, 2, \cdots, N \tag{4.13}$$

なる定数 M が存在することを示す．ある n_0 に対して $a_{n_0} = 0$ ならば式 (4.13) は成立している．$a_{n_0} \neq 0$ のとき，式 (4.12) の両辺を a_{n_0} で割れば，

$$\frac{1}{a_{n_0}} f = u_{n_0} + \sum_{n \neq n_0} \frac{a_n}{a_{n_0}} u_n \tag{4.14}$$

となる．$\{u_n\}_{n=1,\ n\neq n_0}^{N}$ で張られる部分空間を X_{N-1} とすれば，定理 2.49 より X_{N-1} は閉じている．しかも $u_{n_0} \notin X_{N-1}$ であるから，

$$d_{n_0} = \inf_{h \in X_{N-1}} \|u_{n_0} - h\| \tag{4.15}$$

とおけば，$d_{n_0} > 0$ となる．式 (4.14) の右辺第二項は X_{N-1} の元である．それを $-h$ で表せば，式 (4.15) より，

$$\left\| \frac{f}{a_{n_0}} \right\| = \|u_{n_0} - h\| \geq d_{n_0} > 0$$

となり，

$$|a_{n_0}| \leq \frac{1}{d_{n_0}} \|f\|$$

となる．X は有限次元であるから，n_0 をいろいろ動かしたときに $\left\{ \dfrac{1}{d_{n_0}} \right\}$ の中に最大値が存在する．それを M で表せば，式 (4.13) を得る．

さて，式 (4.12) の両辺に A を作用すれば，A の線形性より，

$$Af = \sum_{n=1}^{N} a_n A u_n$$

となり，式 (4.13) より

$$\|Af\| \leq \sum_{n=1}^{N} |a_n| \|Au_n\| \leq M\|f\| \sum_{n=1}^{N} \|Au_n\| \tag{4.16}$$

となる．よって，A は有界になる．■

例 4.10 では，微分作用素 $A = \dfrac{d}{dx}$ の定義域 $C^{(1)}[0,1]$ が無限次元空間であったために，非有界になった．定義域を N 次以下の多項式の空間に限ると，定理 4.11 より，たとえ微分作用素であっても有界になるのである．実際，たとえば，n 次多項式 f に対して，マルコフ (Markov) の不等式

$$\max_{-1\le x\le 1} |f'(x)| \le n \min\left\{\frac{1}{\sqrt{1-x^2}}, n\right\} \max_{-1\le x\le 1} |f(x)|$$

が成立している．したがって，$C[-1,1]$ の有限次元部分空間として，N 次以下の多項式を考えれば，その上で微分作用素が有界になることがわかる．

線形作用素の零空間および値域はともに部分空間になっていたが，有界線形作用素の零空間に対しては，さらに次の性質が成り立つ．

系 4.12 有界線形作用素の零空間は閉集合である．

証明 $f_n \in \mathcal{N}(A)$ が $f \in X$ に収束したとすれば，式 (4.4) の M に対して，

$$\|Af\| = \|Af - Af_n\| \le M\|f - f_n\|$$

となる．よって，$n \to \infty$ とすれば $Af = 0$ となり，$f \in \mathcal{N}(A)$ となる． ■

一方，値域の閉性に関しては，零空間ほど単純ではない．たとえば恒等作用素 I の値域は閉じているが，一般には，A がたとえ有界線形作用素であっても，必ずしも閉集合にならない．そのような例を次に示す．

例 4.13 $f = (a_n) \in l^2$ に対して

$$Af = \left(a_1, \frac{1}{2}a_2, \frac{1}{3}a_3, \cdots\right) = \left(\frac{1}{n}a_n\right)$$

とおけば，$A \in \mathcal{B}(l^2)$ となるが，$\mathcal{R}(A)$ は閉じていない．実際，A が線形であることは明らかであり，A の有界性は，

$$\|Af\|^2 = \sum_{n=1}^{\infty} \left|\frac{1}{n}a_n\right|^2 \le \sum_{n=1}^{\infty} |a_n|^2 = \|f\|^2$$

より明らかである．そこで，$\mathcal{R}(A)$ が閉じていないことを示すために，

$$g_n = \left(1, \frac{1}{2}, \frac{1}{3}, \cdots, \frac{1}{n}, 0, 0, \cdots\right)$$

を考える．明らかに $g_n \in l^2$ $(n = 1, 2, \cdots)$ である．はじめの n 個の要素が 1 で，残りがすべて 0 の無限次元ベクトルを f_n で表す．$f_n \in l^2$ $(n = 1, 2, \cdots)$ であり，

$$g_n = Af_n \qquad : n = 1, 2, \cdots$$

となるから，$g_n \in \mathcal{R}(A)$ $(n = 1, 2, \cdots)$ である．そこで $g = \left(\dfrac{1}{n}\right)$ とおけば，$g \in l^2$ であり，g_n は g に収束する．$g \in \mathcal{R}(A)$ と仮定すれば，$g = Af$ となる元 $f = (a_n) \in l^2$

が存在し，$\dfrac{1}{n} = \dfrac{a_n}{n}$ $(n = 1, 2, \cdots)$ となる．よって，$a_n = 1$ $(n = 1, 2, \cdots)$ となり，$f \notin l^2$ となる．これは $f \in l^2$ と矛盾するので，$g \notin \mathcal{R}(A)$ である．すなわち，$\mathcal{R}(A)$ は閉じていない．

$A, B \in \mathcal{B}(H_1, H_2)$ に対して，$A = B$ となるための必要十分条件は，任意の $f \in H_1$，$g \in H_2$ に対して $\langle Af, g \rangle = \langle Bf, g \rangle$ となることである．これはまた，$A = 0$ となるための必要十分条件が，任意の $f \in H_1$，$g \in H_2$ に対して $\langle Af, g \rangle = 0$ になることと同値である．この条件は，H が複素ヒルベルト空間のとき，次のように緩めることができる．

□**補題 4.14**　H を複素ヒルベルト空間とし，$A \in \mathcal{B}(H)$ とする．$A = 0$ になるための必要十分条件は，任意の $f \in H$ に対して，

$$\langle Af, f \rangle = 0 \tag{4.17}$$

となることである．

証明　任意の $f \in H$ に対して $\langle Af, f \rangle = 0$ が成立したとすれば，任意の $f, g \in H$ に対して，

$$0 = \langle A(f+g), f+g \rangle = \langle Af, g \rangle + \langle Ag, f \rangle \tag{4.18}$$

となる．この式で f を if とおけば，

$$\langle Af, g \rangle - \langle Ag, f \rangle = 0 \tag{4.19}$$

となる．式 (4.18)，(4.19) より，任意の $f, g \in H$ に対して $\langle Af, g \rangle = 0$ となり，$A = 0$ となる．逆は明らかである．■

補題 4.14 より，H が複素ヒルベルト空間のとき，$A, B \in \mathcal{B}(H)$ に対して $A = B$ を示すためには，任意の $f \in H$ に対して $\langle Af, f \rangle = \langle Bf, f \rangle$ が成立することを示せばよいことがわかる．しかし，H が実ヒルベルト空間の場合には，一般にはこの性質は成立しない．

4.3　作用素のノルム

式 (4.4) の M の下限を作用素 A のノルムといい，$\|A\|$ で表す．ノルムの定義より，

$$\|Af\| \leq \|A\| \|f\| \tag{4.20}$$

なる不等式が成立する．$\|A\|$ はまた，次のように表すこともできる．

$$\|A\| = \sup_{\|f\|=1} \|Af\| \tag{4.21}$$

式 (4.21) は，X のノルム 1 の元を A で変換して得られる元の大きさの上限が $\|A\|$ であることを表している．すなわち，A のノルムは A のある意味での増幅率とみなすことができる．

零作用素のノルムは 0 であり，恒等作用素や移動作用素，並進作用素のノルムは 1 である．

例 4.15 N 次元 l^p 空間 $l^p(N)$ から N 次元 l^q 空間 $l^q(N)$ への作用素 $A=(a_{m,n})$ のノルムを $\|A\|_{p,q}$ と表せば，次のようになる．ただし，A^* を行列 A のエルミート共役とするとき，λ_n は A^*A の固有値である．

$$\|A\|_{1,1} = \max_{1\le n\le N} \sum_{m=1}^{N} |a_{m,n}| \tag{4.22}$$

$$\|A\|_{\infty,\infty} = \max_{1\le m\le N} \sum_{n=1}^{N} |a_{m,n}| \tag{4.23}$$

$$\|A\|_{1,\infty} = \max_{1\le m,n\le N} |a_{m,n}| \tag{4.24}$$

$$\|A\|_{2,2} = \max_{1\le n\le N} \sqrt{\lambda_n} \tag{4.25}$$

証明 たとえば，式 (4.25) は，次のように証明することができる．いま，

$$A^*A\varphi_n = \lambda_n\varphi_n \qquad : n=1,2,\cdots,N$$
$$\langle \varphi_m, \varphi_n\rangle = \delta_{m,n}$$

とおけば，λ_n は非負となる．任意の $f\in l^2(N)$ に対して，

$$\begin{aligned}
\|Af\|_2^2 &= \langle Af, Af\rangle = \langle A^*Af, f\rangle \\
&= \left\langle A^*A\sum_{n=1}^{N}\langle f,\varphi_n\rangle\varphi_n, f\right\rangle = \sum_{n=1}^{N}\langle f,\varphi_n\rangle\langle\lambda_n\varphi_n, f\rangle \\
&= \sum_{n=1}^{N}\lambda_n|\langle f,\varphi_n\rangle|^2 \le \left(\max_{1\le n\le N}\lambda_n\right)\sum_{n=1}^{N}|\langle f,\varphi_n\rangle|^2 \\
&= \left(\max_{1\le n\le N}\lambda_n\right)\|f\|_2^2
\end{aligned}$$

となり，

$$\|A\|_{2,2} \le \sqrt{\max_{1\le n\le N}\lambda_n} = \max_{1\le n\le N}\sqrt{\lambda_n}$$

となる．そこで，$n_0 = \arg\max_{1\le n\le N}\sqrt{\lambda_n}$ とおき，$f=\varphi_{n_0}$ とおけば，$\|f\|_2=1$ となり，$\|Af\|_2^2 = (\max_{1\le n\le N}\lambda_n)\|f\|_2^2$ となる．よって，式 (4.25) が成立する．残りの部分の証明は，章末の問題に譲る． ■

X, Y がノルム空間の場合，作用素 $A\in\mathcal{B}(X,Y)$ のノルム $\|A\|$ は式 (4.21) のように表現できた．X, Y がヒルベルト空間の場合，双 1 次形式 $\langle Af, g\rangle$ を用いて，次のよう

に表すこともできる．

定理 4.16　H_1, H_2 をヒルベルト空間とする．作用素 $A \in \mathcal{B}(H_1, H_2)$ のノルム $\|A\|$ は，

$$\|A\| = \sup_{\substack{f \in H_1, g \in H_2 \\ f \neq 0, g \neq 0}} \frac{|\langle Af, g \rangle|}{\|f\| \|g\|} \tag{4.26}$$

と表すことができる．

証明　シュヴァルツの不等式と式 (4.21) より，

$$\sup_{\substack{f \in H_1, g \in H_2 \\ f \neq 0, g \neq 0}} \frac{|\langle Af, g \rangle|}{\|f\| \|g\|} \leq \sup_{\substack{f \in H_1, g \in H_2 \\ f \neq 0, g \neq 0}} \frac{\|Af\| \|g\|}{\|f\| \|g\|} = \sup_{f \in H_1, f \neq 0} \frac{\|Af\|}{\|f\|} = \|A\|$$

となる．同様にして，

$$\sup_{\substack{f \in H_1, g \in H_2 \\ f \neq 0, g \neq 0}} \frac{|\langle Af, g \rangle|}{\|f\| \|g\|} \geq \sup_{f \in H_1, Af \neq 0} \frac{\|Af\| \|Af\|}{\|f\| \|Af\|} = \sup_{f \in H_1, f \neq 0} \frac{\|Af\|}{\|f\|} = \|A\|$$

となるので，式 (4.26) が成立する．■

ところで，ベクトルに対するユークリッドノルムの類推から，行列 $A = (a_{m,n})$ に対して，

$$\|A\|_2 = \left(\sum_{m=1}^{N} \sum_{n=1}^{N} |a_{m,n}|^2 \right)^{1/2}$$

とおいてみると，$\|A\|_2$ もノルムの公理を満たしている．これを**シュミットノルム** (Schmidt norm)，または**フロベニウスノルム** (Frobenius norm) という．より詳しくは 6.5 節で論じるが，このように作用素のノルムとして，式 (4.21) のノルム以外にも，多くのノルムを定義することができる．そこで，これらのノルムと区別したいときには，式 (4.21) のノルムを**作用素ノルム** (operator norm) ということもある．

作用素のスカラー倍 aA，和 $A + B$，積 AB は，

$$(aA)f = a(Af)$$
$$(A + B)f = Af + Bf$$
$$(AB)f = A(Bf)$$

によって自然に定義できる．A, B が有界線形作用素ならば，これらの演算結果も有界線形作用素になる．式 (4.21) より，次の結果が成立する．

定理 4.17　X, Y, Z をノルム空間とする．$\mathcal{B}(X, Y)$ は作用素ノルムのもとでノルム空間になり，次の関係が成立する．ただし，(i)〜(iii) では $A, B \in \mathcal{B}(X, Y)$ で

ある.

(i) $\|A\| \geq 0$, かつ, 等号が成立するのは $A = 0$ の場合に限る.

(ii) $\|aA\| = |a|\|A\|$

(iii) $\|A + B\| \leq \|A\| + \|B\|$

(iv) $A \in \mathcal{B}(Y, Z), B \in \mathcal{B}(X, Y)$ に対して $AB \in \mathcal{B}(X, Z)$ となり, $\|AB\| \leq \|A\|\|B\|$ なる関係が成立する.

(i)〜(iii) は, $\mathcal{B}(X, Y)$ が作用素ノルムのもとでノルム空間になっていることを表している.

定理 4.18 S をノルム空間 X で稠密な部分空間とする. S からバナッハ空間 Y への線形作用素 A が有界ならば, X から Y への有界線形作用素 $\tilde{A}$ で A の拡張になるもの, すなわち, $f \in S$ に対して $\tilde{A}f = Af$ となるものが一意に存在し, $\|\tilde{A}\| = \|A\|$ となる.

証明 $\overline{S} = X$ であるから, 任意の $f \in X$ に対して, S の元の列 $\{f_n\}$ で $f_n \to f$ となるものが存在する.

$$\|Af_m - Af_n\| \leq \|A\|\|f_m - f_n\| \to 0 \qquad : m, n \to \infty$$

より, $\{Af_n\}$ は Y のコーシー列になっている. Y は完備であるから, その極限が存在する. この極限は, f に収束する点列 $\{f_n\}$ の選び方によらない. 実際, 別の点列 $\{g_n\}$ が f に収束するとき, Af_n の極限を h とし, Ag_n の極限を h' とすれば,

$$\begin{aligned}\|h - h'\| &\leq \|h - Af_n\| + \|Af_n - Ag_n\| + \|Ag_n - h'\| \\ &\leq \|h - Af_n\| + \|A\|(\|f_n - f\| + \|f - g_n\|) + \|Ag_n - h'\| \\ &\to 0 \qquad : n \to \infty\end{aligned}$$

となり, $h' = h$ となる. そこで, この極限を $\tilde{A}f$ とおけば, X から Y への作用素 $\tilde{A}$ を定義することができる. $f \in S$ のとき, $f_n = f$ $(n = 1, 2, \cdots)$ なる点列を考えれば, $\tilde{A}f = Af$ となる. $\tilde{A}$ の線形性は明らかであるから, 有界性を示す. ノルムの連続性より,

$$\|\tilde{A}f\| = \lim_{n\to\infty} \|Af_n\| \leq \lim_{n\to\infty} \|A\|\|f_n\| = \|A\|\|f\|$$

となり, $\tilde{A}$ は有界になる. さらに, $\|\tilde{A}\| \leq \|A\|$ となっている. 一方,

$$\|A\| = \sup_{f\in S,\ \|f\|\leq 1} \|Af\| \leq \sup_{f\in X,\ \|f\|\leq 1} \|\tilde{A}f\| = \|\tilde{A}\|$$

であるから, $\|\tilde{A}\| = \|A\|$ となる.

最後に, 拡張の一意性を示す. X から Y への有界線形作用素 $\tilde{A}'$ を A の拡張とする. 任意の $f \in X$ に対して, $f_n \to f$ となる $f_n \in S$ をとれば, $\tilde{A}'$ の連続性より,

$$\tilde{A}'f = \lim_{n\to\infty} \tilde{A}'f_n = \lim_{n\to\infty} Af_n = \tilde{A}f$$

となり，$\tilde{A}' = \tilde{A}$ となる． ■

4.4 作用素の列

作用素の列 $\{A_n\}_{n=1}^{\infty}$ の作用素 A への収束性を定義するためには，A_n と A の近さを実数で表し，その実数が0に収束するという方法が用いられる．実数による近さの表現の仕方によって，3種類の収束の概念を導入する．

一様収束とは，$\mathcal{B}(X,Y)$ が作用素ノルムに関してノルム空間になっているという事実を使い，$\|A_n - A\|$ によって実数に変換する方法である．厳密には次のように定義される．$\mathcal{B}(X,Y)$ の点列 $\{A_n\}_{n=1}^{\infty}$ と作用素 $A \in \mathcal{B}(X,Y)$ を考える．任意の $\varepsilon > 0$ に対して自然数 $N = N(\varepsilon)$ が存在し，任意の $n > N$ に対して，

$$\|A_n - A\| < \varepsilon$$

が成立するとき，$\{A_n\}_{n=1}^{\infty}$ は A に**一様収束** (uniform convergence) するという．

強収束とは，X の元 f を使い，$\|A_n f - Af\|$ によって実数に変換する方法である．すなわち，f を A_n で変換した結果が空間 Y の中で Af に強収束することで定義する．厳密には次のように定義される．任意の $\varepsilon > 0$ と任意の $f \in X$ に対して自然数 $N = N(\varepsilon, f)$ が存在し，任意の $n > N$ に対して，

$$\|A_n f - Af\| < \varepsilon$$

が成立するとき，$\{A_n\}_{n=1}^{\infty}$ は A に**強収束** (strong convergence) あるいは**各点収束**するという．強収束を単に収束ということが多い．

一様収束では $N = N(\varepsilon)$ が ε だけで決まっていたのに対して，強収束では $N = N(\varepsilon, f)$ が ε と $f \in X$ の両方から決まってくる．そこで，前者を f によらないという意味で一様収束とよび，後者を各点 f における収束の意味で各点収束とよぶのである．

$Y = H$ の場合には，弱収束の概念を導入することもできる．すなわち，強収束が Y の点列 $\{A_n f\}_{n=1}^{\infty}$ の強収束であったのに対して，これを $Y = H$ の弱収束にすればよい．厳密には次のように定義される．任意の $\varepsilon > 0$ と，任意の $f \in X$，任意の $g \in H$ に対して自然数 $N = N(\varepsilon, f, g)$ が存在し，任意の $n > N$ に対して，

$$|\langle A_n f - Af, g\rangle| < \varepsilon$$

が成立するとき，$\{A_n\}_{n=1}^{\infty}$ は A に**弱収束** (weak convergence) するという．

これら三種類の収束の概念の間には，次の関係が成立する．すなわち，シュヴァルツの不等式より，

$$|\langle A_n f - Af, g\rangle| \leq \|A_n f - Af\|\|g\| \leq \|A_n - A\|\|f\|\|g\|$$

であるから，一様収束すれば強収束し，強収束すれば弱収束する．しかし，逆は一般には成立しない．そのような例を次に示す．

例 4.19 作用素 $\{A_n\}_{n=1}^{\infty}$ を，$f=(a_n)\in l^p$ に対して，

$$A_n f=(a_n, a_{n+1}, \cdots) \tag{4.27}$$

により定義すれば，$A_n\in\mathcal{B}(l^p)$ となる．作用素列 $\{A_n\}_{n=1}^{\infty}$ は 0 に強収束するが，一様収束することはない．

証明 式 (4.27) より，任意の $f=(a_n)\in l^p$ に対して，

$$\|A_n f\|^p=\sum_{k=n}^{\infty}|a_k|^p \tag{4.28}$$

となる．式 (4.28) の右辺は $\|f\|^p$ 以下の値をとるので，

$$\|A_n f\|\leq\|f\| \tag{4.29}$$

となり，$A_n\in\mathcal{B}(l^p)$ となる．さらに，$f\in l^p$ より式 (4.28) の右辺は $n\to\infty$ のとき 0 に収束し，$\|A_n f\|\to 0\ (n\to\infty)$ となる．よって，A_n は 0 に強収束する．最後の部分を示す．A_n がある作用素 A に一様収束したとする．一様収束すれば強収束し，しかも極限は一意に定まるから，$A=0$ になる．したがって，A_n は 0 に一様収束し，$\|A_n\|\to 0\ (n\to\infty)$ となる．ところで式 (4.28) より，$a_1=a_2=\cdots=a_{n-1}=0$ となる $f\in l^p$ に対しては $\|A_n f\|=\|f\|$ であるから，式 (4.29) と合わせれば $\|A_n\|=1$ となる．これは，$\|A_n\|\to 0\ (n\to\infty)$ と矛盾している．よって，一様収束することはない． ■

一様収束の概念を使えば，次の結果を得る．

定理 4.20 Y がバナッハ空間ならば，$\mathcal{B}(X,Y)$ は作用素ノルムに関してバナッハ空間になる．

証明 $\{A_n\}_{n=1}^{\infty}$ を $\mathcal{B}(X,Y)$ のコーシー列とすれば，任意の $\varepsilon_1>0$ に対して $N_1=N_1(\varepsilon_1)>0$ が存在し，任意の $m,n\geq N_1$ に対して，

$$\|A_m-A_n\|\leq\varepsilon_1 \tag{4.30}$$

となる．

このとき，任意の $f\in X$ に対して，

$$g_n=A_n f$$

とおけば，$\{g_n\}_{n=1}^{\infty}$ は Y のコーシー列になる．実際，任意の $\varepsilon_2>0$ に対して，$\varepsilon_1=\dfrac{\varepsilon_2}{\|f\|}$ とおき，この ε_1 に対して決まってくる $N_1(\varepsilon_1)$ を $N_2=N_2(\varepsilon_2,f)$ とすれば，任意の $m,n\geq N_2$ に対して，

$$\|g_m-g_n\|=\|A_m f-A_n f\|\leq\|A_m-A_n\|\|f\|\leq\varepsilon_1\|f\|=\varepsilon_2$$

となり，

$$\|g_m - g_n\| \leq \varepsilon_2$$

となる．よって，$\{g_n\}_{n=1}^{\infty}$ は Y のコーシー列である．

Y の完備性より，$\{g_n\}_{n=1}^{\infty}$ の極限が Y の中に一意に定まる．それを g とし，f を g に対応づける作用素を A とすれば，$A_n f \to Af$ となる．すなわち，任意の $\varepsilon_3 > 0$ に対して $N_3 = N_3(\varepsilon_3, f)$ が存在し，任意の $n \geq N_3$ に対して，

$$\|A_n f - Af\| \leq \varepsilon_3 \tag{4.31}$$

となる．

A は明らかに線形である．A の有界性を示す．$\{A_n\}_{n=1}^{\infty}$ はノルム空間 $\mathcal{B}(X,Y)$ のコーシー列であるから，定理 2.32 より $\{\|A_n\|\}_{n=1}^{\infty}$ は有界である．すなわち，

$$\|A_n\| \leq M \qquad : n = 1, 2, \cdots \tag{4.32}$$

となる定数 M が存在する．任意の $f \in X$ に対して $\varepsilon_3 = M\|f\|$ とおき，この ε_3 と f で決まってくる式 (4.31) の $N_3(\varepsilon_3, f)$ より大きな m をとれば，式 (4.31)，(4.32) より，

$$\begin{aligned}\|Af\| &= \|Af - A_m f + A_m f\| \leq \|Af - A_m f\| + \|A_m\|\|f\| \\ &\leq \varepsilon_3 + M\|f\| = 2M\|f\|\end{aligned}$$

となり，任意の $f \in X$ に対して，

$$\|Af\| \leq 2M\|f\|$$

となる．よって，A は有界になる．

最後に $\|A_n - A\| \to 0$ $(n \to \infty)$ を示す．これは，式 (4.31) が各点収束であるのに対して，更に一様収束になることを示すことに相当している．そのためには，任意の $\varepsilon > 0$ に対して $N = N(\varepsilon) > 0$ が存在し，任意の $n \geq N$ と任意の $f \in X$ に対して，

$$\|A_n f - Af\| \leq \varepsilon\|f\| \tag{4.33}$$

が成立することを示せばよい．そこで，任意の $\varepsilon > 0$ に対して $\varepsilon_1 = \dfrac{\varepsilon}{2}$ から式 (4.30) で決まる $N_1 = N_1(\varepsilon_1) = N_1\left(\dfrac{\varepsilon}{2}\right)$ を $N(\varepsilon)$ とおく．また，$\varepsilon_3 = \dfrac{\varepsilon}{2}\|f\|$ から式 (4.31) で決まる $N_3 = N_3(\varepsilon_3, f)$ を考える．このとき，任意の $n \geq N(\varepsilon)$ と任意の $m \geq \max\{N_1, N_3\}$ に対して，

$$\begin{aligned}\|A_n f - Af\| &\leq \|A_m f - Af\| + \|A_m - A_n\|\|f\| \\ &\leq \varepsilon_3 + \varepsilon_1\|f\| \\ &= \frac{\varepsilon}{2}\|f\| + \frac{\varepsilon}{2}\|f\| = \varepsilon\|f\|\end{aligned}$$

となり，式 (4.33) が成立する．■

本節の最後に，有界線形作用素の行列表現を与える．

定理 4.21 $\{u_n\}_{n=1}^{\infty}$ をヒルベルト空間 H の正規直交基底とし，$A \in \mathcal{B}(H)$ および $f \in H$ とする．線形変換

$$g = Af$$

は，

$$a_{m,n} = \langle Au_n, u_m \rangle, \quad x_n = \langle f, u_n \rangle, \quad y_m = \langle g, u_m \rangle \tag{4.34}$$

とおくとき，

$$y_m = \sum_{n=1}^{\infty} a_{m,n} x_n \qquad : m = 1, 2, \cdots \tag{4.35}$$

と行列表現できる．

証明

$$f_N = \sum_{n=1}^{N} x_n u_n$$

とおけば，

$$\begin{aligned}
\left| y_m - \sum_{n=1}^{N} a_{m,n} x_n \right| &= \left| \langle g, u_m \rangle - \sum_{n=1}^{N} \langle Au_n, u_m \rangle x_n \right| \\
&= \left| \langle Af, u_m \rangle - \left\langle A \sum_{n=1}^{N} x_n u_n, u_m \right\rangle \right| \\
&= |\langle A(f - f_N), u_m \rangle| \\
&\leq \|A(f - f_N)\| \|u_m\| \\
&\leq \|A\| \|f - f_N\|
\end{aligned}$$

となる．N を十分大きくとれば，この最後の値はいくらでも小さくなるので，式 (4.35) が成立する． ■

式 (4.34) の第 1 式の $a_{m,n}$ と $\langle Au_n, u_m \rangle$ で，添字 m, n の順序が逆になっていることは注意を要する．

定理 4.21 より，$g = Af$ の演算を実行するためには，次のようにすればよいことがわかる．

(i) 行列 $a_{m,n} = \langle Au_n, u_m \rangle$ を用意しておく．

(ii) $f \in H$ が与えられると，$x_n = \langle f, u_n \rangle$ によってベクトル (x_n) をつくる．

(iii) 式 (4.35) によってベクトル (y_m) を求める．

(iv) H の元 g を，

$$g = \sum_{m=1}^{\infty} y_m u_m$$

によって求める．

定理 4.21 は，空間 $\mathcal{B}(H)$ が空間 $\mathcal{B}(l^2)$ と，ノルム空間として同形であることを示している．実際，第 m, n 成分が $a_{m,n}$ で与えられる無限次元行列を $\tilde{A}$ で表せば，式 (4.34) の第 1 式より，作用素 $A \in \mathcal{B}(H)$ から $\tilde{A} \in \mathcal{B}(l^2)$ が一意に定まる．逆に $\tilde{A} \in \mathcal{B}(l^2)$ が与えられれば，

$$Af = \sum_{m=1}^{\infty} \sum_{n=1}^{\infty} a_{m,n} \langle f, u_n \rangle u_m$$

によって作用素 $A \in \mathcal{B}(H)$ が一意に定まる．ノルムが保存されることは，

$$\begin{aligned} \|\tilde{A}\| &= \sup_{\|f\|=1} \sum_{m=1}^{\infty} \left| \sum_{n=1}^{\infty} a_{m,n} \langle f, u_n \rangle \right|^2 \\ &= \sup_{\|f\|=1} \|Af\|^2 = \|A\|^2 \end{aligned}$$

より，明らかである．

4.5　逆作用素

ノルム空間 X からノルム空間 Y への作用素 A を考える．任意の $g \in Y$ に対して，

$$Af = g$$

が唯一の解 f をもつとき，作用素 A は**可逆** (invertible) であるという．A が可逆ならば，各 $g \in Y$ に対して $Af = g$ の唯一の解 f を対応させることができる．この対応を与える作用素を A の**逆作用素** (inverse operator) といい，A^{-1} で表す．A が可逆になるための必要十分条件は，A が全単射になることである．

可逆な作用素 A が線形ならば A^{-1} も線形である．しかし，次の例からもわかるように，A が有界であっても，A^{-1} は必ずしも有界にならない．

例 4.22　例 4.13 で与えた l^2 から l^2 への，対角要素が $1, \frac{1}{2}, \frac{1}{3}, \frac{1}{4}, \cdots$ で与えられる対角行列 A を考える．A を l^2 から $\mathcal{R}(A)$ への線形作用素と考え直せば，A は全単射になる．しかし，有界な逆は存在しない．

ところが，X と Y がバナッハ空間で，A が可逆ならば，A^{-1} は有界になるのである．これは，バナッハの逆定理とよばれている．この定理を証明するために，いくつかの準備を行う．

定理 4.23　$S_1, S_2, S_3, \cdots$ が，完備な距離空間 X の空でない閉集合の減少列 ($S_1 \supseteq S_2 \supseteq S_3 \supseteq \cdots$) で，その直径 $\mathrm{d}(S_n)$ が 0 に収束すれば，$S_1, S_2, S_3, \cdots$ の共通部分は 1 点だけからなっている．

証明 各集合 S_n から任意に点 f_n を取り出す．$m > n$ ならば $f_m, f_n \in S_n$ であるから，$\mathrm{d}(f_m, f_n) \leq \mathrm{d}(S_n)$ である．よって，$\{f_n\}$ はコーシー列になる．X は完備であるから，その極限が存在する．その極限はまた，$f_n, f_{n+1}, f_{n+2}, \cdots$ の極限でもあるから，すべての S_n に属する．$n \to \infty$ のとき $\mathrm{d}(S_n) \to 0$ であるから，すべての S_n に共通な点は一つしかない． ■

S を X の部分集合とする．X の任意の開球が S と交わらないような開球を含むとき，S は X で**疎**であるという．これは，S がどんな開球の中でも稠密にならないことを意味する．S が疎な集合の可算個の和で表されるとき，S を**第 1 類**といい，第 1 類でない集合を**第 2 類**という．第 2 類に関連して，次のベール (Baire) の定理が成立する．

定理 4.24 (ベールの定理) 完備な距離空間 X を疎な集合の可算個の和として表すことはできない．すなわち，完備な距離空間は第 2 類である．

証明 第 2 類でないと仮定すれば，X はある疎集合の列 S_n によって $X = \cup_{n=1}^{\infty} S_n$ と表すことができる．B_0 を半径 1 の任意の開球とする．S_1 は疎であるから，B_0 に含まれる半径 $r_1 < \dfrac{1}{2}$ の球 B_1 で，その閉包 $\overline{B_1}$ が S_1 と交わらないものが存在する．また，S_2 が疎であるから，B_1 に含まれる半径 $r_2 < \dfrac{1}{2^2}$ の球 B_2 で，その閉包 $\overline{B_2}$ が S_2 と交わらないものが存在する．この操作を続けると，閉球の減少列 $\overline{B_1} \supseteq \overline{B_2} \supseteq \overline{B_3} \supseteq \cdots$ が得られる．したがって，定理 4.23 より，すべての球 $\overline{B_n}$ $(n = 1, 2, \cdots)$ に共通に含まれる点 f_0 が存在する．一方，B_n のつくり方から，f_0 はどの S_n にも属さない．これは $X = \cup_{n=1}^{\infty} S_n$ に矛盾する．よって，X は第 2 類である． ■

□**補題 4.25** S をバナッハ空間 X の稠密な集合とする．このとき，X の零でない任意の元 f は，

$$f = f_1 + f_2 + \cdots + f_n + \cdots$$

の形の級数に分解することができる．ここで，$f_n \in S$, $\|f_n\| < \dfrac{3}{2^n}\|f\|$ である．

証明 このような $\{f_k\}_{k=1}^{\infty}$ を具体的に構成する．S は X で稠密であるから，f を中心とする半径 $\dfrac{1}{2}\|f\|$ の球の内部に S の元が必ず存在する．そこで，まず $f_1 \in S$ を，

$$\|f - f_1\| < \frac{1}{2}\|f\| \tag{4.36}$$

が成立するように選ぶ．以下，次々に，

$$\begin{aligned}
&\|f - f_1 - f_2\| < \frac{1}{2^2}\|f\| && : f_2 \in S \\
&\|f - f_1 - f_2 - f_3\| < \frac{1}{2^3}\|f\| && : f_3 \in S \\
&\qquad\vdots \\
&\|f - f_1 - f_2 - f_3 - \cdots - f_n\| < \frac{1}{2^n}\|f\| && : f_n \in S
\end{aligned}$$

となるように $f_2, f_3, \cdots, f_n$ を選ぶ．S が X で稠密であるから，これは常に可能である．したがって，

$$\left\| f - \sum_{k=1}^{n} f_k \right\| \to 0 \qquad : n \to \infty$$

となり，$\sum f_k$ は f に収束する．残りの部分を証明する．$\|f_n\|$ について，

$$\begin{aligned} \|f_n\| &= \left\| \left(f - \sum_{k=1}^{n-1} f_k \right) - \left(f - \sum_{k=1}^{n} f_k \right) \right\| \\ &\leq \left\| f - \sum_{k=1}^{n-1} f_k \right\| + \left\| f - \sum_{k=1}^{n} f_k \right\| \\ &< \frac{1}{2^{n-1}}\|f\| + \frac{1}{2^n}\|f\| = \frac{3}{2^n}\|f\| \end{aligned}$$

となり，残りの部分も成立する．■

定理 4.26 (バナッハの逆定理)　バナッハ空間 X からバナッハ空間 Y への有界線形作用素 A が全単射ならば，その逆が存在し，有界線形作用素になる．

証明　A は X から Y への全単射であるから，線形な逆 A^{-1} が存在する．よって，A^{-1} が有界であることを示せばよい．各自然数 n に対して，

$$\|A^{-1}g\| \leq n\|g\|$$

を満たすような $g \in Y$ の全体を Y_n で表す．Y の任意の元はどれかの Y_n に属するので，$Y = \cup_{n=1}^{\infty} Y_n$ となる．ベールの定理 4.24 より，Y_n の中の少なくとも一つ，たとえば，Y_{n_0} はある球 B_0 の中で稠密である．球 B_0 の中で，Y_{n_0} の点 g_0 を中心とする球殻 S，すなわち，

$$a < \|h - g_0\| < b \qquad : 0 < a < b$$

なる点 h の全体を考える．そして，その中心 g_0 を原点まで移動してできる球殻を S_0 で表す．すなわち，

$$S_0 = \{h \ : 0 < a < \|h\| < b\}$$

である．

このとき，Y_n の中のどれか一つが集合 S_0 の中で稠密であることを示す．$h \in S \cap Y_{n_0}$ とすれば，$h - g_0 \in S_0$ となり，さらに，

$$\begin{aligned} \|A^{-1}(h - g_0)\| &\leq \|A^{-1}h\| + \|A^{-1}g_0\| \\ &\leq n_0(\|h\| + \|g_0\|) \\ &\leq n_0(\|h - g_0\| + 2\|g_0\|) \\ &= n_0\|h - g_0\| \left(1 + \frac{2\|g_0\|}{\|h - g_0\|} \right) \\ &\leq n_0\|h - g_0\| \left(1 + \frac{2\|g_0\|}{a} \right) \qquad (4.37) \end{aligned}$$

となる．実数の整数部分を表すガウスの記号 $[\cdot]$ を用いて $1+\dfrac{2}{a}\|g_0\|$ の整数部分を $\left[1+\dfrac{2}{a}\|g_0\|\right]$ と表す．$N_0=1+n_0\left[1+\dfrac{2}{a}\|g_0\|\right]$ とおけば，$n_0\left[1+\dfrac{2}{a}\|g_0\|\right]$ は h に無関係であるから，N_0 も h に無関係な整数になる．したがって，式 (4.37) より，任意の $h\in S\cap Y_{n_0}$ に対して，$h-g_0\in Y_{N_0}$ となる．Y_{n_0} は S で稠密であるから，Y_{N_0} は S_0 で稠密である．

Y の非零元 g を任意にとり，λ を適切に選んで，$a<\|\lambda g\|<b$ すなわち $\lambda g\in S_0$ となるようにしておく．Y_{N_0} は S_0 で稠密であるから，点列 $g_n\in Y_{N_0}$ を適切に選んで，$g_n\to\lambda g$ すなわち $\dfrac{1}{\lambda}g_n\to g$ とすることができる．$g_n\in Y_{N_0}$ より，任意の $\lambda\neq 0$ に対して $\dfrac{1}{\lambda}g_n\in Y_{N_0}$ となる．よって，Y_{N_0} は $Y\backslash\{0\}$ で稠密となり，Y で稠密となる．

ところで，補題 4.25 より，任意の非零元 $g\in Y$ は，

$$g=g_1+g_2+\cdots+g_n+\cdots \qquad : g_n\in Y_{N_0},\ \|g_n\|<\frac{3}{2^n}\|g\|$$

と分解できる．$f_n=A^{-1}g_n$ とおけば，

$$\|f_n\|=\|A^{-1}g_n\|\le N_0\|g_n\|<\frac{3}{2^n}N_0\|g\|$$

となる．よって，級数 $\sum f_n$ はある元 $f\in X$ に収束する．しかも，

$$\|f\|\le\sum_{n=1}^{\infty}\|f_n\|\le 3N_0\|g\|\sum_{n=1}^{\infty}\frac{1}{2^n}=3N_0\|g\|$$

となる．級数 $\sum f_n$ が収束することと A の連続性より，A をこの級数に項別に適用することができ，

$$Af=\sum_{n=1}^{\infty}Af_n=\sum_{n=1}^{\infty}g_n=g$$

となる．よって，$f=A^{-1}g$ となる．さらに，

$$\|A^{-1}g\|=\|f\|\le 3N_0\|g\|$$

となるので，A^{-1} は有界になる． ■

例 4.22 で与えた全単射であっても有界な逆が存在しない例では，バナッハの逆定理のどの条件が崩れていたのであろうか．両者の対応でいえば，$X=l^2$ はバナッハ空間になっている．しかし，例 4.13 で示したように，$\mathcal{R}(A)$ は閉集合にならない．したがって，定理 2.38 より，$Y=\mathcal{R}(A)$ は完備にならず，バナッハ空間にならなかったのである．

バナッハの逆定理の一つの応用を示す．

定理 4.27　線形空間 X がノルム $\|f\|_1$ に関しても，$\|f\|_2$ に関しても完備であり，任意の $f \in X$ に対して，

$$a\|f\|_2 \leq \|f\|_1 \qquad : a > 0$$

が成立していれば，

$$a\|f\|_2 \leq \|f\|_1 \leq b\|f\|_2$$

となる b が存在する．すなわち，これら2種類のノルムは同値になる．

証明　線形空間 X を，ノルム $\|f\|_1$ をもつバナッハ空間と考えるときは，この空間を X_1 で表し，ノルム $\|f\|_2$ をもつバナッハ空間と考えるときは，この空間を X_2 で表す．$Af = f$ で定義される X_1 から X_2 への作用素は，X_1 を X_2 全体に一対一に対応させ，しかも，線形である．また，$a\|f\|_2 \leq \|f\|_1$ より，

$$\|A\| = \sup_f \frac{\|Af\|_2}{\|f\|_1} = \sup_f \frac{\|f\|_2}{\|f\|_1} \leq \frac{1}{a}$$

となり，A は有界になる．よって，定理 4.26 のバナッハの逆定理より，$\|A^{-1}\|$ も有限な値になる．それを b で表せば，

$$\|f\|_1 = \|A^{-1}f\| \leq \|A^{-1}\|\|f\|_2 = b\|f\|_2$$

となり，$\|f\|_1 \leq b\|f\|_2$ が成立する．■

4.6　閉作用素

二つのノルム空間 X, Y の直積空間を $X \times Y$ で表す．すなわち，$X \times Y$ は X の元 f と Y の元 g の対 $[f, g]$ の全体である．$X \times Y$ に，演算

$$[f_1, g_1] + [f_2, g_2] = [f_1 + f_2, g_1 + g_2], \qquad a[f, g] = [af, ag]$$

および，ノルム

$$\|[f, g]\|_{X \times Y} = \|f\|_X + \|g\|_Y$$

を導入すれば，$X \times Y$ はノルム空間になる．さらに X, Y がバナッハ空間のとき，$X \times Y$ もバナッハ空間になる．

X, Y をノルム空間とし，A を $\mathcal{D}(A) \subseteq X$, $\mathcal{R}(A) \subseteq Y$ なる必ずしも有界でない線形作用素とする．このとき，

$$G(A) = \{[f, Af] \in X \times Y,\ f \in \mathcal{D}(A)\}$$

を A の**グラフ** (graph) という．$G(A)$ は $X \times Y$ の部分空間である．$G(A)$ が $X \times Y$ の閉部分集合，したがって，閉部分空間になるとき，A を**閉作用素** (closed operator) と

いう．A の定義域 $\mathcal{D}(A)$ に属する元 f に対して，$\|f\|_X + \|Af\|_Y$ を $\mathcal{D}(A)$ の**グラフ・ノルム**という．

定理 2.38 に示したように，バナッハ空間の閉じた部分空間は完備であり，完備な部分空間は閉じている．したがって，X, Y がバナッハ空間の場合，閉作用素を次のように特徴づけることができる．

定理 4.28 X, Y をバナッハ空間とし，A を $\mathcal{D}(A) \subseteq X$, $\mathcal{R}(A) \subseteq Y$ なる線形作用素とする．A が閉作用素になるための必要十分条件は，$\mathcal{D}(A)$ がグラフ・ノルムに関して完備になることである．

この特徴づけから，ただちに次の結果を得る．

定理 4.29 バナッハ空間 X からバナッハ空間 Y への有界線形作用素は閉作用素である．

証明 任意の $f \in X$ に対して，

$$\|f\| \leq \|f\| + \|Af\| \leq (1 + \|A\|)\|f\|$$

となるから，$\mathcal{D}(A) = X$ のグラフ・ノルムは X のノルムと同値である．したがって，$\mathcal{D}(A) = X$ はグラフ・ノルムに関して完備である． ■

この定理のある意味での逆が，次の閉グラフ定理である．

定理 4.30 (閉グラフ定理) A をバナッハ空間 X からバナッハ空間 Y への閉作用素とする．$\mathcal{D}(A) = X$ ならば A は有界になる．

証明 A は閉作用素であるから，定理 4.28 より，$\mathcal{D}(A)$ はグラフ・ノルム $\|f\|_X + \|Af\|_Y$ に関してバナッハ空間になる．そのバナッハ空間を $\mathcal{D}$ で表す．$\mathcal{D}$ から X への作用素を $Bf = f$ によって定義する．

$$\|Bf\|_X = \|f\|_X \leq \|f\|_X + \|Af\|_Y = \|f\|_{\mathcal{D}}$$

となり，$B \in \mathcal{B}(\mathcal{D}, X)$ となる．また，仮定の $\mathcal{D}(A) = X$ より，$\mathcal{R}(B) = X$ となる．さらに B は全単射であるから，バナッハの逆定理 4.26 より，$B^{-1} \in \mathcal{B}(X, \mathcal{D})$ となる．したがって，任意の $f \in X$ に対して，

$$\|Af\|_Y \leq \|f\|_X + \|Af\|_Y = \|f\|_{\mathcal{D}} = \|B^{-1}f\|_{\mathcal{D}} \leq \|B^{-1}\|\|f\|_X$$

となり，$A \in \mathcal{B}(X, Y)$ となる． ■

次の定理は，閉作用素の判定に便利である．

定理 4.31　X, Y をノルム空間とし，A を $\mathcal{D}(A) \subseteq X$, $\mathcal{R}(A) \subseteq Y$ なる線形作用素とする．A が閉作用素になるための必要十分条件は，

$$\begin{cases} \{f_n\} \subset \mathcal{D}(A), \ f_n \to f, \ Af_n \to g \ \text{ならば} \\ f \in \mathcal{D}(A) \ \text{かつ} \ Af = g \ \text{となる} \end{cases} \tag{4.38}$$

ことである．

証明　$[f_n, Af_n] \in G(A)$ $(n = 1, 2, \cdots)$, $[f, g] \in X \times Y$ に対して，

$$\|[f_n, Af_n] - [f, g]\| = \|f_n - f\| + \|Af_n - g\|$$

となる．よって，$\lim_{n\to\infty}[f_n, Af_n] = [f, g]$ と，$\lim_{n\to\infty} f_n = f$ かつ $\lim_{n\to\infty} Af_n = g$ とは同値である．さらに，$[f, g] \in G(A)$ と $f \in \mathcal{D}(A)$ かつ $g = Af$ とは同値である．したがって，$G(A)$ が $X \times Y$ の閉部分集合になることと，式 (4.38) とは同値である．■

この定理を使えば，定理 4.28 の「X, Y はバナッハ空間」という条件を，「X, Y はノルム空間」に拡張することができる．

例 4.32　有界閉区間 $[a, b]$ で定義された 1 階連続微分可能な実数値函数 $f(x)$ の全体 $C^{(1)}[a, b]$ を考える．$f \in C^{(1)}[a, b]$ に $\dfrac{df(x)}{dx}$ を対応させる作用素を A で表す．A は $\mathcal{D}(A) = C^{(1)}[a, b] \subset C[a, b]$, $\mathcal{R}(A) \subset C[a, b]$ なる線形作用素であるが，例 4.10 に示したように非有界である．定理 4.31 を用いて，A が閉作用素になることを示す．まず，

$$\begin{aligned} & f_n \in \mathcal{D}(A) \quad (n = 1, 2, \cdots) \\ & \|f_n - f\| = \max_{x\in[a,b]} |f_n(x) - f(x)| \to 0 \qquad (n \to \infty) \\ & \|Af_n - g\| = \max_{x\in[a,b]} \left| \frac{df_n(x)}{dx} - g(x) \right| \to 0 \quad (n \to \infty) \end{aligned}$$

とする．

$$f_n(x) - f_n(a) = \int_a^x \frac{df_n(y)}{dy}\, dy \quad (x \in [a, b],\ n = 1, 2, \cdots)$$

において $n \to \infty$ とすれば，$[a, b]$ 上で f_n が f に一様収束し，$\dfrac{df_n}{dx}$ が g に一様収束していることから，

$$f(x) - f(a) = \int_a^x g(y)\, dy \quad (x \in [a, b])$$

となる．$g \in C[a, b]$ であるから，f は $[a, b]$ で 1 階連続微分可能となり，$\dfrac{df(x)}{dx} = g(x)$ $(x \in [a, b])$ となる．すなわち，

$$f \in C^{(1)}[a, b] = \mathcal{D}(A) \quad \text{かつ} \quad g = \frac{df}{dx} = Af$$

となり，A は閉作用素になる．

4.7　ノイマン級数

作用素ノルムの一つの応用として，たとえば，

$$f(x) - \int_a^b k(x,y)f(y)\,dy = g(x)$$

で表される積分方程式を考えてみる．ここで，$g(x)$ は既知の関数であり，$f(x)$ は求めるべき未知の関数である．このような積分方程式は，バナッハ空間 X における方程式

$$f - Af = g \tag{4.39}$$

として，一般的に論じることができる．ここで，$A \in \mathcal{B}(X)$ は既知の作用素，$g \in X$ は既知の元であり，$f \in X$ は求めるべき未知の元である．本節では，式 (4.39) の一般的解法を与えることにする．

X における恒等作用素を I とすれば，式 (4.39) は，

$$(I - A)f = g$$

となる．よって，問題は $(I - A)^{-1}$ を求めることに帰着する．等比級数

$$\frac{1}{1-r} = \sum_{n=0}^{\infty} r^n \qquad : |r| < 1$$

の類推から，$\|A\| < 1$ のとき，この問題は次のようにして解くことができる．

定理 4.33　X をバナッハ空間とし，$A \in \mathcal{B}(X)$ とする．$\|A\| < 1$ ならば，$I - A$ の有界な逆 $(I - A)^{-1} \in \mathcal{B}(X)$ が存在し，一様収束の意味で，

$$(I - A)^{-1} = \sum_{n=0}^{\infty} A^n \tag{4.40}$$

となる．

証明　式 (4.40) の右辺の部分和を，

$$B_N = \sum_{n=0}^{N} A^n \tag{4.41}$$

と表す．定理 4.17 より，$M > N$ なる自然数 M, N に対して，

$$\|B_M - B_N\| = \left\| \sum_{n=N+1}^{M} A^n \right\| \leq \sum_{n=N+1}^{M} \|A\|^n \tag{4.42}$$

となる．$\|A\| < 1$ であるから，$M, N \to \infty$ のとき，この式の右辺はいくらでも小さくできる．したがって，$\{B_N\}_{N=1}^{\infty}$ は $\mathcal{B}(X)$ のコーシー列になる．ところで，X はバナッハ空間であるか

ら，定理 4.20 より $\mathcal{B}(X)$ もバナッハ空間になる．よって，コーシー列 $\{B_N\}_{N=1}^{\infty}$ は $\mathcal{B}(X)$ の元に収束する．その極限を B で表す．有界作用素 B が $I-A$ の逆になることを示す．式 (4.41) より $I+AB_N=B_{N+1}$ となるから，

$$\begin{aligned}\|(I-A)B-I\| &= \|B-I-AB+AB_N-AB_N\| \\ &= \|(B-I-AB_N)-(AB-AB_N)\| \\ &= \|(B-B_{N+1})-A(B-B_N)\| \\ &\le \|B-B_{N+1}\|+\|A\|\|B-B_N\|\end{aligned}$$

となる．よって，$N\to\infty$ とすれば $(I-A)B=I$ となる．同様にして $B(I-A)=I$ を得る．よって，B は $I-A$ の有界な逆になる．■

式 (4.40) を**ノイマン級数**[§1]という．式 (4.42) と同様にして，

$$\|(I-A)^{-1}\| = \left\|\sum_{n=0}^{\infty} A^n\right\| \le \sum_{n=0}^{\infty}\|A\|^n = \frac{1}{1-\|A\|}$$

となるから，$(I-A)^{-1}$ のノルムは，次のように評価することができる．

□**系 4.34**　$\|A\|<1$ のとき，次式が成立する．

$$\|(I-A)^{-1}\| \le \frac{1}{1-\|A\|}$$

式 (4.40) より，式 (4.39) の解は，

$$f=\sum_{n=0}^{\infty} A^n g$$

と表される．この式の部分和を，

$$f_n=\sum_{k=0}^{n} A^k g \tag{4.43}$$

と表せば，

$$\begin{aligned}f_n &= g+\sum_{k=1}^{n} A^k g \\ &= g+A\sum_{k=0}^{n-1} A^k g \\ &= g+Af_{n-1}\end{aligned}$$

となる．したがって，式 (4.39) に対する次の逐次的解法を得る．

[§1]　このノイマンは Carl Neumann(1832-1925) であり，John von Neumann(1903-1957) とは別の人物である．

□**系 4.35** $\|A\| < 1$ のとき,

$$\begin{cases} f_0 = g \\ f_n = Af_{n-1} + g \qquad : n = 1, 2, \cdots \end{cases} \tag{4.44}$$

とおけば, f_n は式 (4.39) の解 f に収束する. さらに, 近似解 f_n に対する誤差評価は,

$$\|f - f_n\| \leq \frac{\|A\|^{n+1}}{1 - \|A\|}\|g\| \tag{4.45}$$

で与えられる.

証明 前半は明らかであるから, 後半を示す. 式 (4.44) と式 (4.43) は等価であるから,

$$\begin{aligned} \|f - f_n\| &\leq \sum_{k=n+1}^{\infty} \|A^k g\| \\ &\leq \sum_{k=n+1}^{\infty} \|A\|^k \|g\| \\ &= \frac{\|A\|^{n+1}}{1 - \|A\|}\|g\| \end{aligned}$$

となり, 式 (4.45) が成立する. ■

4.8 有界線形汎関数

有界線形汎関数は有界線形作用素の特別の場合であるから, いままでに得られた有界線形作用素に関する結果はすべて, 有界線形汎関数に対してもそのまま成立する. たとえば, 有界線形汎関数のノルムは, 式 (4.21) に対応して,

$$\|J\| = \sup_{\|f\|=1} |J[f]| \tag{4.46}$$

で与えられる.

次のリース (F.Riesz) の定理は, ヒルベルト空間上の有界線形汎関数に関する基本的な定理である.

定理 4.36 (**リースの定理**) ヒルベルト空間 H 上の有界線形汎関数 J はすべて,

$$J[f] = \langle f, u \rangle \tag{4.47}$$

の形に表される. ここで, u は J によって一意に定まる H の元であり, 次式が成立する.

$$\|J\| = \|u\| \tag{4.48}$$

この式の左辺の $\|J\|$ は, 式 (4.46) で与えられる作用素としてのノルムであり, 右辺の $\|u\|$ はヒルベルト空間 H のノルムである.

証明　J を H 上の任意の有界線形汎関数とする．J の零空間，すなわち，$J[f]=0$ となる $f \in H$ の全体を S で表す．系 4.12 より，S は H の閉じた部分空間になる．また，$J=0$ のときは $u=0$ に対して式 (4.48) が成立するので，$J \neq 0$ と仮定する．よって，$S \neq H$ である．

S の直交補空間 $S^{\perp}$ の中から，0 でない元 f_0 を任意に一つ選び出す．$S \neq H$ より，それは可能である．この $f_0 \in S^{\perp}$ に対して，

$$a = J[f_0]$$

とおく．$f_0 \neq 0$ かつ $f_0 \in S^{\perp}$ より $a \neq 0$ であるから，

$$f_1 = \frac{1}{a} f_0$$

とおけば，f_1 は $S^{\perp}$ の非零元となり，$J[f_1]=1$ となる．

さて，任意の $f \in H$ に対して，

$$b = J[f]$$

とおけば，

$$J[f] - bJ[f_1] = 0$$

となり，

$$J[f - bf_1] = 0$$

となる．そこで，

$$g = f - bf_1$$

とおけば，$g \in S$ となり，

$$f = bf_1 + g \qquad : f_1 \in S^{\perp},\ g \in S$$

となる．この式は，H が f_1 で張られる 1 次元部分空間と閉部分空間 S との直和になっていることを示している．$\langle f_1, g \rangle = 0$ であるから，

$$\langle f, f_1 \rangle = b\|f_1\|^2$$

となる．したがって，$b = J[f]$ より，

$$J[f] = b = \frac{\langle f, f_1 \rangle}{\|f_1\|^2} = \left\langle f, \frac{f_1}{\|f_1\|^2} \right\rangle \tag{4.49}$$

となる．そこで，

$$u = \frac{f_1}{\|f_1\|^2} \tag{4.50}$$

とおけば，式 (4.49) より式 (4.47) を得る．

u の一意性を示す．$J[f]$ が式 (4.47) のほかに $J[f] = \langle f, v \rangle$ と表されたとすれば，任意の $f \in H$ に対して，

$$\langle f, u - v \rangle = 0$$

となり，$v = u$ となる．

最後に，式 (4.48) を示す．式 (4.47) とシュヴァルツの不等式より，

$$|J[f]| = |\langle f, u\rangle| \leq \|f\|\|u\| \tag{4.51}$$

となり，

$$\|J\| \leq \|u\|$$

となる．式 (4.47) で $f = u$ とおけば，$J[u] = \|u\|^2$ となる．すなわち，この u に対して式 (4.51) で等号が成立し，式 (4.48) が成立する． ■

ノルム空間 X 上の有界線形汎関数の全体を，X の**共役空間** (conjugate space) といい，X^* で表す．$\mathbf{C}$ および $\mathbf{R}$ は完備な空間であるから，定理 4.20 より，X^* はバナッハ空間になっている．さらにリースの定理より，次の定理が成立する．

定理 4.37 H^* と H は等長的に同形である．

このように，ヒルベルト空間上の有界線形汎関数は簡潔な表現をもっている．しかし，一般のノルム空間に対しては，有界線形汎関数の存在すら，自明なことではない．それを示すために有力な働きをするものが，ハーン・バナッハ (Hahn-Banach) の拡張定理とよばれるものである．まずは，いくつかの準備から始める．

定理 4.38 (**一致の定理**) ノルム空間 X 上の有界線形汎関数は，X の稠密な部分集合 S 上でその値が与えられれば，一意に定まる．

証明 J_1，J_2 を X 上の有界線形汎関数とするとき，S の元に対して $J_1[f] = J_2[f]$ ならば，$J_1 = J_2$ となることを示せばよい．S は X で稠密であるから，任意の $f \in X$ に対して，$f_n \to f$ となる $f_n \in S$ が存在する．そこで，$J_1[f_n] = J_2[f_n]$ とすれば，

$$|J_1[f] - J_2[f]| = |J_1[f] - J_1[f_n] + J_2[f_n] - J_2[f]| \leq |J_1[f - f_n]| + |J_2[f_n - f]|$$

となる．よって，J_1，J_2 の連続性より，$J_1[f] = J_2[f]$ となる． ■

定理 4.39 (**拡大原理**) ノルム空間 X の部分空間 S 上の有界線形汎関数 J は，S の閉包 $\overline{S}$ 上に，ノルムを保存したまま一意に拡大できる．

証明 任意の $f \in \overline{S}$ に対して，$f_n \to f$ となる点列 $f_n \in S$ が存在し，$\|f_m - f_n\| \to 0$ $(m, n \to \infty)$ となる．さらに，J の有界性より，$|J[f_m] - J[f_n]| \to 0$ $(m, n \to \infty)$ となる．すなわち，$\{J[f_n]\}$ は複素数のコーシー列になる．したがって，$\lim_{n\to\infty} J[f_n] = c$ となる複素数 c が存在する．この c は，点列 $\{f_n\}$ のとり方によらず，f だけで決まる．実際，点列 $\{g_n\}$ に対しても $g_n \to f$ になったとすれば，$\lim_{n\to\infty}(f_n - g_n) \to 0$ となる．そして，J の連続性によって，

$$\lim_{n\to\infty}(J[f_n]-J[g_n])=\lim_{n\to\infty}(J[f_n-g_n])=0$$

となる．

そこで，$J^*[f]=c$ によって，$\overline{S}$ 上の汎関数 J^* を定義する．J^* の線形性は明らかである．J^* が J の拡大になっていることを示す．$f\in S$ とすれば，すべての n に対して $f_n=f$ とおくことができ，$J^*[f]=J[f]$ となる．

有界性とノルムの保存性を示す．$|J[f_n]|\leq\|J\|\|f_n\|$ で $n\to\infty$ とおけば，ノルムの連続性から $|J^*[f]|\leq\|J\|\|f\|$ となり，$\|J^*\|\leq\|J\|$ となる．また，J^* は J の拡大であるから，$\|J^*\|\geq\|J\|$ となる．よって，$\|J^*\|=\|J\|$ となる．

拡大の一意性は，S が $\overline{S}$ で稠密であるから，一致の定理 4.38 より明らかである．■

定理 4.40 (ハーン・バナッハの拡張定理)　ノルム空間 X の部分空間 S 上の有界線形汎関数は，ノルムを保存したまま全空間に拡張できる．すなわち，S 上の有界線形汎関数を J で表せば，X 上の有界線形汎関数 J^* で，

$$J^*[f]=J[f]\qquad :f\in S$$

かつ，$\|J^*\|=\|J\|$ を満たすものが存在する．

証明　まず，X が実ノルム空間の場合について証明し，それをもとに，複素ノルム空間の場合について証明する．$S=X$ の場合は拡張する必要がないので，$S\neq X$ の場合について証明する．

(I)　X が実ノルム空間の場合

(i)　S に属さない $f_0\in X$ をとり，f_0 と S の張る空間を S_1 で表す．S_1 の元 g は，

$$g=f+af_0\qquad :f\in S,\ a\text{ は実数}\tag{4.52}$$

の形に一意に表される．実際，

$$g=f_1+a_1f_0=f_2+a_2f_0$$

と2通りに表されたとすれば，

$$f_1-f_2=(a_2-a_1)f_0\tag{4.53}$$

となる．$a_1\neq a_2$ と仮定すれば，

$$f_0=\frac{f_1-f_2}{a_2-a_1}\in S$$

となり，$f_0\notin S$ に矛盾する．よって，$a_1=a_2$ となる．このとき，式 (4.53) より $f_1=f_2$ となる．すなわち，式 (4.52) の表現は一意に定まる．

(ii)　二つの元 $f_1,f_2\in S$ を任意にとる．

$$\begin{aligned}J[f_1]-J[f_2]=J[f_1-f_2]&\leq\|J\|\|f_1-f_2\|\\&\leq\|J\|(\|f_1+f_0\|+\|f_2+f_0\|)\end{aligned}$$

より，

$$J[f_1] - \|J\|\|f_1 + f_0\| \leq J[f_2] + \|J\|\|f_2 + f_0\|$$

となる．ここで，f_1, f_2 は S の任意の元であるから，

$$\sup_{f \in S}(J[f] - \|J\|\|f + f_0\|) \leq c \leq \inf_{f \in S}(J[f] + \|J\|\|f + f_0\|) \tag{4.54}$$

となる定数 c が存在する．

(iii) ところで，任意の $g \in S_1$ は，(i) で示したように，式 (4.52) の形式に一意に表現できる．この g に対して，

$$J_1[g] = J[f] - ac$$

なる S_1 上の汎関数を定義することができる．ただし，c は式 (4.54) で与えられる固定した実数である．明らかに，J_1 と J は S 上で一致している．また，J_1 が線形になることも明らかである．そこで，J_1 が S_1 上で有界になり，そのノルムが J の S 上のノルムと一致することを示す．

三つの場合を考える．

1) $a > 0$ の場合：$\dfrac{f}{a} \in S$ と式 (4.52)，(4.54) より，

$$\begin{aligned} J_1[g] &= a\left(J\left[\frac{f}{a}\right] - c\right) \leq a\left(\|J\|\left\|\frac{f}{a} + f_0\right\|\right) \\ &= \|J\|\|f + af_0\| = \|J\|\|g\| \end{aligned}$$

となり，

$$J_1[g] \leq \|J\|\|g\| \tag{4.55}$$

となる．

2) $a < 0$ の場合：式 (4.54)，(4.52) より，

$$J\left[\frac{f}{a}\right] - c \geq -\|J\|\left\|\frac{f}{a} + f_0\right\| = -\frac{1}{|a|}\|J\|\|f + af_0\| = \frac{1}{a}\|J\|\|g\|$$

となる．よって，

$$J_1[g] = a\left(J\left[\frac{f}{a}\right] - c\right) \leq a\frac{1}{a}\|J\|\|g\| = \|J\|\|g\|$$

となり，再び式 (4.55) が成立する．

3) $a = 0$ の場合：$g = f \in S$ であるから，

$$J_1[g] = J[f] \leq \|J\|\|f\| = \|J\|\|g\|$$

となり，やはり式 (4.55) が成立する．

したがって，任意の a に対して式 (4.55) が成立する．この式で g を $-g$ とおけば，

$$-J_1[g] \leq \|J\|\|g\|$$

となるので，式 (4.55) と合わせて，

$$|J_1[g]| \leq \|J\|\|g\|$$

となる．すなわち，

$$\|J_1\| \leq \|J\|$$

となる．一方，J_1 は J の拡張であるから，

$$\|J_1\| \geq \|J\|$$

となる．よって，

$$\|J_1\| = \|J\|$$

となる．すなわち，J_1 は有界になり，そのノルムは J のノルムと一致する．

こうして汎関数 J は，ノルムを保存したまま S_1 へ拡張することができた．

(iv) いままでに述べてきた構成法を順次使えば，汎関数を X 全体へ拡張することができる．より厳密には，次のようにすればよい．本書では可分なノルム空間 X を考えているので，可算個の元 $f_1, f_2, \cdots$ からなり，X で稠密な集合を考えることができる．S と $\{f_i\}_{i=1}^{k}$ によって張られる部分空間を S_k で表す．明らかに，

$$S \subseteq S_1 \subseteq S_2 \subseteq \cdots \subseteq X$$

である．(i)〜(iii) の方法を使うと，S 上の汎関数 J を，ノルムを保存したまま，順次 $S_1, S_2, \cdots$ の上に拡張していくことができる．ただし，ある k に対して $S_k = S_{k+1}$ になった場合には，拡張する必要はない．もし $S_k \neq S_{k+1}$ ならば，S_{k+1} は S_k と，S_k に含まれない f_k とで張られる部分空間になるので，(i)〜(iii) の方法により，汎関数を S_k から S_{k+1} にノルムを保存したまま拡張することができる．このようにして J を S_k に拡張したものを J_k で表す．J_{k+1} が J_k の拡張であることを $J_k \prec J_{k+1}$ と表せば，

$$J \prec J_1 \prec J_2 \prec \cdots$$

となる．

$S, S_1, S_2, \cdots$ の和集合を S' で表す．任意の $g \in S'$ は $S, S_1, S_2, \cdots$ のどれかに属する．それを S_k で表し，その k を用いて，

$$J'[g] = J_k[g] \tag{4.56}$$

により，新しい汎関数を定義する．もし，g が S_j と S_k $(j < k)$ の二つに属したときは，$J_j \prec J_k$ であるから，$J_j[g] = J_k[g]$ となる．よって，式 (4.56) の右辺の値は，k のとり方によらず，g だけによって決まる．

このようにして定義した J' は線形である．実際，任意の $g_1, g_2 \in S'$ に対して，$g_1 \in S_j$，$g_2 \in S_k$ となる j, k が存在する．$j < k$ とすれば，$S_j \subseteq S_k$ であるから，g_1, g_2 はともに S_k に属する．したがって，任意の実数 α, β に対して，$\alpha g_1 + \beta g_2$ も S_k に属する．よって，式 (4.56) より，

$$J'[\alpha g_1 + \beta g_2] = J_k[\alpha g_1 + \beta g_2] = \alpha J_k[g_1] + \beta J_k[g_2] = \alpha J'[g_1] + \beta J'[g_2]$$

となり，J' は線形になる．

J' がノルムを保存することを示す．式 (4.56) より，

$$|J'[g]| = |J_k[g]| \leq \|J_k\|\|g\| = \|J\|\|g\|$$

となり，

$$\|J'\| \leq \|J\|$$

となる．一方，任意の J_k に対して $J_k \prec J'$ であるから，

$$\|J'\| \geq \|J\|$$

となる．よって，

$$\|J'\| = \|J\|$$

となる．

(v) 部分空間 S' は $f_1, f_2, \cdots$ をすべて含んでいるから，X で稠密である．すなわち，J' は X の稠密な部分空間 S' の上で定義された有界線形汎関数である．したがって，定理 4.39 の拡大原理によって，ノルムを保存したまま X 全体に拡張できる．それを J^* で表せば，実ノルム空間に対して定理が証明できたことになる．

(II) X が複素ノルム空間の場合

(vi) 上で述べた証明は，複素ノルム空間に対しては適用できない．証明の鍵は，複素ノルム空間の係数体を実数に限ることにより，実ノルム空間とみなすところにある．このとき，f と if は 1 次独立な元とみなすことになる．

S 上の複素線形汎関数 J は，そのままでは実線形汎関数にならない．しかし，$J[f]$ の実部 $\Re(J[f])$ を用いて，

$$J_{\mathrm{sr}}[f] = \Re(J[f])$$

により定義した汎関数は実数値をとり，実ノルム空間と考えた X の実部分空間 S の上で線形になる．また，

$$|J_{\mathrm{sr}}[f]| = |\Re(J[f])| \leq |J[f]| \leq \|J\|\|f\|$$

となり，

$$\|J_{\mathrm{sr}}\| \leq \|J\| \tag{4.57}$$

となる．よって，J_{sr} は実部分空間 S 上の有界線形汎関数になる．

同様に，$J[f]$ の虚部 $\Im(J[f])$ を用いて，

$$J_{\mathrm{si}}[f] = \Im(J[f])$$

により定義した汎関数も，実部分空間 S 上の有界線形汎関数になる．J_{sr} と J_{si} は無関係ではなく，

$$J_{\mathrm{si}}[f] = \Im(J[f]) = -\Re(iJ[f]) = -\Re(J[if]) = -J_{\mathrm{sr}}[if]$$

となり，

$$J_{\mathrm{si}}[f] = -J_{\mathrm{sr}}[if] \tag{4.58}$$

なる関係で結ばれている．

(vii) いよいよ，複素ノルム空間 X の複素部分空間 S 上で定義された複素線形汎関数 J の拡張問題を考える．(vi) で示したように，J_{sr} は実ノルム空間と考えた X の実部分空間 S 上の有界線形汎関数であるから，実ノルム空間と考えた X 全体に拡張できる．それを J_{r} で表す．式 (4.57) より，

$$\|J_{\mathrm{r}}\| \leq \|J\| \tag{4.59}$$

となる．

J_{r} は実の汎関数であるから，$J_{\mathrm{r}}[f] = \Re(J^*[f])$ となるような複素ノルム空間 X の複素線形汎関数 J^* を求めることにする．式 (4.58) を考慮して，

$$J^*[f] = J_{\mathrm{r}}[f] - iJ_{\mathrm{r}}[if] \tag{4.60}$$

とおく．

まず，J^* が J の拡張になっていることを示す．$f \in S$ ならば $if \in S$ である．したがって，$J_{\mathrm{r}}[f] = J_{\mathrm{sr}}[f]$，$J_{\mathrm{r}}[if] = J_{\mathrm{sr}}[if]$ と式 (4.60)，(4.58) より，

$$J^*[f] = J_{\mathrm{sr}}[f] + iJ_{\mathrm{si}}[f] = J[f]$$

となり，J^* は J の拡張になる．

次に，J^* が複素線形であることを示す．そのためには，

$$J^*[f+g] = J^*[f] + J^*[g], \qquad J^*[\alpha f] = \alpha J^*[f] \ \ (\alpha \text{ は複素数})$$

を証明すればよい．式 (4.60) において J_{r} が実線形であることを使えば，

$$\begin{aligned} J^*[f+g] &= J_{\mathrm{r}}[f+g] - iJ_{\mathrm{r}}[if+ig] \\ &= J_{\mathrm{r}}[f] + J_{\mathrm{r}}[g] - i(J_{\mathrm{r}}[if] + J_{\mathrm{r}}[ig]) \\ &= J^*[f] + J^*[g] \end{aligned}$$

となり，第1式が成立する．

第2式を示す．$\alpha = \beta + i\gamma$ (β, γ は実数) とおき，J_{r} が実線形であることを使えば，式 (4.60) より，

$$\begin{aligned} J^*[\alpha f] &= J_{\mathrm{r}}[\alpha f] - iJ_{\mathrm{r}}[i\alpha f] \\ &= J_{\mathrm{r}}[\beta f + i\gamma f] - iJ_{\mathrm{r}}[i\beta f - \gamma f] \\ &= \beta J_{\mathrm{r}}[f] + \gamma J_{\mathrm{r}}[if] - i\beta J_{\mathrm{r}}[if] + i\gamma J_{\mathrm{r}}[f] \\ &= \beta(J_{\mathrm{r}}[f] - iJ_{\mathrm{r}}[if]) + i\gamma(J_{\mathrm{r}}[f] - iJ_{\mathrm{r}}[if]) \\ &= \beta J^*[f] + i\gamma J^*[f] \\ &= \alpha J^*[f] \end{aligned}$$

となり，第2式が成立する．

(viii)　最後に，J^* がノルムを保存していることを示す．任意の f に対して，

$$J^*[f] = re^{i\theta} \qquad : r \geq 0,\ \theta \text{ は実数}$$

とおく．(vii) で証明したことにより，

$$J^*[e^{-i\theta}f] = e^{-i\theta}J^*[f] = r = |J^*[f]|$$

となる．よって，式 (4.59) より，

$$|J^*[f]| = \Re(J^*[e^{-i\theta}f]) = J_{\mathrm{r}}[e^{-i\theta}f] \leq |J_{\mathrm{r}}[e^{-i\theta}f]| \leq \|J_{\mathrm{r}}\|\|e^{-i\theta}f\| \leq \|J\|\|f\|$$

となり，

$$\|J^*\| \le \|J\|$$

となる．J^* は J の拡張であったから，$\|J^*\| \ge \|J\|$ は明らかである．したがって，$\|J^*\| = \|J\|$ となり，ノルムが保存される．■

ハーン・バナッハの拡張定理から多くの結果を導くことができる．そのような例を，次の系に示す．

□**系 4.41** f_0 をノルム空間 X の任意に固定した非零元とする．このとき，X 全体で定義された有界線形汎関数 J で，

（i） $J[f_0] = \|f_0\|$

（ii） $\|J\| = 1$

となるものが存在する．

証明 f_0 で張られる 1 次元部分空間を S で表す．S の任意の元 f は $f = af_0$ （a は複素数）と表される．そこで，

$$J_s[f] = a\|f_0\|$$

によって S 上の汎関数を定義する．明らかに J_s は線形であり，$J_s[f_0] = \|f_0\|$ となっている．さらに，

$$|J_s[f]| = |a|\|f_0\| = \|f\|$$

であるから，$\|J_s\| = 1$ となる．この汎関数は，ハーン・バナッハの拡張定理により，ノルムを保存したまま全空間 X に拡張することができる．■

この系は，任意のノルム空間 X に対して，X 上で定義された有界線形汎関数が存在することを意味している．

ノルム空間 X の相異なる 2 点 f, g が与えられたとき，$f - g \neq 0$ である．そこで，系 4.41 の f_0 として $f - g$ を考えれば，$J_s[f] \neq J_s[g]$ となる．よって，次の系を得る．

□**系 4.42** 与えられた相異なる 2 点で相異なる値をとる有界線形汎関数が存在する．

この系は，相異なる有界線形汎関数が無限に多く存在することを意味している．

□**系 4.43** S をノルム空間 X の部分空間とし，f_0 を S から $d > 0$ だけ離れた距離にある元とする．すなわち，$d = \inf_{f \in S} \|f_0 - f\|$ とする．このとき，X 全体で定義された有界線形汎関数 J で，

（i） $J[f] = 0 \qquad : f \in S$

（ii） $J[f_0] = 1$

(iii)　$\|J\| = \dfrac{1}{d}$

となるものが存在する．

証明　S と f_0 で張られる部分空間を S_1 で表す．S_1 の元は，

$$g = f + af_0 \qquad : f \in S,\ a \text{ は複素数} \tag{4.61}$$

の形に一意に表される．a は g によって定まるから，

$$J_1[g] = a$$

とおけば，S_1 上の汎関数が定義できる．容易にわかるように，J_1 は線形であり，$f \in S$ に対して $J_1[f] = 0$ となり，$J_1[f_0] = 1$ となる．

J_1 のノルムを求める．

$$|J_1[g]| = |a| = \frac{|a|\|g\|}{\|g\|} = \frac{|a|\|g\|}{\|f + af_0\|} = \frac{\|g\|}{\left\|\dfrac{f}{a} + f_0\right\|} = \frac{\|g\|}{\left\|f_0 - \left(-\dfrac{f}{a}\right)\right\|} \leq \frac{\|g\|}{d}$$

となり，

$$\|J_1\| \leq \frac{1}{d} \tag{4.62}$$

となる．一方，

$$\lim_{n\to\infty} \|f_n - f_0\| = d$$

となる S の元の列 $\{f_n\}$ が存在する．この列に対して，

$$|J_1[f_n - f_0]| \leq \|J_1\|\|f_n - f_0\|$$

となる．ところで，$f_n \in S$ であるから，

$$|J_1[f_n - f_0]| = |J_1[f_n] - J_1[f_0]| = 1$$

となり，

$$1 \leq \|J_1\|\|f_n - f_0\|$$

となる．ここで，$n \to \infty$ とすれば，

$$1 \leq \|J_1\|d$$

となり，

$$\|J_1\| \geq \frac{1}{d} \tag{4.63}$$

となる．式 (4.62)，(4.63) より，$\|J_1\| = \dfrac{1}{d}$ となる．この汎関数を，ハーン・バナッハの拡張定理により，ノルムを保存したまま全空間 X に拡張すれば，系 4.43 を得る．■

この系から，X の与えられた元 f_0 を，別に与えられた元 $\{f_n\}_{n=1}^{\infty}$ の線形和によって近似できることがわかる．すなわち，次の結果を得る．

□**系 4.44** f_0 および $\{f_n\}_{n=1}^{\infty}$ を，X の与えられた元とする．f_0 が $\{f_n\}_{n=1}^{\infty}$ の線形和の極限として表現できるための必要十分条件は，各元 $f_1, f_2, \cdots$ の上で零になるような有界線形汎関数 J に対して，$J[f_0] = 0$ となることである．

証明 $J[f_k] = 0$ $(k = 1, 2, \cdots)$ を満たす汎関数に対して $J[f_0] = 0$ が成立したとする．$\{f_n\}_{n=1}^{\infty}$ によって生成される部分空間を S で表し，f_0 から S までの距離を d で表す．$d > 0$ と仮定すると，系 4.43 より，$J_0[f_k] = 0$ $(k = 1, 2, \cdots)$ かつ $J_0[f_0] = 1$ となる汎関数 J_0 が存在することになり，$J_0[f_0] = 0$ と矛盾する．よって，$d = 0$ となる．これは，f_0 が S の集積点になるか，あるいは $f_0 \in S$ になることを意味している．したがって，f_0 は $\{f_n\}_{n=1}^{\infty}$ の線形和によって，いくらでも近似できる．

逆を証明する．f_0 が S の元の列の極限で表され，ある汎関数 J に対して $J[f_k] = 0$ $(k = 1, 2, \cdots)$ になったとする．まず，

$$f_0 = \lim_{n\to\infty} g_n, \qquad g_n = \sum_{k=1}^{N_n} c_k^{(n)} f_k$$

と表す．すると，

$$J[g_n] = \sum_{k=1}^{N_n} c_k^{(n)} J[f_k] = 0$$

となり，

$$J[f_0] = J\Big[\lim_{n\to\infty} g_n\Big] = \lim_{n\to\infty} J[g_n] = 0$$

となる．よって，逆も成立する． ■

4.9 共役作用素

H_1, H_2 をヒルベルト空間とし，g を H_2 の固定した元，A を $\mathcal{B}(H_1, H_2)$ の固定した元とする．

$$J[f] = \langle Af, g\rangle$$

とおけば，J は H_1 上の汎関数になる．J の線形性は明らかである．また，シュヴァルツの不等式と式 (4.20) より，

$$|J[f]| = |\langle Af, g\rangle| \le \|Af\|\|g\| \le \|A\|\|f\|\|g\|$$

となる．よって，J は有界になり，

$$\|J\| \le \|A\|\|g\| \tag{4.64}$$

となる．すなわち，J は H_1 上の有界線形汎関数となる．したがって，リースの定理より，

$$J[f] = \langle f, g^*\rangle$$

すなわち,

$$\langle Af, g\rangle = \langle f, g^*\rangle \tag{4.65}$$

となる $g^* \in H_1$ が存在する．g^* は J に対して一意に定まるから，結局，g に対して一意に定まる．したがって，$g \in H_2$ を $g^* \in H_1$ に対応させる作用素 A^* を考えることができ,

$$g^* = A^* g \qquad : g \in H_2 \tag{4.66}$$

となる．A^* を A の**共役作用素** (adjoint operator) という．式 (4.66) を式 (4.65) へ代入すれば,

$$\langle Af, g\rangle = \langle f, A^* g\rangle \qquad : f \in H_1,\ g \in H_2 \tag{4.67}$$

となる．

定理 4.45　$A \in \mathcal{B}(H_1, H_2)$ とすれば $A^* \in \mathcal{B}(H_2, H_1)$ であり，次の関係が成立する．ただし，(ii) の B は $\mathcal{B}(H_1, H_2)$ の元であり，(iii) の B はあるヒルベルト空間 H_3 に対して $\mathcal{B}(H_3, H_1)$ の元である．

(i)　$A^{**} = A$

(ii)　$(aA + bB)^* = \overline{a}A^* + \overline{b}B^*$

(iii)　$(AB)^* = B^* A^*$

(iv)　$\|A^*\| = \|A\|$

(v)　$\|A^* A\| = \|AA^*\| = \|A\|^2$

(vi)　A の有界な逆が存在すれば，$(A^{-1})^* = (A^*)^{-1}$

証明　A^* が線形であることは定義から明らかである．A^* の有界性と (iv) を示す．リースの定理と式 (4.66), (4.48), (4.64) より,

$$\|A^* g\| = \|g^*\| = \|J\| \le \|A\|\|g\|$$

となる．よって，A^* は有界になり,

$$\|A^*\| \le \|A\|$$

となる．したがって，$A^{**} = A$ より,

$$\|A\| = \|A^{**}\| \le \|A^*\| \le \|A\|$$

となり，(iv) を得る．他も容易に証明できる．■

例 4.46　例 4.9 で与えた積分作用素

$$(Af)(x) = \int_a^b k(x, y) f(y)\, dy \qquad : x \in [a, b]$$

の共役作用素は

$$(A^*f)(x) = \int_a^b \overline{k(y,x)} f(y)\, dy$$

となる．ここで，$\overline{k(y,x)}$ は $k(y,x)$ の複素共役を表す．

定理 4.47 $A \in \mathcal{B}(H_1, H_2)$ に対して次の関係が成立する．

$$\mathcal{R}(A)^\perp = \mathcal{N}(A^*) \tag{4.68}$$

$$\mathcal{N}(A)^\perp = \overline{\mathcal{R}(A^*)} \tag{4.69}$$

証明 $f \in \mathcal{N}(A^*), g \in \mathcal{R}(A)$ とすれば，$g = Ah$ となる $h \in H_1$ が存在して，

$$\langle f, g \rangle = \langle f, Ah \rangle = \langle A^*f, h \rangle = \langle 0, h \rangle = 0$$

となり，

$$\mathcal{N}(A^*) \subseteq \mathcal{R}(A)^\perp \tag{4.70}$$

となる．逆に $f \in \mathcal{R}(A)^\perp$ とすれば，任意の $g \in H_1$ に対して，

$$\langle A^*f, g \rangle = \langle f, Ag \rangle = 0$$

となるから，$A^*f = 0$ となり，$f \in \mathcal{N}(A^*)$ となる．よって，

$$\mathcal{R}(A)^\perp \subseteq \mathcal{N}(A^*) \tag{4.71}$$

となる．式 (4.70)，(4.71) より式 (4.68) が成立する．

後半を示す．式 (4.68) で A を A^* に置き換えれば，

$$\mathcal{N}(A) = \mathcal{R}(A^*)^\perp$$

となる．両辺の $\perp$ をとれば，

$$\mathcal{N}(A)^\perp = \mathcal{R}(A^*)^{\perp\perp} = \overline{\mathcal{R}(A^*)}$$

となり，式 (4.69) を得る． ■

式 (4.68) を，次の例を使って確認する．

例 4.48 $f = (a_n) \in l^2$ に対して，例 4.4 で与えた移動作用素

$$Af = (0, a_1, a_2, \cdots)$$

を考える．$g = (b_n) \in l^2$ とすれば，

$$\langle Af, g \rangle = \sum_{n=1}^{\infty} a_n \overline{b_{n+1}}$$

となるから，A^* は，

$$A^*f = (a_2, a_3, \cdots)$$

となる．$\mathcal{R}(A)^{\perp}$ は第2番目以降の要素がすべて0となる元の全体であるから，確かに $\mathcal{N}(A^*)$ と一致している．

$A \in \mathcal{B}(H_1, H_2)$ に対して，$\mathcal{R}(A)$ が閉じていれば $\mathcal{R}(A^*)$ も閉じている．この性質を証明するために，次の結果を用いる．

定理 4.49　X, Y をバナッハ空間とし，$A \in \mathcal{B}(X, Y)$ とする．$\mathcal{R}(A)$ が閉じていれば，各 $g \in \mathcal{R}(A)$ に対して，$Af = g$ かつ $\|f\| \leq K\|g\|$ となる f が存在するような定数 K が存在する．

証明　商空間 $X/\mathcal{N}(A)$ を考え，$\mathcal{N}(A)$ を法とする同値類 $[f]$ を考える．$X/\mathcal{N}(A)$ から $\mathcal{R}(A)$ への作用素 $\tilde{A}$ を，

$$\tilde{A}[f] = Af$$

によって定義する．$\tilde{A}$ は有界線形な全単射になっている．$\mathcal{R}(A)$ が閉じているので，定理 2.41 と定理 2.38 より，$X/\mathcal{N}(A)$ および $\mathcal{R}(A)$ はバナッハ空間になる．よって，バナッハの逆定理により，$\tilde{A}$ は有界な逆をもつ．したがって，各 $g \in \mathcal{R}(A)$ に対して，

$$\|[f]\| \leq \|\tilde{A}^{-1}\|\|g\|$$

となる $[f] \in X/\mathcal{N}(A)$ が存在する．$\|f\| \leq 2\|[f]\|$ となる $f \in [f]$ をとり，$K = 2\|\tilde{A}^{-1}\|$ とおけば，定理が成立することがわかる．■

定理 4.50　$A \in \mathcal{B}(H_1, H_2)$ に対して，$\mathcal{R}(A)$ が閉じていれば $\mathcal{R}(A^*)$ も閉じており，

$$\mathcal{N}(A)^{\perp} = \mathcal{R}(A^*) \tag{4.72}$$

となる．

証明　$\mathcal{N}(A)^{\perp}$ は閉集合であるから，式 (4.72) が証明できれば，$\mathcal{R}(A^*)$ が閉集合になることもわかる．まず，$\mathcal{R}(A^*) \subseteq \mathcal{N}(A)^{\perp}$ を示す．$f \in \mathcal{R}(A^*)$ とすれば，$f = A^*g$ となる g が存在する．よって，任意の $h \in \mathcal{N}(A)$ に対して，

$$\langle f, h \rangle = \langle A^*g, h \rangle = \langle g, Ah \rangle = 0$$

となり，$f \in \mathcal{N}(A)^{\perp}$ となる．すなわち，$\mathcal{R}(A^*) \subseteq \mathcal{N}(A)^{\perp}$ となる．

逆を示す．$f \in \mathcal{N}(A)^{\perp}$ とする．$g \in \mathcal{R}(A)$ に対して，$g = Ah$ となる $h \in H_1$ が一般には無限に多く存在する．しかし，それらすべての h に対して，$\langle h, f \rangle$ は同じ値をとる．実際，$g = Ah = Ah_1$ とすれば，$A(h - h_1) = 0$ より，$h - h_1 \in \mathcal{N}(A)$ となる．一方，$f \in \mathcal{N}(A)^{\perp}$ であるから，$\langle h - h_1, f \rangle = 0$ となり，

$$\langle h, f \rangle = \langle h_1, f \rangle$$

となる．すなわち，$\langle h, f \rangle$ は同じ値をとる．

したがって，$\langle h, f\rangle$ を $g \in \mathcal{R}(A)$ の汎関数とみることができる．それを $J[g]$ で表せば，

$$J[g] = \langle h, f\rangle \qquad : g \in \mathcal{R}(A) \tag{4.73}$$

となる．これが線形であることは明らかである．更に有界になることを示す．定理 4.49 より，$g = Ah$ となる任意の g, h に対して，

$$\|h\| \leq K\|g\|$$

となる，g, h に無関係な定数 K が存在する．よって，

$$|J[g]| = |\langle h, f\rangle| \leq \|h\|\|f\| \leq K\|g\|\|f\|$$

となり，J は有界になる．

したがって，ハーン・バナッハの拡張定理 4.40 より，H_2 上の有界線形汎関数 J^* で，

$$J^*[g] = J[g] \qquad : g \in \mathcal{R}(A) \tag{4.74}$$

となるものが存在する．

そこで，任意の $h \in H_1$ に対して $g = Ah$ とおけば，$g \in \mathcal{R}(A)$ となるから，式 (4.74)，(4.73) より，

$$J^*[g] = J[g] = \langle h, f\rangle \tag{4.75}$$

となる．一方，J^* は有界線形汎関数であるから，リースの定理より，ある $f^* \in H_2$ を用いて，

$$J^*[g] = \langle g, f^*\rangle$$

と表すことができる．よって，

$$J^*[g] = \langle g, f^*\rangle = \langle Ah, f^*\rangle = \langle h, A^*f^*\rangle \tag{4.76}$$

となる．式 (4.75)，(4.76) より，任意の $h \in H_1$ に対して，

$$\langle h, f\rangle = \langle h, A^*f^*\rangle$$

となる．したがって，$f = A^*f^*$ となり，$f \in \mathcal{R}(A^*)$ となる．すなわち，$\mathcal{N}(A)^\perp \subseteq \mathcal{R}(A^*)$ となる． ■

□系 4.51 $A \in \mathcal{B}(H_1, H_2)$ に対して次の関係が成立する．

$$\mathcal{N}(AA^*) = \mathcal{N}(A^*) \tag{4.77}$$

$$\overline{\mathcal{R}(AA^*)} = \overline{\mathcal{R}(A)} \tag{4.78}$$

証明 $f \in \mathcal{N}(AA^*)$ とすれば，$AA^*f = 0$ となるから，

$$\|A^*f\|^2 = \langle A^*f, A^*f\rangle = \langle AA^*f, f\rangle = 0$$

となり，$A^*f = 0$ となる．すなわち，$\mathcal{N}(AA^*) \subseteq \mathcal{N}(A^*)$ となる．逆は明らかであるから，式 (4.77) が成立する．式 (4.77) の両辺の直交補空間をとれば，式 (4.69) より式 (4.78) を得る． ■

□**系 4.52**　$A \in \mathcal{B}(H_1, H_2)$ に対して $\mathcal{R}(A)$ が閉じていれば，$\mathcal{R}(AA^*)$ も閉集合になり，次の関係が成立する．

$$\mathcal{R}(AA^*) = \mathcal{R}(A) \tag{4.79}$$

証明　明らかに $\mathcal{R}(AA^*) \subseteq \mathcal{R}(A)$ であるから，逆向きを示す．$f \in \mathcal{R}(A)$ とすれば，$f = Ag$ となる $g \in H_1$ が存在する．そこで，

$$g = g_1 + g_2 \qquad : g_1 \in \mathcal{N}(A)^\perp,\ g_2 \in \mathcal{N}(A)$$

と表す．$\mathcal{R}(A)$ が閉じているので，定理 4.50 より $\mathcal{N}(A)^\perp = \mathcal{R}(A^*)$ となる．したがって，$g_1 = A^*h$ と表すことができ，

$$f = Ag = Ag_1 = AA^*h$$

となる．すなわち，$\mathcal{R}(A) \subseteq \mathcal{R}(AA^*)$ となる．■

$\mathcal{R}(A)$ が閉じていなければ，$\mathcal{R}(AA^*) = \mathcal{R}(A)$ は必ずしも成立しない．そのような例を次に示す．

例 4.53　$A = \mathrm{diag}\left(\dfrac{1}{n}\right)$ とおけば，$A \in \mathcal{B}(l^2)$ となるが，例 4.13 に示したように，$\mathcal{R}(A)$ は閉じていない．このとき $\mathcal{R}(AA^*) \subsetneq \mathcal{R}(A)$ となることを示す．$AA^* = \mathrm{diag}\left(\dfrac{1}{n^2}\right)$ となる．そこで，$f = \left(\dfrac{1}{n^2}\right)$，$g = \left(\dfrac{1}{n}\right)$ とおけば，$f, g \in l^2$ かつ $f = Ag$ となり，$f \in \mathcal{R}(A)$ となるが，$f \notin \mathcal{R}(AA^*)$ となる．すなわち，$\mathcal{R}(AA^*)$ は $\mathcal{R}(A)$ の真の部分空間になっている．

定理 4.54　$A \in \mathcal{B}(H_1, H_2)$ の値域が閉じているとき，A の定義域を $\mathcal{R}(A^*)$ に制限したものを $\tilde{A}$ で表せば，$\tilde{A}$ は $\mathcal{R}(A^*)$ から $\mathcal{R}(A)$ への全単射になり，有界な逆をもつ．

証明　全射は明らかであるから，単射を示す．任意の $f, g \in \mathcal{R}(A^*)$ に対して $\tilde{A}f = \tilde{A}g$ とすれば，$f = A^*u$, $g = A^*v$ となる u, v が存在し，

$$\begin{aligned}\|f - g\|^2 &= \langle f - g, f - g\rangle = \langle A^*(u - v), f - g\rangle \\ &= \langle u - v, A(f - g)\rangle = \langle u - v, \tilde{A}(f - g)\rangle = 0\end{aligned}$$

となる．よって，$f = g$ となり，単射になる．

$\mathcal{R}(A)$ が閉じているから，定理 4.50 より $\mathcal{R}(A^*)$ も閉じている．したがって，定理 2.38 より，これらの空間は完備な空間になる．よって，バナッハの逆定理 4.26 より，$\tilde{A}$ の逆は $\mathcal{R}(A)$ から $\mathcal{R}(A^*)$ への有界線形作用素になる．■

定理 4.54 より，ただちに次の結果を得る．

定理 4.55 $A \in B(H_1, H_2)$ の値域が閉じているとき，任意の $f \in \mathcal{R}(A^*)$ に対して，

$$\|Af\| \geq m\|f\|$$

となる正の定数 m が存在する．

証明 A の定義域を $\mathcal{R}(A^*)$ に制限したものを $\tilde{A}$ で表せば，定理 4.54 より，$\tilde{A}$ の逆は $\mathcal{R}(A)$ から $\mathcal{R}(A^*)$ への有界線形作用素になる．よって，任意の $g \in \mathcal{R}(A)$ に対して，

$$\|\tilde{A}^{-1}g\| \leq \|\tilde{A}^{-1}\|\|g\| \tag{4.80}$$

となる．そこで，$f = \tilde{A}^{-1}g$ とおけば，$f \in \mathcal{R}(A^*)$ となり，$Af = \tilde{A}f = g$ となる．この g を式 (4.80) に代入し，$m = \|\tilde{A}^{-1}\|^{-1}$ とおけば，定理 4.55 が成立する． ■

この定理は，あとで定理 7.4 の証明に用いる．

4.10 自己共役作用素

$A^* = A$ となる作用素 A を，**自己共役作用素** (self-adjoint operator) という．

定理 4.56 複素ヒルベルト空間 H 上の有界線形作用素 A が自己共役になるための必要十分条件は，任意の $f \in H$ に対して $\langle Af, f \rangle$ が実数になることである．

証明 必要性を示す．$A^* = A$ とすれば，

$$\overline{\langle Af, f \rangle} = \langle f, Af \rangle = \langle A^*f, f \rangle = \langle Af, f \rangle$$

となり，$\langle Af, f \rangle$ は実数になる．十分性を示す．任意の $f \in H$ に対して $\langle Af, f \rangle$ が実数になれば，$\langle Af, f \rangle = \langle f, Af \rangle$ であるから，

$$\langle A(f+g), f+g \rangle = \langle f+g, A(f+g) \rangle$$
$$\langle A(f+ig), f+ig \rangle = \langle f+ig, A(f+ig) \rangle$$

となる．この両式を分解していけば，

$$\langle Af, g \rangle + \langle Ag, f \rangle = \langle f, Ag \rangle + \langle g, Af \rangle$$
$$\langle Af, g \rangle - \langle Ag, f \rangle = \langle f, Ag \rangle - \langle g, Af \rangle$$

となる．両辺の和をとれば $\langle Af, g \rangle = \langle f, Ag \rangle$ となり，$A^* = A$ を得る． ■

作用素 $A \in \mathcal{B}(H_1, H_2)$ のノルム $\|A\|$ は，一般には式 (4.26) のように双 1 次形式 $\langle Af, g \rangle$ を用いて表されていたが，A が自己共役の場合には，それを次のように 2 次形式 $\langle Af, f \rangle$ によって求めることができる．

定理 4.57 自己共役作用素 $A \in \mathcal{B}(H)$ のノルムは

$$\|A\| = \sup_{\|f\|=1} |\langle Af, f\rangle| \tag{4.81}$$

と表すことができる.

証明 式 (4.81) の右辺を C とおく. シュヴァルツの不等式と式 (4.21) より,

$$C = \sup_{\|f\|=1} |\langle Af, f\rangle| \le \sup_{\|f\|=1} \|Af\|\|f\| = \sup_{\|f\|=1} \|Af\| = \|A\|$$

となり, $C \le \|A\|$ となる.

逆を示す. $f \neq 0$ なる $f \in H$ に対して,

$$\frac{\langle Af, f\rangle}{\|f\|^2} \le \frac{|\langle Af, f\rangle|}{\|f\|^2} \le \sup_{f\in H} \frac{|\langle Af, f\rangle|}{\|f\|^2} = C$$

となり,

$$\langle Af, f\rangle \le C\|f\|^2 \tag{4.82}$$

となる. そこで, $Ag \neq 0$ なる $g \in H$ に対して,

$$\lambda = \left(\frac{\|Ag\|}{\|g\|}\right)^{1/2}, \qquad h = \frac{1}{\lambda}Ag \tag{4.83}$$

とおけば, $\lambda > 0$ であるから, 式 (4.82), (4.83) より,

$$\begin{aligned}
\|Ag\|^2 &= \langle Ag, \lambda h\rangle \\
&= \langle A(\lambda g), h\rangle \\
&= \frac{1}{4}\bigl(\langle A(\lambda g + h), \lambda g + h\rangle - \langle A(\lambda g - h), \lambda g - h\rangle\bigr) \\
&\le \frac{C}{4}\bigl(\|\lambda g + h\|^2 + \|\lambda g - h\|^2\bigr) \\
&= \frac{C}{2}\bigl(\|\lambda g\|^2 + \|h\|^2\bigr) \\
&= \frac{C}{2}\left(\lambda^2\|g\|^2 + \frac{1}{\lambda^2}\|Ag\|^2\right) \\
&= C\|Ag\|\|g\|
\end{aligned}$$

となり,

$$\|Ag\| \le C\|g\|$$

となる. よって, $\|A\| \le C$ となる. ■

式 (4.81) は次のことを意味している. A は自己共役であるから, $\langle Af, f\rangle$ は実数になる. しかも, $|\langle Af, f\rangle| \le \|A\|\|f\|^2$ であるから, $\|f\| = 1$ なる元に対して, $\langle Af, f\rangle$ は下方にも上方にも有界である. そこで,

$$m = \inf_{\|f\|=1} \langle Af, f\rangle, \qquad M = \sup_{\|f\|=1} \langle Af, f\rangle \tag{4.84}$$

とおけば,

$$m \leq \langle Af, f \rangle \leq M \qquad : \|f\| = 1 \tag{4.85}$$

となり,

$$\|A\| = \max\{|m|, |M|\} \tag{4.86}$$

となる.

定理 4.58 自己共役作用素の固有値は,存在すれば実数である.

証明 $A\varphi = \lambda\varphi$ とすれば,

$$\langle A\varphi, \varphi \rangle = \langle \lambda\varphi, \varphi \rangle = \lambda\|\varphi\|^2$$

より,

$$\lambda = \frac{\langle A\varphi, \varphi \rangle}{\|\varphi\|^2} \tag{4.87}$$

となるから,複素空間に対しては,定理 4.56 より λ は実数になる.実空間に対しては,$\langle A\varphi, \varphi \rangle$ は常に実数であるから,式 (4.87) より明らかである. ■

□**系 4.59** 自己共役作用素の相異なる固有値に対する固有元は直交する.

証明 $Au = \lambda u$, $Av = \mu v$, $\lambda \neq \mu$ とすれば,自己共役作用素の固有値は実数であるから,

$$\lambda\langle u, v \rangle = \langle \lambda u, v \rangle = \langle Au, v \rangle = \langle u, A^* v \rangle = \langle u, Av \rangle = \langle u, \mu v \rangle = \mu\langle u, v \rangle$$

となり,

$$(\lambda - \mu)\langle u, v \rangle = 0$$

となる.よって,$\lambda \neq \mu$ より,$\langle u, v \rangle = 0$ となる. ■

定理 4.60 自己共役作用素の列 $\{A_n\}$ が A に強収束すれば,A は自己共役であり,すべての A_n と可換な任意の作用素と可換である.

証明 まず前半を示す.任意の $f, g \in H$ に対して,

$$\begin{aligned}
|\langle Af, g \rangle - \langle f, Ag \rangle| &= |\langle Af, g \rangle - \langle A_n f, g \rangle + \langle A_n f, g \rangle - \langle f, Ag \rangle| \\
&= |\langle (A - A_n)f, g \rangle + \langle f, (A_n - A)g \rangle| \\
&\leq |\langle (A - A_n)f, g \rangle| + |\langle f, (A_n - A)g \rangle| \\
&\leq \|g\|\|(A - A_n)f\| + \|f\|\|(A - A_n)g\|
\end{aligned}$$

となる.n はいくらでも大きくとれるので,$\langle Af, g \rangle = \langle f, Ag \rangle$ となり,A は自己共役になる.

後半を示す.$A_n T = T A_n$ とすれば,任意の $f \in H$ に対して,

$$\|(AT - TA)f\| = \|(A - A_n)Tf + (A_n T - TA)f\|$$

$$\le \|(A - A_n)Tf\| + \|T(A_n - A)f\|$$
$$\le \|(A - A_n)Tf\| + \|T\|\|(A_n - A)f\|$$

となる．n はいくらでも大きくとれるので，$AT = TA$ となる．■

4.11 ユニタリ作用素

$A^* = A^{-1}$ となる作用素 A を**ユニタリ作用素** (unitary operator) という．ユニタリ作用素は，unitary の頭文字をとって U で表すことが多い．ヒルベルト空間 H_1，H_2 上の恒等変換を，それぞれ，I_1，I_2 で表す．

定理 4.61　$U \in \mathcal{B}(H_1, H_2)$ が ユニタリになるための必要十分条件は，U が全射かつ，H_1 の任意の元のノルムを保存することである．

証明　U をユニタリとすれば，U の逆が存在しているので，U は全射である．また，任意の $f \in H_1$ に対して，

$$\|Uf\|^2 = \langle Uf, Uf\rangle = \langle U^*Uf, f\rangle = \langle f, f\rangle = \|f\|^2$$

となる．

逆を示す．任意の $f \in H_1$ に対して，

$$\langle U^*Uf, f\rangle = \langle Uf, Uf\rangle = \|Uf\|^2 = \|f\|^2 = \langle f, f\rangle$$

となり，

$$\langle (U^*U - I_1)f, f\rangle = 0$$

となる．よって，補題 4.14 より $U^*U = I_1$ となる[§2]．さらに，U が全単射であるから U の逆が存在し，$U^* = U^{-1}$ となる．■

いままでの議論からわかるように，U がユニタリになるための必要十分条件は，

$$U^*U = I_1, \qquad UU^* = I_2 \tag{4.88}$$

が成立することである．

恒等作用素および例 4.5 で与えた並進作用素はユニタリである．

$L^2(-\infty, \infty)$ のフーリエ変換対

$$\tilde{f}(\omega) = (\mathcal{F}f)(\omega) = \frac{1}{\sqrt{2\pi}} \int_{-\infty}^{\infty} f(x)e^{-i\omega x}\, dx \tag{4.89}$$

$$f(x) = (\mathcal{F}^{-1}\tilde{f})(x) = \frac{1}{\sqrt{2\pi}} \int_{-\infty}^{\infty} \tilde{f}(\omega)e^{i\omega x}\, d\omega \tag{4.90}$$

---

§2　H_1, H_2 が実空間の場合には，$U^*U - I_1$ が自己共役であることを考慮すれば，やはり $U^*U = I_1$ となる．

を考える．これらの式の右辺をみればわかるように，$\mathcal{F}^{-1}=\mathcal{F}^*$ であるから，フーリエ変換は $L^2(-\infty,\infty)$ 上のユニタリ作用素になる．ノルムが保存されることは，パーセバルの等式

$$\int_{-\infty}^{\infty}|f(x)|^2\,dx=\int_{-\infty}^{\infty}|\tilde{f}(\omega)|^2\,d\omega$$

が示すとおりである．

定理 4.62 H 上のユニタリ作用素の固有値の絶対値は 1 になる．

証明 $U\phi=\lambda\phi$ とすれば，$U^*\phi=\lambda^{-1}\phi$ となるから，

$$\lambda\|\phi\|^2=\langle\lambda\phi,\phi\rangle=\langle U\phi,\phi\rangle=\langle\phi,U^*\phi\rangle=\langle\phi,\lambda^{-1}\phi\rangle=\overline{\lambda}^{-1}\|\phi\|^2$$

となり，$|\lambda|=1$ となる． ■

ユニタリ作用素の一つであるフーリエ変換の固有値，固有関数は，次のようになる．

例 4.63 フーリエ変換の固有値，固有関数を求める．

$$H_n^*(x)=(-1)^n e^{x^2}\frac{d^n}{dx^n}(e^{-x^2})$$

で定義されるエルミート多項式に対して，

$$\psi_n(x)=e^{-\frac{x^2}{2}}H_n^*(x)$$

をエルミート関数という．これを正規化して，

$$\varphi_n(x)=\frac{1}{\sqrt{2^n n!\sqrt{\pi}}}\psi_n(x)$$

とおけば，3.5 節で論じたように，$\{\varphi_n\}_{n=0}^{\infty}$ は $L^2(-\infty,\infty)$ の完全正規直交系になっている．φ_n が作用素 $\mathcal{F}$ の，固有値 $(-i)^n$ に対する固有関数になること，すなわち，

$$\mathcal{F}\varphi_n=(-i)^n\varphi_n \qquad : n=0,1,2,\cdots \tag{4.91}$$

を示す．そのためには，

$$I_n=\frac{1}{\sqrt{2\pi}}\int_{-\infty}^{\infty}e^{-i\omega x+\frac{x^2}{2}}\frac{d^n}{dx^n}(e^{-x^2})\,dx=(-i)^n e^{\frac{\omega^2}{2}}\frac{d^n}{d\omega^n}(e^{-\omega^2}) \tag{4.92}$$

を示せばよい．部分積分を繰り返して，積分の外に出る項がすべて 0 になることを考慮すれば，

$$I_n=\frac{(-1)^n}{\sqrt{2\pi}}\int_{-\infty}^{\infty}e^{-x^2}\frac{d^n}{dx^n}(e^{-i\omega x+\frac{x^2}{2}})\,dx$$

となる．そこで，積分の前に $\exp\left(\frac{\omega^2}{2}\right)$ を掛け，積分の中に $\exp\left(-\frac{\omega^2}{2}\right)$ を掛ければ，

$$I_n=\frac{(-1)^n}{\sqrt{2\pi}}e^{\frac{\omega^2}{2}}\int_{-\infty}^{\infty}e^{-x^2}\frac{d^n}{dx^n}(e^{\frac{1}{2}(x-i\omega)^2})\,dx$$

$$= \frac{(-1)^n}{\sqrt{2\pi}} e^{\frac{\omega^2}{2}} \int_{-\infty}^{\infty} e^{-x^2} \frac{1}{(-i)^n} \frac{d^n}{d\omega^n} (e^{\frac{1}{2}(x-i\omega)^2})\, dx$$

$$= \frac{(-i)^n}{\sqrt{2\pi}} e^{\frac{\omega^2}{2}} \frac{d^n}{d\omega^n} e^{-\omega^2} \int_{-\infty}^{\infty} e^{-\frac{1}{2}(x+i\omega)^2}\, dx$$

となる．この最後の積分は，コーシーの積分定理により，

$$\int_{-\infty}^{\infty} e^{-\frac{1}{2}(x+i\omega)^2}\, dx = \int_{i\omega-\infty}^{i\omega+\infty} e^{-\frac{z^2}{2}}\, dz = \int_{-\infty}^{\infty} e^{-\frac{x^2}{2}}\, dx = \sqrt{2\pi}$$

となる．したがって，

$$I_n = (-i)^n e^{\frac{\omega^2}{2}} \frac{d^n}{d\omega^n} e^{-\omega^2}$$

となり，式 (4.92) が成立する．エルミート関数の完全性により，$\pm 1, \pm i$ がフーリエ変換の固有値の全体であることがわかる．

4.12　部分等長作用素

ユニタリ作用素の概念は，次のように一般化することができる．まず，定理 4.61 に示したように，$U \in \mathcal{B}(H_1, H_2)$ がユニタリになるための必要十分条件は，U が全射かつ，H_1 の任意の元 f に対して，

$$\|Uf\| = \|f\| \tag{4.93}$$

となることであった．この中から全射の条件をはずしたものを，**等長作用素** (isometry) という．すなわち，H_1 から H_2 の中への有界線形作用素で，H_1 の任意の元 f に対して，式 (4.93) を満たすものが等長作用素である．したがって，$\mathcal{R}(U) = H_2$ のとき，等長作用素はユニタリ作用素になる．

定理 4.61 の証明とまったく同様にして，次の結果を得る．

□ **補題 4.64**　$U \in \mathcal{B}(H_1, H_2)$ が等長作用素になるための必要十分条件は，

$$U^*U = I_1 \tag{4.94}$$

となることである．ここで，I_1 は H_1 上の恒等変換である．

U がユニタリ作用素の場合は，H_2 上の恒等変換を I_2 とするとき，

$$U^*U = I_1, \qquad UU^* = I_2 \tag{4.95}$$

であった．この中の第 2 の式は，等長作用素に対しては必ずしも成立しないのである．

式 (4.93) より，等長作用素は単射になる．この条件を緩めたものが部分等長作用素である．すなわち，S を H_1 の閉部分空間とするとき，

$$\|Uf\| = \begin{cases} \|f\| & : f \in S \\ 0 & : f \in S^\perp \end{cases} \tag{4.96}$$

を満たす作用素 $U \in \mathcal{B}(H_1, H_2)$ を**部分等長作用素** (partial isometry) という．そして，S を U の**始集合** (initial space) といい，$\mathcal{R}(U)$ を**終集合** (final space) という．$\mathcal{N}(U) = \{0\}$ のとき，部分等長作用素は等長作用素になる．

定理 4.65 U を部分等長作用素とすれば，U および U^* の値域は閉じている．

証明 $U \in \mathcal{B}(H_1, H_2)$ を部分等長作用素とし，$g_n \in \mathcal{R}(U)$ を $g \in H_1$ に収束する非零の点列とする．$g_n \in \mathcal{R}(U)$ より，$g_n = Uf_n$ となる点列 $f_n \in S \subseteq H_1$ が存在する．U の部分等長性より，

$$\|f_m - f_n\| = \|U(f_m - f_n)\| = \|g_m - g_n\|$$

となり，$\{f_n\}$ は H_1 のコーシー列になる．H_1 は完備であるから，その極限 $f \in H_1$ が存在する．この f に対して，

$$\|g - Uf\| \leq \|g - g_n\| + \|Uf_n - Uf\| \leq \|g - g_n\| + \|U\|\|f_n - f\|$$

となる．この式の右辺はいくらでも小さくできるので，$g = Uf \in \mathcal{R}(U)$ となる．すなわち，U の値域は閉じている．よって，定理 4.50 より U^* の値域も閉じている． ■

部分等長作用素に関しては，5.6 節で詳しく論じる．

4.13 半正値作用素

$A \in B(H)$ は，任意の $f \in H$ に対して，

$$\langle Af, f \rangle \geq 0$$

が成立するとき，**半正値作用素**，または**半正定値作用素** (positive semidefinite operator) といい，$A \geq 0$ と表す．半正値作用素はまた，**正作用素** (positive operator) または**非負作用素** (nonnegative operator) とよばれることもある．$f \neq 0$ なる任意の f に対して，

$$\langle Af, f \rangle > 0$$

が成立するとき，A を**正値作用素**，または**正定値作用素** (positive definite operator) といい，$A > 0$ と表す．正値作用素は正作用素の特別の場合であるから，用語の使い方には注意を要する．

半正値作用素 A は，その 2 次形式 $\langle Af, f \rangle$ が実数であるから，自己共役作用素になる．また，任意の有界線形作用素 A に対して，AA^* および A^*A は半正値作用素である．特に，A が自己共役作用素ならば，$A^2 \geq 0$ となる．

定理 4.66 $A \in \mathcal{B}(H)$ が正値で，$\mathcal{R}(A)$ が閉じていれば，A の有界な逆が存在する．

証明 まず単射を示す．$Af = Ag$ とすれば，$A(f-g) = 0$ より，$\langle A(f-g), f-g \rangle = 0$ となる．よって，$A > 0$ より $f - g = 0$ となり，$f = g$ となる．

全射を示す．A は自己共役であり，$\mathcal{R}(A)$ が閉じているので，

$$\mathcal{R}(A) = \mathcal{R}(A^*) = \overline{\mathcal{R}(A^*)} = \mathcal{N}(A)^{\perp} = \{0\}^{\perp} = H$$

となり，全射になる．よって，A は全単射になり，逆が存在する．H はバナッハ空間であるから，バナッハの逆定理 4.26 より，その逆作用素は有界になる． ■

自己共役作用素 A, B に対して，$A - B \geq 0$ が成立するとき，A は B より大きいといい，$A \geq B$ または $B \leq A$ と表す．また，$A - B > 0$ のときも A は B より大きいといい，$A > B$ または $B < A$ と表す．この大小関係は，条件

(i) (反射律) $A \geq A$

(ii) (反対称律) $A \geq B$ かつ $B \geq A$ ならば $A = B$

(iii) (推移律) $A \geq B$ かつ $B \geq C$ ならば $A \geq C$

を満たしている．したがって，この大小関係を用いて，自己共役作用素の集合の中に**半順序関係**を導入することができる．この半順序関係は，更に次の性質をもつ．

$$A \geq B \text{ かつ } C \geq D \text{ ならば } A + C \geq B + D \tag{4.97}$$

$$A \geq 0 \text{ かつ } a \geq 0 \text{ ならば } aA \geq 0 \tag{4.98}$$

$$A \geq B \geq 0 \text{ ならば } \|A\| \geq \|B\| \tag{4.99}$$

この半順序関係に関して，

$$A_n \leq A_{n+1} \qquad : n = 1, 2, \cdots$$

となる自己共役作用素の列 $\{A_n\}$ を**単調増加列**という．有界な単調増加数列が収束したように，自己共役作用素の有界な単調増加列に対しても，収束の問題を考えることができる．まず次の定理から始める．

定理 4.67 半正値自己共役作用素 A, B の積が再び半正値になるための必要十分条件は，A と B が可換になることである．

証明 半正値作用素は自己共役であるから，必要性は明らかである．十分性を示す．$n = 1, 2, \cdots$ に対して，

$$A_1 = \frac{A}{\|A\|}, \qquad A_{n+1} = A_n - A_n^2 \tag{4.100}$$

とおく．A_n $(n=1,2,\cdots)$ はすべて自己共役である．まず，各 A_n に対して，

$$0 \leq A_n \leq I \tag{4.101}$$

が成立することを，数学的帰納法により示す．$n=1$ のとき，式 (4.98) より，$0 \leq A_1$ は明らかである．シュヴァルツの不等式より，任意の $f \in H$ に対して，

$$0 \leq \langle A_1 f, f\rangle \leq \|A_1 f\|\|f\| \leq \|A_1\|\|f\|^2 = \|f\|^2$$

となるから，

$$\langle (I - A_1)f, f\rangle = \|f\|^2 - \langle A_1 f, f\rangle \geq 0$$

となり，$A_1 \leq I$ となる．よって，$n=1$ に対して式 (4.101) が成立する．

n に対して式 (4.101) が成立したと仮定すれば，式 (4.100)，(4.97) より，

$$I - A_{n+1} = (I - A_n) + A_n^2 \geq 0$$

となり，$A_{n+1} \leq I$ となる．$0 \leq A_{n+1}$ を示す．

$$\langle A_n^2(I - A_n)f, f\rangle = \langle (I - A_n)A_n f, A_n f\rangle \geq 0$$

より，

$$A_n^2(I - A_n) \geq 0 \tag{4.102}$$

となる．同様に，

$$A_n(I - A_n)^2 \geq 0 \tag{4.103}$$

となる．式 (4.100), (4.102), (4.103), (4.97) より，

$$A_{n+1} = A_n^2(I - A_n) + A_n(I - A_n)^2 \geq 0$$

となり，$0 \leq A_{n+1}$ となる．よって，任意の n に対して式 (4.101) が成立する．

式 (4.100) より，

$$\sum_{n=1}^{N} A_n^2 = \sum_{n=1}^{N}(A_n - A_{n+1}) = A_1 - A_{N+1} \tag{4.104}$$

となる．一方，式 (4.101) より，

$$A_1 - (A_1 - A_{N+1}) = A_{N+1} \geq 0$$

となり，

$$A_1 - A_{N+1} \leq A_1 \tag{4.105}$$

となる．式 (4.104)，(4.105) より，

$$\sum_{n=1}^{N} A_n^2 \leq A_1$$

となる．この式より，任意の $f \in H$ に対して，

$$\sum_{n=1}^{N} \|A_n f\|^2 = \sum_{n=1}^{N} \langle A_n^2 f, f\rangle \leq \langle A_1 f, f\rangle$$

となる．したがって，級数 $\sum \|A_n f\|^2$ は収束し，$n \to \infty$ のとき $\|A_n f\| \to 0$ となる．よって，式 (4.104) より，

$$\sum_{n=1}^{N} A_n^2 f \to A_1 f \qquad : N \to \infty \tag{4.106}$$

となる．

作用素 B は A と可換であるから，式 (4.100) より，任意の $f \in H$ に対して，

$$\langle ABf, f\rangle = \langle BAf, f\rangle = \|A\|\langle BA_1 f, f\rangle \tag{4.107}$$

となる．したがって，$AB \geq 0$ を示すためには $\langle BA_1 f, f\rangle \geq 0$ を示せばよい．そこで，

$$a_N = \sum_{n=1}^{N} \langle BA_n^2 f, f\rangle$$

とおけば，B は任意の A_n とも可換であるから，$B \geq 0$ より，

$$a_N = \sum_{n=1}^{N} \langle BA_n f, A_n f\rangle \geq 0$$

となる．すなわち，$\{a_N\}$ は非負の単調増加数列になっている．しかも，式 (4.106) より，$\{a_N\}$ は $\langle BA_1 f, f\rangle$ に収束する．よって，$\langle BA_1 f, f\rangle \geq 0$ となり，式 (4.107) より $AB \geq 0$ となる．■

自己共役作用素の単調増加列の収束に関して，次の結果が知られている．

定理 4.68　$\{A_n\}_{n=1}^{\infty}$ を，互いに可換な半正値自己共役作用素からなる単調増加列とする．すべての A_n と可換な半正値自己共役作用素 B に対して，

$$A_n \leq A_{n+1} \leq B \tag{4.108}$$

が成立すれば，$\{A_n\}_{n=1}^{\infty}$ は $A \leq B$ なるある半正値自己共役作用素 A に収束する．

証明　作用素列 $\{A_n\}_{n=1}^{\infty}$ を B を基準にして見直すために，

$$C_n = B - A_n$$

とおく．式 (4.108) より，$C_n \geq 0$ となる．B はすべての A_n と可換であるから，C_n もすべての A_n および B と可換であり，すべての C_n は互いに可換になる．しかも，$m < n$ に対して，

$$C_m - C_n = A_n - A_m \geq 0$$

となり，$C_m \geq C_n \geq 0$ となる．さらに，$C_m - C_n$ は C_n および C_m と可換であるから，定理 4.67 より，

$$(C_m - C_n)C_m \geq 0, \qquad C_n(C_m - C_n) \geq 0$$

となる．よって，$C_m^2 \geq C_n C_m \geq C_n^2 \geq 0$ となり，任意の $f \in H$ に対して，

$$\langle C_m^2 f, f\rangle \geq \langle C_n C_m f, f\rangle \geq \langle C_n^2 f, f\rangle \geq 0 \tag{4.109}$$

となる．すなわち，$\{\langle C_n^2 f, f\rangle\}_{n=1}^{\infty}$ は単調減少な非負の実数列になり，極限をもつ．さらに式 (4.109) より，$\{\langle C_n C_m f, f\rangle\}_{m,n=1}^{\infty}$ も $m, n \to \infty$ のとき極限をもち，$\{\langle C_n^2 f, f\rangle\}_{n=1}^{\infty}$ と同じ値に収束する．よって，

$$\begin{aligned}\|C_m f - C_n f\|^2 &= \langle (C_m - C_n)^2 f, f\rangle \\ &= \langle C_m^2 f, f\rangle - 2\langle C_m C_n f, f\rangle + \langle C_n^2 f, f\rangle \to 0 \qquad : m, n \to \infty\end{aligned}$$

となり，H の完備性より $\{C_n f\}_{n=1}^{\infty}$ は各 f に対して収束する．その極限を Cf で表す．$A = B - C$ とおけば，$A_n f - Af = Cf - C_n f$ より，$\{A_n f\}_{n=1}^{\infty}$ は各 f に対して Af に収束する．よって，式 (4.108) より，$0 \le A \le B$ となる． ■

なお，いうまでもなく，単調減少列に対しても定理 4.68 と同様の結果が成立する．

4.14 作用素の平方根

半正値自己共役作用素 A に対して，自己共役作用素 X が $X^2 = A$ を満たすとき，X を A の**平方根**という．次の定理に示すように，この X の中に半正値なものが必ず存在し，一意に定まる．それを $A^{1/2}$ で表す．

定理 4.69 任意の半正値自己共役作用素 A に対して，半正値平方根 $A^{1/2}$ が存在し，一意に定まる．しかも，この $A^{1/2}$ は，A と可換なすべての作用素と可換である．

証明 式 (4.100), (4.101) より，一般性を失うことなく，$A \le I$ と仮定する．実数 a $(0 \le a \le 1)$ に対する $\sqrt{a}$ の計算公式

$$\begin{cases} a_0 = 0 \\ a_{n+1} = a_n + \dfrac{1}{2}(a - a_n^2) \qquad : n = 0, 1, 2, \cdots \end{cases}$$

の類推から，

$$\begin{cases} X_0 = 0 \\ X_{n+1} = X_n + \dfrac{1}{2}(A - X_n^2) \qquad : n = 0, 1, 2, \cdots \end{cases} \tag{4.110}$$

とおく．まず，$\{X_n\}_{n=1}^{\infty}$ が互いに可換な半正値自己共役作用素からなる単調増加列で，

$$X_n \le X_{n+1} \le I \tag{4.111}$$

が成立することを示す．

明らかに，X_n はすべて自己共役であり，A と可換な任意の作用素と可換である．したがって，$\{X_n\}_{n=1}^{\infty}$ は互いに可換になる．$X_n \le I$ を示す．式 (4.110) より，

$$2(I - X_{n+1}) = 2I - 2X_n - (A - X_n^2)$$

$$
\begin{aligned}
&= (I - 2X_n + X_n^2) + (I - A) \\
&= (I - X_n)^2 + (I - A) \qquad (4.112)
\end{aligned}
$$

となる．$I - X_n$ は自己共役であるから $(I - X_n)^2 \geq 0$ となる．さらに，$I - A \geq 0$ であるから，式 (4.112) より $I - X_{n+1} \geq 0$ となり，任意の n に対して，

$$
X_n \leq I \qquad (4.113)
$$

となる．

次に，

$$
X_{n+1} \geq X_n \qquad (4.114)
$$

を数学的帰納法で示す．まず，$X_0 = 0$ と式 (4.110) より，

$$
2(X_1 - X_0) = A \geq 0
$$

となり，$X_1 \geq X_0$ となる．$X_n \geq X_{n-1}$ と仮定する．式 (4.110) より，

$$
\begin{aligned}
2(X_{n+1} - X_n) &= 2X_n + (A - X_n^2) - 2X_{n-1} + (A - X_{n-1}^2) \\
&= 2(X_n - X_{n-1}) - (X_n^2 - X_{n-1}^2) \\
&= (X_n - X_{n-1})\{2I - (X_n + X_{n-1})\} \\
&= (X_n - X_{n-1})\{(I - X_n) + (I - X_{n-1})\} \qquad (4.115)
\end{aligned}
$$

となる．式 (4.113) より $(I - X_n) + (I - X_{n-1})$ は半正値自己共役であり，しかも，半正値自己共役作用素 $X_n - X_{n-1}$ と可換である．したがって，式 (4.115) と定理 4.67 より，$X_{n+1} - X_n \geq 0$ となる．よって，任意の n に対して式 (4.114) が成立する．$X_0 = 0$ と式 (4.114) より，$X_n \geq 0$ も成立する．

以上より，$\{X_n\}_{n=1}^{\infty}$ は互いに可換な半正値自己共役作用素からなる単調増加列で，式 (4.111) が成立している．よって，定理 4.68 より，X_n はある半正値自己共役作用素 X に収束する．

X が A と可換な任意の作用素と可換であることを示す．X_n は A と可換な任意の作用素と可換であるから，$AT = TA$ とすれば，X_n は T と可換になり，

$$
\begin{aligned}
\|(XT - TX)f\| &= \|(X - X_n)Tf + (X_nT - TX)f\| \\
&= \|(X - X_n)Tf + T(X_n - X)f\| \\
&\leq \|(X - X_n)Tf\| + \|T\|\|(X_n - X)f\|
\end{aligned}
$$

となる．n はいくらでも大きくとれるので，

$$
XT = TX
$$

となる．すなわち，X は A と可換な任意の作用素と可換になる．

次に，$X^2 = A$ を示す．これは，式 (4.110) が極限で，

$$
X = X + \frac{1}{2}(A - X^2)
$$

となることから，十分予想されることである．実際，$XT = TX$ より X と X_n は可換であるから，式 (4.110), (4.111), (4.99) より，任意の $f \in H$ に対して，

$$\begin{aligned}\|(X^2-A)f\| &= \|(2X_n+(A-X_n^2)-2X_n+X_n^2-X^2)f\| \\ &= \|2(X_{n+1}-X_n)f+(X_n^2-X^2)f\| \\ &\leq 2\|(X_{n+1}-X_n)f\|+\|(X_n^2-X^2)f\| \\ &\leq 2\|(X_{n+1}-X_n)f\|+\|X_n+X\|\|(X_n-X)f\| \\ &\leq 2\|(X_{n+1}-X_n)f\|+(\|X_n\|+\|X\|)\|(X_n-X)f\| \\ &\leq 2\|(X_{n+1}-X_n)f\|+(1+\|X\|)\|(X_n-X)f\|\end{aligned}$$

となる．n はいくらでも大きくとれるので，

$$X^2 = A$$

となる．

最後に X の一意性を示す．そのためには，$X'^2 = A$ $(X' \geq 0)$ として，$X' = X$ を示せばよい．

$$X'A = X'X'^2 = X'^2X' = AX'$$

となり，$X'A = AX'$ となる．X は A と可換な任意の作用素と可換であるから，X' とも可換になる．すなわち，

$$XX' = X'X$$

となる．したがって，任意の $f \in H$ に対して $g = (X'-X)f$ とおけば，$XX' = X'X$ より，

$$\begin{aligned}\langle X'g, g\rangle + \langle Xg, g\rangle &= \langle (X'+X)g, g\rangle \\ &= \langle (X'+X)(X'-X)f, g\rangle \\ &= \langle (X'^2-X^2)f, g\rangle \\ &= \langle (A-A)f, g\rangle = 0\end{aligned}$$

となる．しかも，$X' \geq 0$，$X \geq 0$ であるから，$\langle X'g, g\rangle = 0$，$\langle Xg, g\rangle = 0$ となる．さらに，$X' \geq 0$ より $X' = Y^2$ $(Y \geq 0)$ と表現できるから，

$$\|Yg\|^2 = \langle Y^2g, g\rangle = \langle X'g, g\rangle = 0$$

となり，$Yg = 0$ となる．よって，$X'g = 0$ となる．同様に，$Xg = 0$ となるから，

$$\|(X'-X)f\|^2 = \langle g, (X'-X)f\rangle = \langle (X'-X)g, f\rangle = 0$$

となり，$X' = X$ となる． ■

この証明からわかるように，式 (4.110) は $A^{1/2}$ の具体的な計算方法を与えている．

例 4.70 空間 $L^2[0,1]$ の元 $f(x)$ に対して，

$$Af(x) = xf(x)$$

で定義される作用素は半正値自己共役作用素であり，

$$A^{1/2}f(x) = \sqrt{x}f(x)$$

となる．

問　題

1. $L^2[0,1]$ から $L^2[0,1]$ への作用素 A を，(i)～(iv) のように定義する．どの A が線形作用素になるか．

(i) $(Af)(x) = f(x^2)$

(ii) $(Af)(x) = \{f(x)\}^2$

(iii) $(Af)(x) = \overline{f(x)}$

(iv) $(Af)(x) = \begin{cases} \dfrac{|f(x)|f(x)}{\|f\|} & : f \neq 0 \\ 0 & : f = 0 \end{cases}$

2. 有界線形作用素 A のノルムが，$\|A\| = \sup_{\|f\| \leq 1} \|Af\|$ と表現できることを示せ．

3. 式 (4.22)～(4.24) を証明せよ．

4. $A_n \in \mathcal{B}(X,Y)$ が $A \in \mathcal{B}(X,Y)$ に一様収束するための必要十分条件は，X の単位球面上の f に対して $A_n f$ が Af に一様に収束することであることを示せ．

5. ノルム空間 X 上の任意の有界線形汎関数 J に対して $J[f]=0$ ならば，$f=0$ となることを示せ．

6. 定理 4.45 の残りの部分を証明せよ．

7. 自己共役作用素およびユニタリ作用素の概念を拡張する．H を複素ヒルベルト空間とする．$A \in \mathcal{B}(H)$ が $A^*A = AA^*$ を満たすとき，すなわち，A とその共役作用素 A^* が交換可能なとき，A を**正規作用素** (normal operator) という．次の命題を証明せよ．

(i) $A \in \mathcal{B}(H)$ が正規作用素になるための必要十分条件は，任意の $f \in H$ に対して，

$$\|A^* f\| = \|Af\|$$

が成立することである．

(ii) 正規作用素 $A \in \mathcal{B}(H)$ に対して，$A\varphi = \lambda\varphi$ ならば $A^*\varphi = \overline{\lambda}\varphi$ となる．

(iii) 正規作用素 $A \in \mathcal{B}(H)$ の相異なる固有値に対応する固有元は互いに直交する．すなわち，$A\varphi = \lambda\varphi$ かつ $A\psi = \mu\psi$ $(\lambda \neq \mu)$ ならば，$\langle \varphi, \psi \rangle = 0$ となる．

8. 任意の $A \in \mathcal{B}(H)$ は，自己共役作用素 A_1，$A_2 \in \mathcal{B}(H)$ を使って，

$$A = A_1 + iA_2$$

と一意に表現できる．ここで，A_1, A_2 は，

$$A_1 = \frac{1}{2}(A + A^*), \qquad A_2 = \frac{1}{2i}(A - A^*)$$

によって与えられる．この分解に対して，次の命題を証明せよ．

(i) A が正規作用素になるための必要十分条件は，$A_1A_2 = A_2A_1$ となることである．

(ii) 絶対値 1 の複素数は，

$$e^{i\theta} = \cos\theta + i\sin\theta$$

と表され，

$$\sin^2\theta + \cos^2\theta = 1$$

なる関係が成立している．これを線形作用素へ拡張すれば次のようになる．$A \in \mathcal{B}(H)$ がユニタリ作用素になるための必要十分条件は，

$$A_1A_2 = A_2A_1, \qquad A_1^2 + A_2^2 = I$$

となることである．

9. S をヒルベルト空間 H の閉部分空間とし，A を H 上の半正値作用素とする．次の関係が成立することを示せ．

$$S + \overline{\mathcal{R}(A)} = S \dotplus \overline{AS^{\perp}}$$

10. $B \geq 0$ ならば $ABA^* \geq 0$ であり，次の関係が成立することを示せ．

$$\mathcal{N}(ABA^*) = \mathcal{N}(BA^*)$$
$$\overline{\mathcal{R}(ABA^*)} = \overline{\mathcal{R}(AB)}$$

第5章　射影作用素

5.1　斜射影作用素

ヒルベルト空間 H の閉部分空間 S, L に対して，

$$S \cap L = \{0\} \tag{5.1}$$

$$S + L = H \tag{5.2}$$

が成立するとき，S と L を互いに他の**補空間** (complementary subspace) という．両式をまとめて，

$$H = S \dotplus L \tag{5.3}$$

と表し，H の**直和分解** (direct decomposition) という．式 (5.1)，(5.2) に加えて，

$$S \perp L$$

が成立するとき，

$$H = S \oplus L \tag{5.4}$$

と表し，H の**直交直和分解** (orthogonal direct decomposition) という．書籍によっては，直交直和分解を単に直和分解といったり，式 (5.3)，(5.4) の記号を逆に使う場合もあるので，注意を要する．本節では直和分解に関する議論を行い，次節以降で直交直和分解に関する議論を行う．

□**補題 5.1**　式 (5.3) の直和分解に対して，任意の $f \in H$ は，

$$f = g + h \qquad : g \in S,\ h \in L \tag{5.5}$$

と一意に分解できる．

証明　式 (5.5) の形に表現できることは式 (5.2) より明らかであるので，表現の一意性を示す．式 (5.5) のほかに，

$$f = g' + h' \qquad : g' \in S,\ h' \in L \tag{5.6}$$

と分解できたとすれば，式 (5.5)，(5.6) より

$$g - g' = h' - h$$

となる．この式の左辺は S の元であり，右辺は L の元であるから，式 (5.1) より，$g' = g$, $h' = h$ となる．よって，式 (5.5) の分解は一意に定まる． ■

任意の $f \in H$ は式 (5.5) の形に一意に分解できるので，この分解に対して，f を g に対応させる作用素を P で表し，L に沿った S への**斜射影作用素** (oblique projection operator) という．"L に沿った S への" という部分を強調する場合には，P を $P_{S,L}$ と表すこともある．また，斜射影作用素を単に射影作用素ということもある．斜射影作用素 P は明らかに線形である．

斜射影作用素の定義から明らかなように，$P_{S,L}$ が L に沿った S への斜射影作用素になることと，

$$P_{S,L}f = \begin{cases} f & : f \in S \\ 0 & : f \in L \end{cases} \tag{5.7}$$

は等価である．すなわち，L に沿った S への斜射影作用素は，S の元を不変に保ち，L の元を 0 に変換する作用素である．したがって，斜射影作用素 $P_{S,L}$ の値域と零空間はそれぞれ，

$$\mathcal{R}(P_{S,L}) = S, \qquad \mathcal{N}(P_{S,L}) = L$$

となる．よって，斜射影作用素の値域は閉じている．

定理 5.2　斜射影作用素は有界である．

証明　L に沿った S への斜射影作用素を P で表す．$\mathcal{D}(P) = H$ であるから，P が閉作用素になることを示せば，閉グラフ定理 4.30 より P は有界になる．定理 4.31 を用いて，P が閉作用素になることを示す．そのためには，$f_n \to f$, $Pf_n \to g$ ならば $Pf = g$ となることを示せばよい．$g_n = Pf_n$ とおけば $g_n \in S$ となる．しかも，S は閉じているから，$g_n \to g \in S$ となる．

一方，$h_n = f_n - g_n$ とおけば，

$$Ph_n = Pf_n - Pg_n = g_n - Pg_n = g_n - g_n = 0$$

となり，

$$h_n \in \mathcal{N}(P) = L$$

となる．さらに，$h = f - g$ とおけば，

$$\begin{aligned} \|h_n - h\| &= \|(f_n - g_n) - (f - g)\| \\ &= \|(f_n - f) - (g_n - g)\| \\ &\leq \|f_n - f\| + \|g_n - g\| \end{aligned}$$

となり，$h_n \to h$ となる．しかも，L は閉集合であるから，$h \in L$ となる．$h = f - g$ より $f = g + h$ となるので，$Pf = g$ となる． ■

式 (5.7) より明らかなように $P_{S,L}^2 = P_{S,L}$ であるが，逆も成立する．すなわち，次の定理が成立する．

定理 5.3 $P \in \mathcal{B}(H)$ とする．$P^2 = P$ ならば，次の関係が成立する．

(i) $\overline{\mathcal{R}(P)} = \mathcal{R}(P)$

(ii) $H = \mathcal{R}(P) \dotplus \mathcal{N}(P)$

(iii) P は $\mathcal{N}(P)$ に沿った $\mathcal{R}(P)$ への斜射影作用素である

証明 (i) を示す．$g_n \in \mathcal{R}(P)$，$g_n \to g \in H$ とする．$g_n \in \mathcal{R}(P)$ より，$g_n = Pf_n$ と表される．よって，$P^2 = P$ より，

$$g_n = Pf_n = P^2 f_n = P(Pf_n) = Pg_n$$

となるから，

$$\begin{aligned} \|g - Pg\| &\leq \|g - g_n\| + \|g_n - Pg_n\| + \|Pg_n - Pg\| \\ &= \|g - g_n\| + \|P(g_n - g)\| \\ &\leq (1 + \|P\|)\|g - g_n\| \end{aligned}$$

となる．したがって，$g = Pg \in \mathcal{R}(P)$ となり，$\overline{\mathcal{R}(P)} = \mathcal{R}(P)$ となる．

(ii) を示す．まず，$\mathcal{R}(P) \cap \mathcal{N}(P) = \{0\}$ を示す．$f \in \mathcal{R}(P) \cap \mathcal{N}(P)$ とすれば，$f = Pg$ となる g が存在する．しかも，$Pf = 0$ であるから，

$$f = Pg = P^2 g = P(Pg) = Pf = 0$$

となり，$\mathcal{R}(P) \cap \mathcal{N}(P) = \{0\}$ となる．

次に，$\mathcal{R}(P) + \mathcal{N}(P) = H$ を示す．任意の $f \in H$ に対して，$g = Pf$，$h = f - g$ とおけば，$f = g + h$ となる．$g \in \mathcal{R}(P)$ であるから，あとは，$h \in \mathcal{N}(P)$ を示せばよい．$g \in \mathcal{R}(P)$ より，$g = Pu$ と表すことができる．そして，$P^2 = P$ より，

$$Pg = P(Pu) = P^2 u = Pu = g$$

となる．したがって，h の定義より，

$$Ph = Pf - Pg = g - Pg = g - g = 0$$

となり，$h \in \mathcal{N}(P)$ となる．

(iii) を示す．任意の $f \in \mathcal{R}(P)$ に対して，$f = Pu$ となる u が存在する．よって，$P^2 = P$ より，

$$Pf = P(Pu) = P^2 u = Pu = f$$

となり，$Pf = f$ となる．$f \in \mathcal{N}(P)$ に対して，$Pf = 0$ は明らかである．よって，式 (5.7) と (i), (ii) より，P は $\mathcal{N}(P)$ に沿った $\mathcal{R}(P)$ への斜射影作用素になる． ■

定理 5.4　次の関係が成立する．

$$I - P_{S,L} = P_{L,S} \tag{5.8}$$

$$P_{S,L}^* = P_{L^\perp, S^\perp} \tag{5.9}$$

証明　式 (5.8) を示す．$A = I - P_{S,L}$ とおけば，$P_{S,L}^2 = P_{S,L}$ より，

$$A^2 = (I - P_{S,L})(I - P_{S,L}) = I - 2P_{S,L} + P_{S,L}^2 = I - P_{S,L} = A$$

となり，$A^2 = A$ となる．よって，定理 5.3 より A は斜射影作用素になる．さらに，$f \in S$ に対して，

$$Af = f - P_{S,L}f = f - f = 0$$

となる．同様に，$f \in L$ に対して，

$$Af = f - P_{S,L}f = f - 0 = f$$

となる．しかも，S と L は互いに補空間であるから，$\mathcal{R}(A) = L$, $\mathcal{N}(A) = S$ となり，式 (5.8) が成立する．

式 (5.9) を示す．$A = P_{S,L}^*$ とおけば，

$$A^2 = (P_{S,L}^*)^2 = (P_{S,L}^2)^* = P_{S,L}^* = A$$

となり，A は斜射影作用素になる．$A^2 = A$ と定理 5.3 より $\mathcal{R}(A)$ は閉じているから，

$$\mathcal{R}(A) = \mathcal{N}(A^*)^\perp = \mathcal{N}(P_{S,L})^\perp = L^\perp$$

となる．さらに，

$$\mathcal{N}(A) = \mathcal{R}(A^*)^\perp = \mathcal{R}(P_{S,L})^\perp = S^\perp$$

となり，$A = P_{L^\perp, S^\perp}$ となる．■

5.2　正射影作用素

定理 3.17 で述べたように，S を H の閉部分空間とすれば，H の任意の元 f は，

$$f = g + h \qquad : g \in S,\ h \in S^\perp \tag{5.10}$$

と一意に表される．この直交直和分解に対して，f を g に対応させる作用素を P で表し，S への**正射影作用素** (orthogonal projection operator) という．S を強調したい場合には，P を P_S と表すこともある．また，正射影作用素しか現れない状況では，正射影作用素を単に射影作用素ということも多い．しかし，斜射影作用素も同時に現れる状況では，斜射影作用素のほうを単に射影作用素ということもあるので，言葉の使い方には注意を要する．正射影作用素は明らかに線形である．

正射影作用素の定義から明らかなように，P_S が S への正射影作用素になることと，

$$P_S f = \begin{cases} f & : f \in S \\ 0 & : f \in S^\perp \end{cases} \tag{5.11}$$

は等価である．すなわち，S への正射影作用素は，S の元を不変に保ち，$S^\perp$ の元を 0 に変換する作用素である．したがって，正射影作用素 P_S の値域と零空間はそれぞれ，

$$\mathcal{R}(P_S) = S, \qquad \mathcal{N}(P_S) = S^\perp$$

となる．よって，正射影作用素の値域は閉じている．

定理 5.5 正射影作用素 P_S は有界となり，$S = \{0\}$ のとき $\|P\| = 0$，$S \neq \{0\}$ のとき $\|P\| = 1$ となる．

証明 $S = \{0\}$ のとき $P = 0$ となり，$\|P\| = 0$ となる．そこで，$S \neq \{0\}$ の場合について証明する．式 (5.10) より，任意の $f \in H$ に対して，

$$\|Pf\|^2 = \|g\|^2 \leq \|g\|^2 + \|h\|^2 = \|f\|^2$$

となり，

$$\|Pf\|^2 \leq \|f\|^2 \tag{5.12}$$

となる．しかも，$f \in S$ に対して $Pf = f$ となり，$\|Pf\| = \|f\|$ となるので，$\|P\| = 1$ となる．

■

$S^\perp$ は閉集合であるから，式 (5.11) よりただちに次の関係が成立する．

□**系 5.6** $S^\perp$ への正射影作用素 $P_{S^\perp}$ は，S への正射影作用素 P_S を使って，

$$P_{S^\perp} = I - P_S$$

と表される．

式 (5.11) より，$f \in S$ と $P_S f = f$ は同値である．ところで，$P_S f = f$ を直接調べなくても，その大きさ $\|P_S f\|$ をみるだけで，$f \in S$ を判定することができる．すなわち，次の結果が成立する．

□**系 5.7** $f \in S$ となるための必要十分条件は，$\|P_S f\| = \|f\|$ が成立することである．

証明 系 5.6 より $\langle f - P_S f, P_S f \rangle = 0$ となる．よって，ピタゴラスの定理より，

$$\|f\|^2 = \|f - P_S f + P_S f\|^2 = \|f - P_S f\|^2 + \|P_S f\|^2$$

となる．したがって，

$$\|f - P_S f\|^2 = \|f\|^2 - \|P_S f\|^2$$

となり，$P_S f = f$ と $\|P_S f\| = \|f\|$ は同値になる． ■

定理 5.8　$P \in \mathcal{B}(H)$ がある閉部分空間への正射影作用素になるための必要十分条件は，

$$P^2 = P, \qquad P^* = P \tag{5.13}$$

が成立することである．

証明　P を閉部分空間 S への正射影作用素とする．また，H の任意の元 f, g を，

$$f = f_1 + f_2, \quad g = g_1 + g_2 \qquad : f_1,\ g_1 \in S,\ \ f_2,\ g_2 \in S^\perp$$

と表す．正射影作用素は斜射影作用素であるから，$P^2 = P$ となる．また，

$$\begin{aligned}\langle P^* f, g\rangle &= \langle f, Pg\rangle = \langle f_1 + f_2, g_1\rangle = \langle f_1, g_1\rangle \\ &= \langle f_1, g_1 + g_2\rangle = \langle f_1, g\rangle = \langle Pf, g\rangle\end{aligned}$$

となり，$P^* = P$ となる．

逆に式 (5.13) が成立したとする．定理 5.3 より $\mathcal{R}(P)$ は閉じている．$f \in \mathcal{R}(P)$ とすれば，$f = Pg$ となる $g \in H$ が存在する．よって，

$$Pf = P^2 g = Pg = f$$

となり，

$$Pf = f \qquad : f \in \mathcal{R}(P)$$

となる．また，$f \in \mathcal{R}(P)^\perp$ とすれば，$\mathcal{R}(P)^\perp = \mathcal{N}(P^*) = \mathcal{N}(P)$ より，

$$Pf = 0 \qquad : f \in \mathcal{R}(P)^\perp$$

となる．よって，式 (5.11) より，P は閉部分空間 $\mathcal{R}(P)$ への正射影作用素になる． ■

式 (5.13) の二つの条件式は，次のように一つの式で表すことができる．

□**系 5.9**　P が正射影作用素になるための必要十分条件は，

$$P^* P = P$$

となることである．

証明　式 (5.13) が成立したとすれば，$P^*P = PP = P$ となり，$P^*P = P$ となる．逆に $P^*P = P$ が成立したとする．この式の両辺の * をとれば，$P^*P = P^*$ となる．よって，$P^* = P$ となり，式 (5.13) の第 2 式が成立する．したがって，$P^2 = PP = P^*P = P$ となり，式 (5.13) の第 1 式も成立する． ■

この系より，次の結果を得る．

□**系 5.10** P を正射影作用素とすれば，任意の $f \in H$ に対して，

$$\langle Pf, f \rangle = \|Pf\|^2$$

が成立する．

系 5.10 は，正射影作用素が半正値であることを意味している．

5.3 正射影作用素と最良近似

ノルム空間 X における最良近似の問題は，2.11 節で論じたように，非常に複雑な様相を呈した．これに対して，X がヒルベルト空間の場合，正射影作用素を使うことにより，明快な解答を得ることができる．すなわち，次の定理が成立する．

定理 5.11 S を H の閉部分空間とし，S への正射影作用素を P_S で表す．任意の $f \in H$ に対して，S における最良近似が常にただ 1 個存在し，$P_S f$ で与えられる．最良近似度 $\|f - P_S f\|$ の 2 乗は，

$$\|f - P_S f\|^2 = \|f\|^2 - \|P_S f\|^2 \tag{5.14}$$

となる．

証明 f に対して，$h = f - P_S f$ とおけば，系 5.6 より，$h = (I - P_S)f \in S^{\perp}$ となる．よって，任意の $g \in S$ に対して

$$\|f - g\|^2 = \|h + P_S f - g\|^2 = \|h\|^2 + \|P_S f - g\|^2 \geq \|h\|^2$$

となり，

$$\|f - g\|^2 \geq \|h\|^2$$

となる．この式で等号が成立するための必要十分条件は $g = P_S f$ となることである．そしてこのとき，

$$\|f\|^2 = \|f - P_S f + P_S f\|^2 = \|f - P_S f\|^2 + \|P_S f\|^2$$

となり，式 (5.14) が成立する． ■

ヒルベルト空間の場合の最良近似の一意性は，定理 2.63 の特別の帰結になっている．すなわち，次の結果が成立する．

定理 5.12 ヒルベルト空間 H は強ノルム空間である．

証明 $f \neq 0, g \neq 0$ に対して，

$$\begin{aligned}\|f+g\|^2-(\|f\|+\|g\|)^2 &= 2\left(\Re\langle f,g\rangle-\|f\|\|g\|\right)\\ &\le 2\left(|\langle f,g\rangle|-\|f\|\|g\|\right) \qquad (5.15)\\ &\le 2\left(\|f\|\|g\|-\|f\|\|g\|\right) \qquad (5.16)\\ &=0\end{aligned}$$

となる．式 (5.16) で等号が成立する条件は，λ を任意の非零の複素数とするとき，

$$g=\lambda f$$

となることである．ところで，

$$\Re\langle f,g\rangle=\Re\langle f,\lambda f\rangle=\Re\overline{\lambda}\|f\|^2=\Re\lambda\|f\|^2$$
$$|\langle f,g\rangle|=|\langle f,\lambda f\rangle|=|\lambda|\|f\|^2$$

であるから，更に式 (5.15) で等号が成立する条件は，

$$\Re\lambda=|\lambda|$$

となることである．したがって，$\lambda>0$ となる．これは，H が強ノルム空間であることを意味している．■

5.4　正射影作用素と部分空間

部分空間に関するさまざまな幾何学的性質を，正射影作用素を使って代数的に論じることができる．また，その結果を用いることにより，正射影作用素の和，差，積が再び正射影作用素になるための条件を求めることができる．

S_1，S_2 をヒルベルト空間 H の閉部分空間とし，P_1，P_2 をそれぞれ S_1，S_2 への正射影作用素とする．また，一般の閉部分空間 S への正射影作用素を P_S で表す．

まず，部分空間の間の直交性の表現から始める．

定理 5.13　次の各命題は互いに同値である．

(i) $S_1\perp S_2$　　(ii) $P_1P_2=0$　　(iii) $P_2P_1=0$

証明　(i)⇒(ii) を示す．正射影作用素は自己共役であるから，任意の $f,g\in H$ に対して，

$$\langle P_1P_2f,g\rangle=\langle P_2f,P_1g\rangle=0$$

となり，$P_1P_2=0$ となる．

(ii)⇒(iii) を示す．(ii) の両辺の * をとれば (iii) になる．

(iii)⇒(i) を示す．任意の $f\in S_1$ と任意の $g\in S_2$ に対して，

$$\langle f,g\rangle=\langle P_1f,P_2g\rangle=\langle P_2P_1f,g\rangle=0$$

となり，(i) が成立する．■

S_1 と S_2 の直交直和を $S_1 \oplus S_2$ で表す．定理 5.13 より，正射影作用素の和に関して次の結果を得る．

定理 5.14 $P = P_1 + P_2$ とおく．P が正射影作用素になるための必要十分条件は，$S_1 \perp S_2$ が成立することである．そしてこのとき，$\mathcal{R}(P) = S_1 \oplus S_2$ となる．

証明 3 段階に分けて証明する．まず，P が正射影作用素になることと，

$$P_1P_2 + P_2P_1 = 0 \tag{5.17}$$

が同値であることを示す．$P = P_1 + P_2$ より，

$$\begin{aligned} P^*P &= (P_1 + P_2)^*(P_1 + P_2) = (P_1 + P_2)(P_1 + P_2) \\ &= (P_1 + P_2) + (P_1P_2 + P_2P_1) = P + (P_1P_2 + P_2P_1) \end{aligned}$$

となり，

$$P^*P - P = P_1P_2 + P_2P_1$$

となる．よって，系 5.9 より，P が正射影作用素になることと式 (5.17) は同値になる．

次に，式 (5.17) と $P_1P_2 = 0$ が同値になることを示す．式 (5.17) が成立したとする．式 (5.17) の左から P_1 を掛ければ，

$$P_1P_2 + P_1P_2P_1 = 0 \tag{5.18}$$

となる．さらに，この式の右から P_1 を掛ければ，$P_1P_2P_1 = 0$ となる．よって，式 (5.18) より $P_1P_2 = 0$ を得る．逆は明らかである．よって，定理 5.13 より定理 5.14 の前半が成立する．

最後に，$\mathcal{R}(P) = S_1 \oplus S_2$ を示す．$\mathcal{R}(P) \subseteq S_1 \oplus S_2$ は明らかであるから，逆を示す．$f \in S_1 \oplus S_2$ とすれば，

$$f = f_1 + f_2 \qquad : f_1 \in S_1,\ f_2 \in S_2$$

と表される．よって，

$$Pf = (P_1 + P_2)(f_1 + f_2) = P_1f_1 + P_2f_2 + P_1f_2 + P_2f_1 = f_1 + f_2 = f$$

となり，$S_1 \oplus S_2 \subseteq \mathcal{R}(P)$ となる． ■

部分空間の間の包含関係は，次のように表現できる．

定理 5.15 次の各命題は互いに同値である．

(i) $S_1 \supseteq S_2$ (ii) $P_1P_2 = P_2$ (iii) $P_2P_1 = P_2$

証明 (i)⇒(ii) を示す．(i) より，任意の $f \in H$ に対して $P_2f \in S_1$ となるから，

$$(P_1P_2)f = P_1(P_2f) = P_2f$$

となり，(ii) が成立する．

(ii)⇒(i) を示す．任意の $f \in S_2$ に対して，

$$f = P_2 f = P_1 P_2 f \in S_1$$

となり，(i) が成立する．

(ii)⇔(iii) を示す．(ii) の両辺の * をとれば (iii) になる．逆も同様に証明できる．■

S_1 における S_2 の直交補空間を $S_1 \ominus S_2$ で表す．定理 5.15 より，正射影作用素の差に関して次の結果を得る．

定理 5.16　$P = P_1 - P_2$ が正射影作用素になるための必要十分条件は，$S_1 \supseteq S_2$ が成立することである．そしてこのとき，$\mathcal{R}(P) = S_1 \ominus S_2$ となる．

証明　$S_1 \supseteq S_2$ が成立するとき，$S = S_1 \ominus S_2$ とおけば，$S_1 = S \oplus S_2$ となる．したがって，定理 5.14 より，$P_1 = P_S + P_2$ となり，$P = P_1 - P_2 = P_S$ となる．すなわち，P は $S_1 \ominus S_2$ への正射影作用素になる．

逆に P を正射影作用素とすれば，$P_1 = P + P_2$ と定理 5.13，定理 5.14 より，$PP_2 = 0$ となる．よって，

$$P_1 P_2 = (P + P_2)P_2 = PP_2 + P_2 = P_2$$

となり，$P_1 P_2 = P_2$ となる．したがって，定理 5.15 より $S_1 \supseteq S_2$ となる．■

定理 5.17　$S = S_1 \cap S_2$ とおくとき，次の各命題は互いに同値である．

(i) $S_1 \ominus S \perp S_2 \ominus S$　　(ii) $P_1 P_2 = P_2 P_1$

証明　まず，$P = P_1 P_2$，$X = S_1 \ominus S$，$Y = S_2 \ominus S$ とおき，

$$P_X P_Y = P - P_S \tag{5.19}$$

となることを示す．定理 5.16，定理 5.15 より，

$$\begin{aligned} P_X P_Y &= (P_1 - P_S)(P_2 - P_S) = P_1 P_2 - P_1 P_S - P_S P_2 + P_S \\ &= P - P_S - P_S + P_S = P - P_S \end{aligned}$$

となり，確かに式 (5.19) が成立する．

(i)⇒(ii) を示す．(i) と定理 5.13 より $P_X P_Y = 0$ となるので，式 (5.19) より $P = P_S$ となる．P_S は自己共役であるから P も自己共役になり，(ii) が成立する．

(ii)⇒(i) を示す．(ii) より，

$$P^* P = (P_1 P_2)^* (P_1 P_2) = P_2 P_1 P_2 = P_1 P_2^2 = P_1 P_2 = P$$

となるから，系 5.9 より P は正射影作用素になる．$\mathcal{R}(P) = S$ を示す．$P = P_1 P_2$ より，$P_1 P = P$，$PP_2 = P$ となるから，定理 5.15 より，

$$\mathcal{R}(P) \subseteq S_1 \cap S_2 = S$$

となる．逆向きを示す．$P_1 P_S = P_S$，$P_2 P_S = P_S$ より，

$$PP_S = P_1 P_2 P_S = P_1 P_S = P_S$$

となり，$PP_S = P_S$ となる．よって定理 5.15 より，$S \subseteq \mathcal{R}(P)$ となる．したがって，$\mathcal{R}(P) = S$ となり，$P = P_S$ となる．よって，式 (5.19) より $P_X P_Y = 0$ となり，定理 5.13 より (i) が成立する．■

定理 5.17 より，正射影作用素の積に関して次の結果を得る．

定理 5.18　$P = P_1 P_2$ が正射影作用素になるための必要十分条件は，$S = S_1 \cap S_2$ とおくとき，$S_1 \ominus S \perp S_2 \ominus S$ が成立することである．そしてこのとき，$\mathcal{R}(P) = S$ となる．

証明　条件 $S_1 \ominus S \perp S_2 \ominus S$ が成立するとき $P = P_S$ となることは，定理 5.17 の (i)⇒(ii) の証明で示したとおりである．P が正射影作用素のとき，$P^* = P$ であるから $P_1 P_2 = P_2 P_1$ となり，定理 5.17 より $S_1 \ominus S \perp S_2 \ominus S$ となる．■

定理 5.17 の証明の中に，定理 5.18 の内容がほとんど含まれている．したがって，定理 5.17 と定理 5.18 をまとめて一つの定理にしたほうが，証明はすっきりする．しかし，本節では，まず部分空間の幾何学的な性質を正射影作用素を用いて表し，その結果を使って，新しい正射影作用素を構成しているので，ここに示したように，定理 5.17 と定理 5.18 に分けて述べたのである．

5.5　不変部分空間

A を H から H への有界線形作用素とする．S を H の閉部分空間とし，S への正射影作用素を P で表す．$AS \subseteq S$ が成立するとき，S を A の**不変部分空間** (invariant subspace) という．この定義からわかるように，A の不変部分空間とは，S の元を A で変換しても，S の外へ出ることはなく，常に S の中に留まっている部分空間である．

定理 5.19　S が A の不変部分空間になるための必要十分条件は，

$$PAP = AP \tag{5.20}$$

が成立することである．

証明　任意の $f \in H$ に対して，$Pf \in S$ であるから，S を A の不変部分空間とすれば，

$$PAPf = P(A(Pf)) = APf$$

となり，$PAP = AP$ が成立する．逆に $PAP = AP$ が成立すれば，任意の $f \in S$ に対して $Pf = f$ であるから，

$$Af = A(Pf) = (AP)f = PAPf \in S$$

となり，$AS \subseteq S$ となる．■

□**系 5.20**　S を A の不変部分空間とすれば，S の直交補空間は A^* の不変部分空間になる．

証明　定理 5.19 と系 5.6 より，

$$(I-P)A^*(I-P) = A^*(I-P)$$

を示せばよい．式 (5.20) の両辺の * をとれば，$PA^*P = PA^*$ となるから，

$$(I-P)A^*(I-P) = (A^* - PA^*)(I-P) = (A^* - PA^*P)(I-P) = A^*(I-P)$$

となり，$(I-P)A^*(I-P) = A^*(I-P)$ が成立する．■

S が A と A^* の両方の不変部分空間になるとき，すなわち，

$$AS \subseteq S \quad \text{かつ} \quad A^*S \subseteq S \tag{5.21}$$

が成立するとき，S を A の**可約不変部分空間** (reducible invariant subspace) という．

式 (5.21) の第 2 式は，系 5.20 より，

$$AS^{\perp} \subseteq S^{\perp}$$

と等価である．すなわち，可約不変部分空間では，S と $S^{\perp}$ の両方が A の不変部分空間になっている．したがって，$A \in \mathcal{B}(H)$ に関する議論をするときに，$\mathcal{B}(S)$ と $\mathcal{B}(S^{\perp})$ に分けて個別に議論することができる．これが "可約" という形容詞の意味である．

可約不変部分空間の定義よりただちに，自己共役作用素の不変部分空間は常に可約不変部分空間であることがわかる．

定理 5.21　S が A の可約不変部分空間になるための必要十分条件は，A と P が可換になること，すなわち，

$$AP = PA$$

が成立することである．

証明　S が A の可約不変部分空間になるための必要十分条件は，定理 5.19 より，

$$\begin{cases} PAP = AP \\ PA^*P = A^*P \end{cases} \tag{5.22}$$

が成立することである．この 2 番目の式は，

$$PAP = PA \tag{5.23}$$

と同値である．しかも，式 (5.22)，(5.23) と $AP = PA$ は同値であるから，定理 5.21 が成立する． ■

5.6 部分等長作用素 (再訪)

正射影作用素に関する準備ができたので，部分等長作用素について，より詳しく論じることにする．定理 4.65 より，部分等長作用素 U および U^* の値域は閉じているので，それらの値域への正射影作用素を考えることができる．

定理 5.22 $U \in \mathcal{B}(H_1, H_2)$ が部分等長作用素になるための必要十分条件は，次の条件のうちどれか一つが成立することである．

$$U^*U = P_{\mathcal{R}(U^*)} \tag{5.24}$$

$$UU^* = P_{\mathcal{R}(U)} \tag{5.25}$$

$$UU^*U = U \tag{5.26}$$

$$U^*UU^* = U^* \tag{5.27}$$

ここで，$P_{\mathcal{R}(U^*)}$，$P_{\mathcal{R}(U)}$ はそれぞれ，$\mathcal{R}(U^*)$ および $\mathcal{R}(U)$ への正射影作用素である．

証明 式 (5.24) を示す．$U \in \mathcal{B}(H_1, H_2)$ を S を始集合とする部分等長作用素とし，S への正射影作用素を P_S で表す．$f \in S$ に対して，

$$\langle U^*Uf, f\rangle = \|Uf\|^2 = \|f\|^2 = \langle P_S f, f\rangle$$

となる．一方，$f \in S^\perp$ に対して，

$$\langle U^*Uf, f\rangle = \|Uf\|^2 = 0 = \langle P_S f, f\rangle$$

となる．したがって，任意の $f \in H_1$ に対して，$\langle U^*Uf, f\rangle = \langle P_S f, f\rangle$ となり，

$$\langle (U^*U - P_S)f, f\rangle = 0$$

となる．よって，$U^*U - P_S = 0$ となり，

$$U^*U = P_S \tag{5.28}$$

となる．したがって，

$$\mathcal{R}(U^*) = \mathcal{R}(U^*U) = S \tag{5.29}$$

となり，式 (5.24) が成立する．

逆に式 (5.24) が成立したとする．$f \in \mathcal{R}(U^*)$ に対して，

$$\|Uf\|^2 = \langle U^*Uf, f\rangle = \langle P_{\mathcal{R}(U^*)}f, f\rangle = \|f\|^2$$

となる．一方，$f \in \mathcal{R}(U^*)^\perp$ に対して，

$$\|Uf\|^2 = \langle U^*Uf, f\rangle = \langle P_{\mathcal{R}(U^*)}f, f\rangle = 0$$

となる．したがって，U は $\mathcal{R}(U^*)$ を始集合とする部分等長作用素になる．

式 (5.24) から式 (5.26) を導く．$f \in \mathcal{R}(U^*)$ に対して，

$$UU^*Uf = UP_{\mathcal{R}(U^*)}f = Uf$$

となる．同様に，$f \in \mathcal{R}(U^*)^\perp = \mathcal{N}(U)$ に対して，

$$UU^*Uf = 0 = Uf$$

となる．したがって，任意の $f \in H_1$ に対して $UU^*Uf = Uf$ となり，式 (5.26) が成立する．

逆に式 (5.26) が成立したとする．この式に左から U^* を掛ければ $(U^*U)^2 = U^*U$ となる．さらに，U^*U は自己共役であるから，$U^*U = P_{\mathcal{R}(U^*U)} = P_{\mathcal{R}(U^*)}$ となり，式 (5.24) が成立する．

同様にして，式 (5.25) と式 (5.27) が等価になることがわかる．さらに，式 (5.26) と式 (5.27) の等価性は，これらの式の両辺の * をとれば明らかである．■

U が単射のとき，$\mathcal{N}(U) = \{0\}$ より $\mathcal{R}(U^*) = H_1$ となる．よって，式 (5.24) より $U^*U = I_1$ となる．これは，補題 4.64 の式 (4.94) と同じものであり，部分等長作用素は等長作用素になる．すなわち，式 (5.24) は式 (4.94) の一般化になっている．同じことであるが，ユニタリ作用素に関する式 (4.95) の第 1 式の一般化になっている．

U が全射のとき $\mathcal{R}(U) = H_2$ となる．よって，式 (5.25) より $UU^* = I_2$ となる．これは，ユニタリ作用素に関する式 (4.95) の第 2 式と同じものである．すなわち，式 (5.25) は式 (4.95) の第 2 式の一般化になっている．

式 (5.29) をもう一度まとめておけば，次のようになる．

□**系 5.23**　$U \in \mathcal{B}(H_1, H_2)$ が S を始集合とする部分等長作用素ならば，$S = \mathcal{R}(U^*)$ となる．

式 (5.24)，(5.25) より，次の結果を得る．

□**系 5.24**　$U \in \mathcal{B}(H_1, H_2)$ が $\mathcal{R}(U^*)$ を始集合とし，$\mathcal{R}(U)$ を終集合とする部分等長作用素ならば，$U^* \in \mathcal{B}(H_2, H_1)$ は，$\mathcal{R}(U)$ を始集合とし，$\mathcal{R}(U^*)$ を終集合とする部分等長作用素となる．

定理 5.25　$A, B \in \mathcal{B}(H)$ に対して $A^*A = B^*B$ ならば，$\overline{\mathcal{R}(B)}$ を始集合とし，$\overline{\mathcal{R}(A)}$ を終集合とする部分等長作用素 U が存在して，$A = UB$ となる．

証明 $A^*A = B^*B$ より，任意の $f \in H$ に対して，

$$\|Bf\|^2 = \langle B^*Bf, f\rangle = \langle A^*Af, f\rangle = \|Af\|^2$$

となる．よって，$\|B(f_1 - f_2)\| = 0$ と $\|A(f_1 - f_2)\| = 0$ は等価になり，$Bf_1 = Bf_2$ と $Af_1 = Af_2$ は等価になる．したがって，

$$VBf = Af$$

によって，$\mathcal{R}(B)$ から $\mathcal{R}(A)$ への作用素 V を定義することができ，$\|VBf\| = \|Bf\|$ が成立する．V は明らかに線形かつ有界である．定理 2.38 より，$\overline{\mathcal{R}(B)}$ は完備な空間であるから，定理 4.18 より，V は $\overline{\mathcal{R}(B)}$ から $\overline{\mathcal{R}(A)}$ への有界線形作用素 $\tilde{V}$ に拡張することができる．よって，任意の $g \in \overline{\mathcal{R}(B)}$ に対して，$g_n \to g$ となる $g_n \in \mathcal{R}(B)$ をとれば，$Vg_n \to \tilde{V}g$ となる．したがって，

$$\|\tilde{V}g\| = \lim_{n\to\infty} \|Vg_n\| = \lim_{n\to\infty} \|g_n\| = \|g\|$$

となり，任意の $g \in \overline{\mathcal{R}(B)}$ に対して $\|\tilde{V}g\| = \|g\|$ となる．そこで，$\overline{\mathcal{R}(B)}$ への正射影作用素を $P_{\overline{\mathcal{R}(B)}}$ とし，任意の $f \in H$ に対して，

$$Uf = \tilde{V}P_{\overline{\mathcal{R}(B)}}f$$

と定義する．明らかに，U は $\overline{\mathcal{R}(B)}$ を始集合とする部分等長作用素になっている．また，任意の $f \in H$ に対して，

$$UBf = \tilde{V}P_{\overline{\mathcal{R}(B)}}Bf = \tilde{V}Bf = VBf = Af$$

となり，$A = UB$ となる．最後に，$\tilde{V}$ は，$\overline{\mathcal{R}(B)}$ を始集合とし $\overline{\mathcal{R}(A)}$ を終集合とする部分等長作用素であるから，

$$U\overline{\mathcal{R}(B)} = \tilde{V}\overline{\mathcal{R}(B)} = \overline{\mathcal{R}(A)}$$

となり，U の終集合は $\overline{\mathcal{R}(A)}$ となる． ■

5.7 部分空間の間の角度

パターン認識の分野などでは，部分空間の間の角度を論じる必要が出てくる．本節では，角度の定義を 2 種類与える．それらを区別するために，2 種類の角度をそれぞれ “部分空間の間の角度” および “部分空間の間のひらき” とよぶことにする．

部分空間の間の角度

H を複素または実ヒルベルト空間とし，S_1, S_2 を H の閉部分空間とする．S_1 と S_2 の間の角度の余弦を，

$$\cos(S_1, S_2) = \sup_{f\in S_1, g\in S_2} \frac{|\langle f, g\rangle|}{\|f\|\|g\|} \tag{5.30}$$

で定義する．なお，式 (5.30) の右辺の $\sup_{f\in S_1, g\in S_2}$ は，本来は $\sup_{f\in S_1, g\in S_2,\ f\neq 0, g\neq 0}$ と記すべきところであるが，$f \neq 0, g \neq 0$ は自明であるので，$\sup_{f\in S_1, g\in S_2}$ と略記す

ることにする．

式 (5.30) を作用素および作用素の固有値を使って表現する．S_1, S_2 への正射影作用素を，それぞれ P_1, P_2 で表す．

定理 5.26　$P_1P_2P_1$ と $P_2P_1P_2$ は同じ固有値をもつ．その最大固有値を λ とすれば，$\cos(S_1, S_2)$ は次のように表される．

$$\cos(S_1, S_2) = \|P_2P_1\| = \|P_1P_2\| = \sqrt{\lambda} \tag{5.31}$$

証明　まず，$\cos(S_1, S_2) = \|P_2P_1\|$ を示す．式 (4.26) より，

$$\begin{aligned}\|P_2P_1\| &= \sup_{f,g\in H} \frac{|\langle P_2P_1f, g\rangle|}{\|f\|\|g\|} \\ &\geq \sup_{f\in S_1, g\in S_2} \frac{|\langle P_2P_1f, g\rangle|}{\|f\|\|g\|} \\ &= \sup_{f\in S_1, g\in S_2} \frac{|\langle f, g\rangle|}{\|f\|\|g\|} \\ &= \cos(S_1, S_2)\end{aligned}$$

となり，

$$\|P_2P_1\| \geq \cos(S_1, S_2) \tag{5.32}$$

となる．一方，式 (4.26) と $\|P_1f\| \leq \|f\|$，$\|P_2g\| \leq \|g\|$ より，

$$\begin{aligned}\|P_2P_1\| &= \sup_{f,g\in H} \frac{|\langle P_2P_1f, g\rangle|}{\|f\|\|g\|} \\ &= \sup_{f,g\in H} \frac{|\langle P_1f, P_2g\rangle|}{\|f\|\|g\|} \\ &= \sup_{f,g\in H,\ P_1f\neq 0,\ P_2g\neq 0} \frac{|\langle P_1f, P_2g\rangle|}{\|f\|\|g\|} \\ &\leq \sup_{f,g\in H,\ P_1f\neq 0,\ P_2g\neq 0} \frac{|\langle P_1f, P_2g\rangle|}{\|P_1f\|\|P_2g\|} \\ &= \sup_{f\in S_1, g\in S_2} \frac{|\langle f, g\rangle|}{\|f\|\|g\|} \\ &= \cos(S_1, S_2)\end{aligned}$$

となり，

$$\|P_2P_1\| \leq \cos(S_1, S_2) \tag{5.33}$$

となる．式 (5.32)，(5.33) より，$\cos(S_1, S_2) = \|P_2P_1\|$ が成立する．

次に $\|P_2P_1\| = \|P_1P_2\|$ を示す．定理 4.45 より $\|A^*\| = \|A\|$ であるから，

$$\|P_2P_1\| = \|(P_2P_1)^*\| = \|P_1^*P_2^*\| = \|P_1P_2\|$$

となり，$\|P_2P_1\| = \|P_1P_2\|$ となる．

最後に，$P_1P_2P_1$ と $P_2P_1P_2$ が同じ固有値をもつこと，および，$\|P_1P_2\| = \sqrt{\lambda}$ を示す．$P_1P_2 = 0$ の場合は明らかであるから，$P_1P_2 \neq 0$ の場合について証明する．

$A = P_1P_2$ とおけば，

$$AA^* = (P_1P_2)(P_1P_2)^* = P_1P_2P_1 \tag{5.34}$$

$$A^*A = (P_1P_2)^*(P_1P_2) = P_2P_1P_2 \tag{5.35}$$

となる．AA^*，A^*A はともに，半正値自己共役作用素である．$AA^* = P_1P_2P_1$ の非零固有値，および対応する固有元をそれぞれ μ, φ とすれば，

$$AA^*\varphi = \mu\varphi \tag{5.36}$$

となる．そこで，

$$\psi = \frac{1}{\sqrt{\mu}}A^*\varphi$$

とおけば，

$$A^*A\psi = \frac{1}{\sqrt{\mu}}A^*AA^*\varphi = \mu\frac{1}{\sqrt{\mu}}A^*\varphi = \mu\psi$$

となり，

$$A^*A\psi = \mu\psi \tag{5.37}$$

となる．よって，μ は同時に $A^*A = P_2P_1P_2$ の固有値になる．同様にして，$A^*A = P_2P_1P_2$ の固有値はすべて，$AA^* = P_1P_2P_1$ の固有値になる．したがって，$P_2P_1P_2$ と $P_1P_2P_1$ の固有値は一致する．一方，式 (4.25) の証明からわかるように，この証明は，$N = \infty$ の一般の有界線形作用素に対しても成立する．よって，$A = P_1P_2$ と $AA^* = P_1P_2P_1$ より，$\|P_1P_2\| = \sqrt{\lambda}$ が成立する． ■

□系 5.27 $\cos(S_1, S_2) = 0$ となるための必要十分条件は，$S_1 \perp S_2$ となることである．

証明 定理 5.26 より，$\cos(S_1, S_2) = 0$ となるための必要十分条件は $P_1P_2 = 0$ である．さらに定理 5.13 より，$P_1P_2 = 0$ と $S_1 \perp S_2$ は同値であるから，系 5.27 が成立する． ■

□系 5.28 $\cos(S_1, S_2) = 1$ となるための必要十分条件は，S_1 と S_2 が零以外の共通部分をもつことである．

証明 $\cos(S_1, S_2) = 1$ と仮定する．$P_1P_2P_1$ の最大固有値 λ に対応する固有元を $\varphi(\neq 0)$ で表せば，$\cos(S_1, S_2) = 1$ と定理 5.26 より $\lambda = 1$ となり，

$$P_1P_2P_1\varphi = \varphi$$

となる．よって，$\varphi \in S_1$ となる．さらに，$\varphi = P_1P_2P_1\varphi = P_1P_2\varphi$ となる．したがって，

$$\|\varphi\| = \|P_1P_2\varphi\| \leq \|P_2\varphi\| \leq \|\varphi\|$$

となり，$\|P_2\varphi\| = \|\varphi\|$ となる．よって，系 5.7 より $\varphi \in S_2$ となる．すなわち，$\varphi \in S_1 \cap S_2$ となり，S_1 と S_2 は零元以外の共通部分をもつ．

逆を示す．$S_1 \cap S_2$ の中の任意に固定した零でない元を f で表せば，$f \in S_1 \cap S_2$ より，$P_1 f = f$，$P_2 f = f$ であるから，

$$\|P_2 P_1\| = \sup_{g \in H,\ g \neq 0} \frac{\|P_2 P_1 g\|}{\|g\|} \geq \frac{\|P_2 P_1 f\|}{\|f\|} = \frac{\|P_2 f\|}{\|f\|} = \frac{\|f\|}{\|f\|} = 1$$

となり，$\|P_2 P_1\| \geq 1$ となる．一方，$\|P_2 P_1\| \leq \|P_2\| \|P_1\| \leq 1$ より $\|P_2 P_1\| \leq 1$ となるから，$\|P_2 P_1\| = 1$ となる．よって，定理 5.26 より $\cos(S_1, S_2) = 1$ となる．■

系 5.28 より，ただちに次の系を得る．

□**系 5.29**　$\cos(S_1, S_2) < 1$ となるための必要十分条件は $S_1 \cap S_2 = \{0\}$ となることである．

□**系 5.30**　$S = S_1 \cap S_2$ への正射影作用素を P_S とすれば，

$$\cos(S_1 \ominus S, S_2 \ominus S) = \cos(S_1 \ominus S, S_2) \tag{5.38}$$

$$= \cos(S_1, S_2 \ominus S) \tag{5.39}$$

$$= \|P_1 P_2 - P_S\| \tag{5.40}$$

$$= \|P_2 P_1 - P_S\| \tag{5.41}$$

となる．

証明　定理 5.16 より，$S_1 \ominus S$, $S_2 \ominus S$ への正射影作用素は，それぞれ $P_1 - P_S$，$P_2 - P_S$ である．そして，定理 5.15 より $P_1 P_S = P_S$，$P_S P_2 = P_S$ であるから，

$$\begin{aligned}(P_1 - P_S)(P_2 - P_S) &= P_1 P_2 - P_1 P_S - P_S P_2 + P_S^2 \\ &= P_1 P_2 - P_S - P_S + P_S \\ &= P_1 P_2 - P_S\end{aligned}$$

となり，

$$(P_1 - P_S)(P_2 - P_S) = P_1 P_2 - P_S$$

となる．よって，定理 5.26 より，

$$\cos(S_1 \ominus S, S_2 \ominus S) = \|P_1 P_2 - P_S\|$$

となる．

同様にして，

$$(P_1 - P_S) P_2 = P_1 P_2 - P_S P_2 = P_1 P_2 - P_S$$

$$P_1 (P_2 - P_S) = P_1 P_2 - P_1 P_S = P_1 P_2 - P_S$$

と定理 5.26 より，

$$\cos(S_1 \ominus S, S_2) = \|P_1 P_2 - P_S\|$$

$$\cos(S_1, S_2 \ominus S) = \|P_1P_2 - P_S\|$$

となる．最後に，

$$\|P_1P_2 - P_S\| = \|(P_1P_2 - P_S)^*\| = \|P_2P_1 - P_S\|$$

より，$\|P_1P_2 - P_S\| = \|P_2P_1 - P_S\|$ となり，証明が完結する． ■

系 5.30 において，

$$\cos(S_1 \ominus S, S_2 \ominus S) = \cos(S_1 \ominus S, S_2) = \cos(S_1, S_2 \ominus S)$$

は直感と合う自然な関係である．しかし，S_1 と S_2 が零以外の共通部分をもつとき，定理 5.26 と系 5.30 より，

$$\cos(S_1, S_2) \neq \cos(S_1 \ominus S, S_2 \ominus S) \tag{5.42}$$

となるので，必ずしも直感とは合わない関係になっている．

部分空間の間のひらき

部分空間の間の角度に関連した概念に，“部分空間の間のひらき”がある．部分空間 S_1，S_2 の間のひらき $\theta(S_1, S_2)$ は，

$$\theta(S_1, S_2) = \|P_1 - P_2\| = \|P_2 - P_1\| \tag{5.43}$$

で定義される．

定理 5.31 次の関係が成立する．

$$0 \leq \theta(S_1, S_2) \leq 1$$

証明

$$P_1 - P_2 = P_1(I - P_2) - (I - P_1)P_2 \tag{5.44}$$

であり，任意の $f \in H$ に対して，

$$\langle P_1(I - P_2)f, (I - P_1)P_2f \rangle = 0$$

である．よって，

$$\begin{aligned}\|(P_1 - P_2)f\|^2 &= \|P_1(I - P_2)f\|^2 + \|(I - P_1)P_2f\|^2 \\ &\leq \|(I - P_2)f\|^2 + \|P_2f\|^2 \\ &= \|f\|^2\end{aligned}$$

となり，

$$\|(P_1 - P_2)f\| \leq \|f\|$$

となる．したがって，$0 \leq \theta(S_1, S_2) \leq 1$ となる． ■

式 (5.43) の幾何学的意味を知るためには，次の定理をみればよい．

定理 5.32　次の関係が成立する．

$$\theta(S_1, S_2) = \max\left\{\sup_{g\in S_2}\frac{\|(I-P_1)g\|}{\|g\|},\ \sup_{f\in S_1}\frac{\|(I-P_2)f\|}{\|f\|}\right\} \tag{5.45}$$

証明

$$\rho_1 = \sup_{g\in S_2}\frac{\|(I-P_1)g\|}{\|g\|}, \qquad \rho_2 = \sup_{f\in S_1}\frac{\|(I-P_2)f\|}{\|f\|} \tag{5.46}$$

とおく．任意の $g \in S_2$ に対して，$P_2 g = g$，$(I-P_2)g = 0$ であるから，式 (5.43)，(5.44) より，

$$\begin{aligned}
\theta(S_1, S_2) &= \|P_1 - P_2\| \\
&= \sup_{h\in H}\frac{\|(P_1-P_2)h\|}{\|h\|} \\
&= \sup_{h\in H}\frac{\sqrt{\|P_1(I-P_2)h\|^2 + \|(I-P_1)P_2 h\|^2}}{\|h\|} \\
&\geq \sup_{g\in S_2}\frac{\sqrt{\|P_1(I-P_2)g\|^2 + \|(I-P_1)P_2 g\|^2}}{\|g\|} \\
&= \sup_{g\in S_2}\frac{\|(I-P_1)g\|}{\|g\|} \\
&= \rho_1
\end{aligned}$$

となり，

$$\theta(S_1, S_2) \geq \rho_1$$

となる．また，

$$P_1 - P_2 = (I-P_2)P_1 - P_2(I-P_1) \tag{5.47}$$

に対して同様にすれば，$\theta(S_1, S_2) \geq \rho_2$ となるから，

$$\theta(S_1, S_2) \geq \max\{\rho_1, \rho_2\} \tag{5.48}$$

となる．逆向きの不等式を証明する．式 (5.46) より，任意の $f \in S_1$ $(f \neq 0)$ に対して，

$$\frac{\|(I-P_2)f\|}{\|f\|} \leq \rho_2$$

となり，任意の $h \in H$ に対して，

$$\|(I-P_2)P_1 h\| \leq \rho_2\|P_1 h\| \tag{5.49}$$

となる．同様にして，任意の $h \in H$ に対して，

$$\|(I-P_1)P_2 h\| \leq \rho_1\|P_2 h\|$$

となる．さらに，この式より，

$$\begin{aligned}
\|P_2(I-P_1)h\|^2 &= \langle P_2(I-P_1)h, P_2(I-P_1)h\rangle \\
&= \langle P_2(I-P_1)h, (I-P_1)h\rangle
\end{aligned}$$

$$
\begin{aligned}
&= \langle (I-P_1)P_2(I-P_1)h, (I-P_1)h \rangle \\
&\leq \|(I-P_1)P_2(I-P_1)h\| \|(I-P_1)h\| \\
&\leq \rho_1 \|P_2(I-P_1)h\| \|(I-P_1)h\|
\end{aligned}
$$

となり,

$$
\|P_2(I-P_1)h\| \leq \rho_1 \|(I-P_1)h\| \tag{5.50}
$$

となる. したがって, 式 (5.47), (5.49), (5.50) より, 任意の $h \in H$ に対して,

$$
\begin{aligned}
\|(P_1-P_2)h\|^2 &= \|(I-P_2)P_1h\|^2 + \|P_2(I-P_1)h\|^2 \\
&\leq \rho_2^2 \|P_1h\|^2 + \rho_1^2 \|(I-P_1)h\|^2 \\
&\leq \max\{\rho_1^2, \rho_2^2\} \left(\|P_1h\|^2 + \|(I-P_1)h\|^2 \right) \\
&= \max\{\rho_1^2, \rho_2^2\} \|h\|^2
\end{aligned}
$$

となり,

$$
\frac{\|(P_1-P_2)h\|}{\|h\|} \leq \max\{\rho_1, \rho_2\}
$$

となる. よって,

$$
\theta(S_1, S_2) \leq \max\{\rho_1, \rho_2\} \tag{5.51}
$$

となる. 式 (5.48), (5.51) より, 式 (5.45) が成立する. ■

式 (5.45) において, $\|(I-P_1)g\|$ は g と S_1 との距離 $\mathrm{d}(g, S_1)$ を表している. すなわち,

$$
\mathrm{d}(g, S_1) = \|(I-P_1)g\|
$$

となる. よって, 式 (5.45) は次のように表現できる.

□系 5.33 次の関係が成立する.

$$
\theta(S_1, S_2) = \max\left\{ \sup_{g \in S_2, \|g\|=1} \mathrm{d}(g, S_1), \sup_{f \in S_1, \|f\|=1} \mathrm{d}(f, S_2) \right\} \tag{5.52}
$$

式 (5.52) の重要性は, 部分空間の間の角度をヒルベルト空間からバナッハ空間に拡張できることである.

□系 5.34 次の関係が成立する.

$$
\theta(S_1^\perp, S_2^\perp) = \theta(S_1, S_2) \tag{5.53}
$$

証明

$$
P_1 - P_2 = (I-P_2) - (I-P_1)
$$

と式 (5.43) より明らかである. ■

□**系 5.35** $S = S_1 \cap S_2$ のとき，次の関係が成立する．

$$\theta(S_1 \ominus S, S_2 \ominus S) = \theta(S_1, S_2) \tag{5.54}$$

$$\theta(S_1 \ominus S, S_2) = \|P_1 - P_2 - P_S\| \tag{5.55}$$

$$\theta(S_1, S_2 \ominus S) = \|P_1 - P_2 + P_S\| \tag{5.56}$$

証明 定理 5.16 より $P_{S_1 \ominus S} = P_1 - P_S$ であるから，式 (5.43) より明らかである． ■

式 (5.54) は式 (5.42) よりも自然な関係になっている．一方，式 (5.55)，(5.56) よりも，系 5.30 のほうが，より自然な関係になっている．

式 (5.43) よりただちに，次の関係を得る．

□**系 5.36** $\theta(S_1, S_2) = 0$ となるための必要十分条件は $S_1 = S_2$ となることである．

□**系 5.37** $S_1 \cap S_2^\perp \neq \{0\}$ または $S_1^\perp \cap S_2 \neq \{0\}$ ならば，$\theta(S_1, S_2) = 1$ となる．

証明 $f \in S_1 \cap S_2^\perp$，$f \neq 0$ とすれば，$P_1 f = f$，$P_2 f = 0$ であるから，

$$(P_1 - P_2)f = P_1 f - P_2 f = f$$

となり，$\|P_1 - P_2\| = 1$ となる．同様にして，$f \in S_1^\perp \cap S_2$，$f \neq 0$ とすれば，$(P_1 - P_2)f = -f$ となり，$\|P_1 - P_2\| = 1$ となる． ■

この系から次のことがわかる．二つの部分空間の中の片方が，他方の部分空間と直交する非零元を含んでいれば，これらの部分空間の間のひらきは必ず 1 になる．

定理 5.38 $\theta(S_1, S_2) < 1$ ならば，

$$\dim S_1 = \dim S_2$$

となる．

証明 不等式

$$\dim S_1 < \dim S_2$$

が成立したと仮定する．

$$S = P_2 S_1$$

とおく．S の次元は S_1 の次元を超えることはないので，S_2 の次元よりは小さくなっている．したがって，$S_2 \ominus S$ は非零元を含む．すなわち，S_2 の中に S と直交する非零元が存在する．それを f で表す．S_1 の任意の元を g とすれば，$P_2 g \in S$ であるから，

$$\langle f, g \rangle = \langle P_2 f, g \rangle = \langle f, P_2 g \rangle = 0$$

となり，$f \perp S_1$ となる．よって，系 5.37 より $\theta(S_1, S_2) = 1$ となり，$\theta(S_1, S_2) < 1$ と矛盾する．$\dim S_1 > \dim S_2$ と仮定しても同様の議論ができるので，$\dim S_1 = \dim S_2$ となる． ■

定理 5.38 の逆は必ずしも成立しない．たとえば，$S = S_1 \cap S_2 \neq \{0\}$ かつ $S_1 \ominus S \perp S_2 \ominus S$ のとき，系 5.37 より，$\dim S_1 = \dim S_2$ であっても，$\theta(S_1, S_2) = 1$ となる．

問　題

S_1, S_2 を H の閉部分空間とし，これらの空間への正射影作用素を P_1, P_2 で表す．このとき，次の問いに答えよ．

1. S, L をヒルベルト空間 H の互いに補な閉部分空間とする．斜射影作用素に関して，次の命題を証明せよ．

(i) 次の 2 条件は互いに同値である．

(a) $P_{S,L}A = A$　　(b) $\mathcal{R}(A) \subseteq S$

(ii) 次の 2 条件は互いに同値である．

(a) $AP_{S,L} = A$　　(b) $\mathcal{N}(A) \supseteq L$

(iii) 部分空間 L の二つの補空間を S, T とすれば，次の関係が成立する．

$$P_{S,L}P_{T,L} = P_{S,L}$$

2. P を複素ヒルベルト空間 H の有界線形作用素とする．H の任意の元 f に対して $\langle Pf, f - Pf\rangle = 0$ ならば，P が正射影作用素になることを示せ．また，H が実ヒルベルト空間の場合には必ずしもこの命題が成立しないことを示せ．

3. 次の各命題が互いに同値であることを示せ．

(i) $S_1 \supseteq S_2$　　(ii) $\|P_1 f\| \geq \|P_2 f\| \quad : f \in H$　　(iii) $P_1 \geq P_2$

4. $P = P_1 + P_2 - P_1P_2$ が正射影作用素になるための必要十分条件は，$S = S_1 \cap S_2$ とおくとき，$S_1 \ominus S \perp S_2 \ominus S$ が成立することであり，このとき，$\mathcal{R}(P) = S_1 + S_2$ となることを示せ．

5. 次の関係が成立することを示せ．

$$S_1 + S_2^{\perp} = P_2 S_1 \oplus S_2^{\perp}$$

6. S をヒルベルト空間 H の閉部分空間とし，A を H 上の値域が閉じている自己共役有界線形作用素とする．$AS \subseteq S \subseteq \mathcal{R}(A)$ ならば $AS = S$ となることを示せ．

7. 部分等長作用素の全体が一様位相のもとで閉集合になることを示せ．

8. 零でない部分等長作用素は，その始集合に属する 2 元の間の角度を保存することを示せ．

9. 次の関係を示せ．

$$\|P_2 P_1\| = \sup_{f \in S_1} \frac{\|P_2 f\|}{\|f\|}$$

10. 任意に固定した $f \in S_1$ $(f \neq 0)$ に対して，次の関係を示せ．

$$\sup_{g \in S_2} \frac{|\langle f, g\rangle|}{\|f\|\|g\|} = \frac{\|P_2 f\|}{\|f\|}$$

第6章　完全連続作用素

6.1　完全連続作用素

有界線形作用素は重要な概念であるが，これではまだ広すぎる場合がある．有界線形作用素の特別な場合である完全連続作用素というものに限ることにより，多くの有用な結果を得ることができる．

有界線形作用素は有界集合を有界集合に変換する．これに対して，有界集合をコンパクト集合に変換する線形作用素を**完全連続作用素** (completely continuous operator)，または，**コンパクト作用素** (compact operator) という．

定理 6.1　完全連続作用素は有界である．

証明　完全連続作用素 A が有界でないと仮定すれば，$\|f_n\| = 1$, $\|Af_n\| > n$ となる点列 f_n が存在する．このとき，A は有界集合 $\{f_n\}_{n=1}^{\infty}$ を $\{Af_n\}_{n=1}^{\infty}$ に変換したことになる．しかし，$\{Af_n\}_{n=1}^{\infty}$ は有界集合ではないので，コンパクト集合にはならない．これは A の完全連続性に矛盾する．■

しかし，次に示すように，逆は必ずしも成立しない．

例 6.2　無限次元ノルム空間 X 上の恒等作用素は，有界であるが完全連続ではない．

証明　恒等作用素は単位球をそれ自身に変換する．しかし，定理 2.53 に示したように，無限次元ノルム空間における単位球はコンパクトではない．よって，恒等作用素は完全連続にならない．■

値域が有限次元になる作用素を，**有限次元作用素**という．

定理 6.3　有界線形作用素 A が有限次元作用素ならば，完全連続である．

証明　有界線形作用素は有界集合を有界集合に変換する．しかも，定理 2.51 より，有限次元ノルム空間の有界集合はコンパクトであるから，A は完全連続になる．■

定理 6.4　$A \in \mathcal{B}(X, Y)$ が完全連続作用素ならば，AB，BA が意味をもつような任意の有界線形作用素 B に対して，AB および BA も完全連続作用素になる．

証明　$\{f_n\}_{n=1}^{\infty}$ を X の有界な点列とする．A が完全連続であるから，$\{Af_n\}_{n=1}^{\infty}$ の部分列 $\{Af_{n_k}\}_{k=1}^{\infty}$ が収束するような $\{f_n\}_{n=1}^{\infty}$ の部分列 $\{f_{n_k}\}_{k=1}^{\infty}$ が存在する．B の有界性によって，$\{BAf_{n_k}\}_{k=1}^{\infty}$ も収束する．したがって，BA は完全連続作用素になる．また，$\{Bf_n\}_{n=1}^{\infty}$ は有界な点列であるから，同様にして，$\{ABf_n\}_{n=1}^{\infty}$ は収束する部分列を含む．よって，AB も完全連続作用素になる．■

定理 6.4 の証明と同様にして，次の結果を得る．

定理 6.5　A, B が完全連続作用素ならば，任意の複素数 a, b に対して $aA + bB$ も完全連続作用素である．

$Y = X$ の場合を考える．X から X への完全連続作用素の全体を $\mathcal{B}_{cc}(X)$ と表す．定理 6.4，定理 6.5 より，$\mathcal{B}_{cc}(X)$ が有界線形作用素の空間 $\mathcal{B}(X)$ の（両側）**イデアル**になることがわかる [§1]．

□**系 6.6**　完全連続作用素 $A \in \mathcal{B}_{cc}(X, Y)$ は，Y が無限次元のとき，有界な逆をもたない．

証明　A が有界な逆 A^{-1} をもったとすれば，$AA^{-1} = I$ となる．A^{-1} が有界ならば定理 6.4 より I も完全連続になる．これは，例 6.2 に示したように，I が完全連続でないことに矛盾する．■

定理 6.7　完全連続作用素の列 $\{A_n\}_{n=1}^{\infty}$ が A に一様収束すれば，A も完全連続である．

証明　$\|f\| \leq a$ で定義される球を S で表し，$\varepsilon_n = \|A - A_n\|a$ とおく．$f \in S$ に対して，

$$\|(A - A_n)f\| \leq \|A - A_n\|a = \varepsilon_n$$

となる．したがって，コンパクト集合 A_nS は集合 AS の ε_n 網になる．$n \to \infty$ のとき $\varepsilon_n \to 0$ であるから，系 2.56 より，AS はコンパクトになり，A は完全連続になる．■

定理 6.7 の応用を示す．

---

§1　環 R の加法に関する部分群を S で表す．S の任意の元 a と R の任意の元 x に対して $xa \in S$ が成立するとき，S を R の左イデアルという．同様に，$ax \in S$ が成立するとき，S を右イデアルという．左イデアルかつ右イデアルのとき，両側イデアル，あるいは単にイデアルという．

例 6.8 $\sum_{m,n=1}^{\infty}|a_{m,n}|^2 < \infty$ ならば,

$$y_m = \sum_{n=1}^{\infty} a_{m,n}x_n \qquad : m = 1, 2, \cdots \tag{6.1}$$

によって定義される空間 l^2 上の作用素 A は完全連続である．実際，ベクトル $f = (x_1, x_2, \cdots)^{\mathrm{T}}$ を式 (6.1) の y_m を用いて，ベクトル $g_n = (y_1, y_2, \cdots, y_n, 0, 0, \cdots)^{\mathrm{T}}$ に変換する作用素を A_n で表す．A_n は有限次元作用素であるから，定理 6.3 より完全連続になる．一方,

$$\begin{aligned}\|(A - A_n)f\|^2 &= \sum_{m=n+1}^{\infty} |y_m|^2 \\ &= \sum_{m=n+1}^{\infty} \left|\sum_{k=1}^{\infty} a_{m,k}x_k\right|^2 \\ &\leq \sum_{m=n+1}^{\infty} \sum_{k=1}^{\infty} |a_{m,k}|^2 \sum_{k=1}^{\infty} |x_k|^2\end{aligned}$$

であるから，$n \to \infty$ のとき,

$$\|A - A_n\|^2 \leq \sum_{m=n+1}^{\infty} \sum_{k=1}^{\infty} |a_{m,k}|^2 \to 0$$

となる．よって，定理 6.7 より A は完全連続になる．

□**補題 6.9** ヒルベルト空間 H 上の線形作用素 A に対して，A^*A が完全連続ならば A も完全連続である．

証明 $\{f_n\}_{n=1}^{\infty}$ を有界な元の列とする．すなわち，$\|f_n\| \leq M$ とする．定理の仮定により $\{A^*Af_n\}$ はコンパクトであるから，収束する部分列 $\{A^*Af_{n_k}\}$ が存在する．定理を証明するためには，$\{Af_{n_k}\}$ が収束する部分列であることを示せばよい．ところで,

$$\begin{aligned}\|Af_{n_k} - Af_{n_l}\|^2 &= \langle A^*A(f_{n_k} - f_{n_l}), f_{n_k} - f_{n_l}\rangle \\ &\leq \|A^*Af_{n_k} - A^*Af_{n_l}\|\|f_{n_k} - f_{n_l}\| \\ &\leq 2M\|A^*Af_{n_k} - A^*Af_{n_l}\|\end{aligned}$$

となる．$\{A^*Af_{n_k}\}$ は収束するので，$n_k, n_l \to \infty$ のとき右辺は 0 になる．よって，$\|Af_{n_k} - Af_{n_l}\|$ も 0 になる． ■

定理 6.10 $A \in \mathcal{B}(H_1, H_2)$ が完全連続ならば，その共役作用素 A^* も完全連続である．

証明 A^* は有界線形作用素であるから，A が完全連続ならば，定理 6.4 より $AA^* = (A^*)^*A^*$ も完全連続である．よって，補題 6.9 より，A^* も完全連続になる． ■

例 6.11　積分変換

$$g(x) = (Af)(x) = \int_a^b k(x,y)f(y)\,dy \qquad : x \in [c,d] \tag{6.2}$$

は，積分核 $k(x,y)$ が x に関しても y に関しても連続ならば，$C[a,b]$ から $C[c,d]$ への完全連続作用素である．

証明　例 4.9 で示したように，A は $C[a,b]$ から $C[c,d]$ への有界線形作用素になっている．有界集合 $\{f\}$ の A による像を S で表す．S がコンパクトになることを示せばよい．そのためには，定理 2.57 のアスコリ・アルツェラの定理より，S の関数が一様に有界かつ同程度に連続であることを示せばよい．

まず一様有界性は，式 (4.8) から明らかである．同程度連続性を示す．任意の $x_1, x_2 \in [c,d]$ に対して，

$$g(x_2) - g(x_1) = \int_a^b \big(k(x_2,y) - k(x_1,y)\big) f(y)\,dy$$

より，

$$\begin{aligned} |g(x_2) - g(x_1)| &\le \int_a^b |k(x_2,y) - k(x_1,y)|\,|f(y)|\,dy \\ &\le (b-a)\|f\| \max_{a \le y \le b} |k(x_2,y) - k(x_1,y)| \end{aligned}$$

となる．$k(x,y)$ は $[a,b] \times [c,d]$ で連続であるから一様連続であり，右辺の最後の因子は $|x_2 - x_1|$ が十分小さければ，x_1, x_2 がどこにあっても，一様に小さくなる．しかも，$\{f\}$ は有界集合であったから，$\|f\|$ の大きさも限られている．よって，S の関数は同程度に連続である．■

6.2　作用素の極分解

作用素に対して，複素数 z の極表示 $z = re^{i\theta}$ に対応する表現を求める．任意の作用素 A に対して，A^*A は半正値自己共役であるから，その半正値平方根が一意に定まる．それを，次のように $[A]$ で表す．

$$[A] = (A^*A)^{1/2}$$

定理 6.12　任意の有界線形作用素 A は，半正値作用素 $[A]$ と，$\overline{\mathcal{R}([A])}$ を始集合とし $\overline{\mathcal{R}(A)}$ を終集合とする部分等長作用素 W を使って，

$$A = W[A] \tag{6.3}$$

と一意に分解できる．

証明　$[A]^*[A] = [A]^2 = A^*A$ となる．したがって，定理 5.25 より，上の定理が成立する．■

式 (6.3) を A の**極分解** (polar decomposition) または**標準分解** (canonical decomposition) という．

□**系 6.13** 式 (6.3) の極分解に対して，次の関係が成立する．

(i) $[A] = W^*A$

(ii) $A^* = W^*[A^*]$

(iii) $[A^*] = W[A]W^*$

証明 (i) を示す．W は部分等長作用素であるから，定理 5.22 と系 5.23 より，

$$W^*W = P_{\mathcal{R}(W^*)} = P_{\overline{\mathcal{R}([A])}} \tag{6.4}$$

となる．よって，式 (6.3) より，

$$[A] = P_{\overline{\mathcal{R}([A])}}[A] = (W^*W)[A] = W^*(W[A]) = W^*A$$

となり，(i) が成立する．他も同様に証明できるので，章末の問題に譲る． ■

□**系 6.14** 極分解 (6.3) に対して，A が完全連続になるための必要十分条件は，$[A]$ が完全連続になることである．

証明 定理 6.4，系 6.13 の (i)，および式 (6.3) より明らかである． ■

6.3 ノイマン・シャッテン積

実ベクトル f, g に対して，$f^{\mathrm{T}}g$ は内積とよばれ，結果はスカラーになる．一方，fg^{T} は外積とよばれ，結果は行列になる．内積の概念は一般のヒルベルト空間に自然に拡張されたが，外積の概念をヒルベルト空間に拡張するためには，次のようにすればよい．

f をヒルベルト空間 H_1 の元とし，g をヒルベルト空間 H_2 の元とする．任意の $h \in H_2$ に対して，

$$(f \otimes \overline{g})h = \langle h, g \rangle f \tag{6.5}$$

で定義される作用素 $f \otimes \overline{g}$ を，f と g の**ノイマン・シャッテン積** (von Neumann-Schatten product)，あるいは略して**シャッテン積** (Schatten product) という．$f \otimes \overline{g}$ の $\overline{g}$ は，g の複素共役ではなく，ノイマン・シャッテン積の記号の一部である．

ノイマン・シャッテン積の定義より，ただちに次の定理を得る．この定理の (viii) からわかるように，$f \otimes \overline{g}$ は H_2 から H_1 への有界線形作用素である．

定理 6.15 ノイマン・シャッテン積は次の性質をもつ．

(i) $a(f \otimes \overline{g}) = (af) \otimes \overline{g} = f \otimes \overline{(\overline{a}g)}$

(ii) $(f_1 + f_2) \otimes \overline{g} = f_1 \otimes \overline{g} + f_2 \otimes \overline{g}$

(iii) $f \otimes \overline{(g_1 + g_2)} = f \otimes \overline{g_1} + f \otimes \overline{g_2}$

(iv) $A(f \otimes \overline{g}) = (Af) \otimes \overline{g}$

(v) $(f \otimes \overline{g})A = f \otimes \overline{(A^* g)}$

(vi) $(f \otimes \overline{g})(u \otimes \overline{v}) = \langle u, g \rangle (f \otimes \overline{v})$

(vii) $(f \otimes \overline{g})^* = g \otimes \overline{f}$

(viii) $\|f \otimes \overline{g}\| = \|f\|\|g\|$

証明　(vii) を示す．任意の $u \in H_2$，$v \in H_1$ に対して，

$$\langle (f \otimes \overline{g})u, v \rangle = \langle u, g \rangle \langle f, v \rangle = \langle u, \langle v, f \rangle g \rangle = \langle u, (g \otimes \overline{f})v \rangle$$

となり，(vii) が成立する．

(viii) を示す．$h \in H_2$ とする．第3章の問題3の結果を考慮すれば，

$$\begin{aligned}\|f \otimes \overline{g}\| &= \sup_{\|h\|=1} \|(f \otimes \overline{g})h\| = \sup_{\|h\|=1} \|\langle h, g \rangle f\| \\ &= \|f\| \sup_{\|h\|=1} |\langle h, g \rangle| = \|f\|\|g\|\end{aligned}$$

となり，(viii) が成立する．他も同様に証明できる．■

ノイマン・シャッテン積の有限和を，

$$A_m = \sum_{n=1}^{m} \lambda_n \varphi_n \otimes \overline{\psi_n} \tag{6.6}$$

と表す．A_m は有界線形作用素になり，$\mathcal{R}(A_m)$ は $\{\varphi_n\}_{n=1}^m$ で張られる高々 m 次元の空間になる．

これを無限和に拡張する場合には，収束性に関して注意を要する．式 (6.6) が $m \to \infty$ に対して強収束するとき，それを形式的に，

$$A = \sum_{n=1}^{\infty} \lambda_n \varphi_n \otimes \overline{\psi_n} \tag{6.7}$$

と表すことにする．

定理 6.16　$\{\varphi_n\}_{n=1}^\infty$，$\{\psi_n\}_{n=1}^\infty$ をヒルベルト空間 H の正規直交系とし，$\{\lambda_n\}_{n=1}^\infty$ を複素数の列とする．式 (6.7) が強収束の意味で成立するための必要十分条件は，$\{\lambda_n\}_{n=1}^\infty$ が有界になることである．そしてこのとき，

$$\|A\| = \sup_n |\lambda_n| \tag{6.8}$$

となる．

証明 $\{\lambda_n\}_{n=1}^{\infty}$ が有界であると仮定する．任意の $f \in H$ と，自然数 m, n $(m > n)$ に対して，式 (6.6) より，

$$\|A_m f - A_n f\|^2 = \sum_{k=n+1}^{m} |\lambda_k|^2 |\langle f, \psi_k \rangle|^2 \le \sup_n |\lambda_n|^2 \sum_{k=n+1}^{m} |\langle f, \psi_k \rangle|^2$$

となる．ベッセルの不等式より，$\sum_{k=1}^{\infty} |\langle f, \psi_k \rangle|^2$ は収束するので，m, n を十分大きくとれば，$\sum_{k=n+1}^{m} |\langle f, \psi_k \rangle|^2$ はいくらでも小さくすることができる．よって，$\{A_n f\}$ は H のコーシー列になる．H は完備であるから，その極限が存在する．それを Af で表せば，A は線形作用素になる．さらに，ベッセルの不等式より，

$$\begin{aligned}\|Af\|^2 &= \left\| \sum_{n=1}^{\infty} \lambda_n \langle f, \psi_n \rangle \varphi_n \right\|^2 \\ &= \sum_{n=1}^{\infty} |\lambda_n|^2 |\langle f, \psi_n \rangle|^2 \\ &\le \sup_n |\lambda_n|^2 \|f\|^2\end{aligned}$$

となるので，A は有界になり，

$$\|A\| \le \sup_n |\lambda_n|$$

となる．一方，$\|A\psi_n\| = |\lambda_n|$ であるから，$\|A\| = \sup_n |\lambda_n|$ となる．

逆を示す．式 (6.6) が A に強収束している場合を考える．$\{\lambda_n\}_{n=1}^{\infty}$ が有界でないと仮定する．そうすれば，各自然数 n に対して，$|\lambda_{k_n}| \ge n$ となる列 $\{\lambda_{k_n}\}_{n=1}^{\infty}$ を抽出することができる．このとき，

$$B_m = \sum_{n=1}^{m} \lambda_{k_n} \varphi_{k_n} \otimes \overline{\psi_{k_n}}$$

も強収束し，$\{\|B_m\|\}_{m=1}^{\infty}$ は有界になる．一方，

$$\|B_m\| = \max_{1 \le n \le m} |\lambda_{k_n}|$$

より，各自然数 m に対して，

$$\|B_m\| \ge |\lambda_{k_m}| \ge m$$

となる．これは $\{\|B_m\|\}_{m=1}^{\infty}$ の有界性と矛盾する．よって，$\{\lambda_n\}_{n=1}^{\infty}$ は有界である． ■

6.4 完全連続作用素の固有値問題

完全連続作用素の固有値問題を論じる．まずはその準備から始める．

□ **補題 6.17** A を H 上の完全連続作用素とし，$\{u_n\}_{n=0}^{\infty}$ を H の正規直交系とする．

$$Au_k = \sum_{n=0}^{k} a_{kn} u_n \qquad : k = 1, 2, 3, \cdots$$

ならば，

$$\lim_{k\to\infty} a_{kk} = 0$$

となる．

証明　$n > m$ とすれば，

$$\begin{aligned}\|Au_n - Au_m\|^2 &= \|a_{nn}u_n + \cdots + a_{n,m+1}u_{m+1} + (a_{nm} - a_{mm})u_m + \cdots + (a_{n0} - a_{m0})u_0\|^2 \\ &= |a_{nn}|^2 + \cdots + |a_{n,m+1}|^2 + |a_{nm} - a_{mm}|^2 + \cdots + |a_{n0} - a_{m0}|^2 \\ &\geq |a_{nn}|^2\end{aligned}$$

となる．a_{kk} が $k \to \infty$ のとき 0 に収束しなかったと仮定する．このとき，ある正の数 δ に対して，無限数列 $n_1 < n_2 < n_3 < \cdots$ をとり，

$$|a_{n_j,n_j}| \geq \delta > 0 \qquad : j = 1, 2, 3, \cdots$$

とすることができる．よって，

$$\|Au_{n_k} - Au_{n_i}\|^2 \geq \delta > 0 \qquad : k \neq i$$

となる．したがって，無限列 $\{Au_{n_j}\}_{j=1}^{\infty}$ は収束する部分列を一つも含まない．これは，A の完全連続性から得られる $\{Au_k\}_{k=0}^{\infty}$ のコンパクト性に矛盾する．■

定理 6.18　A を H 上の完全連続作用素とする．絶対値が任意の定数 $\rho > 0$ を超えるようなすべての固有値に対応する固有元全体の中で，1 次独立なものの個数は有限である．

証明　そうでなかったと仮定する．すなわち，

$$Av_n = \lambda_n v_n \qquad : |\lambda_n| > \rho > 0\ (n = 1, 2, 3, \cdots)$$

を満たす無限個の 1 次独立な元 $\{v_n\}_{n=1}^{\infty}$ が存在したと仮定する．$\{v_n\}_{n=1}^{\infty}$ を正規直交化することにより，正規直交系

$$\begin{aligned}u_1 &= a_{11}v_1 \\ u_2 &= a_{21}v_1 + a_{22}v_2 \\ &\ \ \vdots \\ u_k &= a_{k1}v_1 + a_{k2}v_2 + \cdots + a_{kk}v_k \\ &\ \ \vdots\end{aligned}$$

が得られる．このとき，

$$\begin{aligned}Au_k &= a_{k1}Av_1 + a_{k2}Av_2 + \cdots + a_{kk}Av_k \\ &= a_{k1}\lambda_1 v_1 + a_{k2}\lambda_2 v_2 + \cdots + a_{kk}\lambda_k v_k\end{aligned}$$

となり，

$$Au_k - \lambda_k u_k = a_{k1}(\lambda_1 - \lambda_k)v_1 + a_{k2}(\lambda_2 - \lambda_k)v_2 + \cdots + a_{k,k-1}(\lambda_{k-1} - \lambda_k)v_{k-1}$$

となる．$\{v_n\}_{n=1}^{k-1}$ の線形結合は $\{u_n\}_{n=1}^{k-1}$ の線形結合で表現できるので，

$$Au_k - \lambda_k u_k = b_{k1}u_1 + b_{k2}u_2 + \cdots + b_{k,k-1}u_k$$

と表すことができる．よって，

$$Au_k = b_{k1}u_1 + b_{k2}u_2 + \cdots + b_{k,k-1}u_k + \lambda_k u_k$$

となる．したがって，補題 6.17 より $\lim_{n\to\infty}\lambda_n = 0$ となり，$|\lambda_n| > \rho > 0$ $(n = 1, 2, 3, \cdots)$ と矛盾する．■

この定理より，次の結果を得る．

□**系 6.19**　完全連続作用素の互いに異なる固有値が無限個存在すれば，それは可算無限個になり，0 に収束する．

□**系 6.20**　完全連続作用素の非零固有値の重複度は有限である．

これまでの議論は，完全連続作用素の固有値，固有元が存在する場合のものであった．しかし，場合によっては，完全連続作用素が固有元を一つもたないことがある．たとえば，

例 6.21　空間 l^2 における作用素 A を

$$Af = A(x_1, x_2, \cdots, x_n, \cdots) = A\left(0, x_1, \frac{1}{2}x_2, \cdots, \frac{1}{2^{n-1}}x_n, \cdots\right) \tag{6.9}$$

で定義する．A は完全連続作用素であるが，固有元をもたない．

証明　固有元をもたないことは明らかであるので，この作用素が完全連続になることを示す．l^2 の有界集合は適当な球に含まれるので，作用素 A による球の像がコンパクトになることを示せばよい．しかも，A は線形作用素であるから，単位球の像がコンパクトになることを示せば十分である．ところで A は，式 (6.9) より，単位球を

$$g = (y_1, y_2, \cdots, y_n, \cdots) \qquad : |y_1| = 0, \quad |y_n| \leq \frac{1}{2^{n-2}} \quad (n = 2, 3, \cdots)$$

なる平行体 S の中に写像する．S がコンパクトであることを示す．任意に与えられた $\varepsilon > 0$ に対して，n を $\dfrac{1}{2^{n-2}} < \dfrac{\varepsilon}{2}$ となるように選んで固定する．

$$f = (x_1, x_2, \cdots, x_n, \cdots) \tag{6.10}$$

なる S の点 f に対して，S の点

$$f^* = (x_1, x_2, \cdots, x_n, 0, 0, \cdots) \tag{6.11}$$

をつくれば，

$$\|f - f^*\| = \sqrt{\sum_{k=n+1}^{\infty} |x_k|^2} \leq \sqrt{\sum_{k=n-1}^{\infty} \frac{1}{4^k}} < \frac{1}{2^{n-2}} < \frac{\varepsilon}{2}$$

となる．式 (6.11) の形からなる S の部分集合 S^* は，n 次元空間の有界集合であるから，定理 2.51 よりコンパクトになっている．そこで，S^* に対する有限な $\varepsilon/2$ 網をつくれば，それが同時に S に対する ε 網になっている．したがって，定理 2.55 より S はコンパクトになる．すなわち，A は完全連続になる．■

しかし，完全連続作用素が更に自己共役になれば，次に示すように，常に固有値，固有元が存在するのである．

定理 6.22　完全連続自己共役作用素 $A \neq 0$ は，0 と異なる固有値 λ および対応する固有元 φ を少なくとも一つもつ．

証明
$$M = \sup_{\|f\|=1} |\langle Af, f\rangle| = \sup_{\|f\|=1} \|Af\| = \|A\|$$
とおく．上限の定義から，大きさ 1 に正規化された元の列 $\{f_n\}_{n=1}^{\infty}$ で，
$$\lim_{n\to\infty} \langle Af_n, f_n\rangle$$
が M または $-M$ に等しくなるものが存在する．この 0 と異なる極限を λ で表す．A は完全連続であるから，有界な元の列 $\{f_n\}_{n=1}^{\infty}$ から適当な部分列を選んで，
$$\lim_{i\to\infty} Af_{n_i} = g \tag{6.12}$$
が存在するようにできる．A の自己共役性より，
$$\|Af_{n_i} - \lambda f_{n_i}\|^2 = \|Af_{n_i}\|^2 - 2\lambda\langle Af_{n_i}, f_{n_i}\rangle + \lambda^2$$
となる．よって，
$$\lim_{i\to\infty} \|Af_{n_i} - \lambda f_{n_i}\|^2 = \|g\|^2 - 2\lambda^2 + \lambda^2 = \|g\|^2 - \lambda^2 \tag{6.13}$$
となる．ところで，
$$\|Af_{n_i}\| \leq M\|f_{n_i}\| = M = |\lambda|$$
であるから，
$$\|g\| \leq |\lambda|$$
となる．式 (6.13) の左辺は負にならないので，$\|g\| = |\lambda|$ となる．よって，
$$\lim_{i\to\infty} \|Af_{n_i} - \lambda f_{n_i}\| = 0 \tag{6.14}$$
となる．式 (6.12)，(6.14) より，$\lim_{i\to\infty} f_{n_i} = g/\lambda$ となる．$\|g\| = |\lambda|$ より g/λ のノルムは 1 であるから，$\varphi = g/\lambda$ とおけば，式 (6.14) より $A\varphi = \lambda\varphi$ となる．■

更に強い次の命題が成立する．

定理 6.23 ヒルベルト空間 H 上の完全連続自己共役作用素 A に対して，非零固有値 $\lambda_1, \lambda_2, \lambda_3, \cdots$ $(|\lambda_1| \geq |\lambda_2| \geq |\lambda_3| \geq \cdots)$ に対応する高々可算個の固有元からなる正規直交系 $\varphi_1, \varphi_2, \varphi_3, \cdots$ で，値域 $\mathcal{R}(A)$ において完全系をなすものが存在する．そしてこのとき，

$$A = \sum_n \lambda_n \varphi_n \otimes \overline{\varphi_n} \tag{6.15}$$

となる．

証明 定理 6.22 より，

$$A\varphi_1 = \lambda_1 \varphi_1$$

となる固有元 φ_1 $(\|\varphi_1\| = 1)$ が存在する．ここで，

$$\lambda_1 = \pm \sup_{\|f\|=1} |\langle Af, f \rangle|$$

である．便宜上，H を H_1 で表し，作用素 A を A_1 で表す．次に，

$$H_2 = H_1 \ominus \{\varphi_1\}$$

とおく．$\langle f, \varphi_1 \rangle = 0$ のとき，

$$\langle A_1 f, \varphi_1 \rangle = \langle f, A_1 \varphi_1 \rangle = \langle f, \lambda_1 \varphi_1 \rangle = 0$$

となるので，$f \in H_2$ ならば $A_1 f \in H_2$ となる．また，A_1 の H_2 上への制限 A_2 も，完全連続自己共役作用素になる．A_2 が恒等的に 0 でなければ，いままでの議論を繰り返すことにより，

$$A_2 \varphi_2 = \lambda_2 \varphi_2 \qquad : \|\varphi_2\| = 1$$

となる元 φ_2 が存在する．$\varphi_2 \in H_2$ であるから，$\langle \varphi_2, \varphi_1 \rangle = 0$ となり，

$$|\lambda_2| = \sup_{\substack{\|f\|=1 \\ f \in H_2}} |\langle A_2 f, f \rangle| \leq \sup_{\substack{\|f\|=1 \\ f \in H_1}} |\langle A_1 f, f \rangle| = |\lambda_1|$$

となる．この操作を続けていく．すなわち，

$$H_3 = H_2 \ominus \{\varphi_2\}$$

とおき，λ_3 と φ_3 を決める．この操作が終わるのは，ある n に対して，作用素 A_1 の H_n 上への制限 A_n が恒等的に 0 になるときだけである．その場合，0 と異なる固有値 $\lambda_1, \lambda_2, \cdots, \lambda_{n-1}$ に対応する有限個の固有元 $\varphi_1, \varphi_2, \cdots, \varphi_{n-1}$ が得られる．ここで，$|\lambda_1| \geq |\lambda_2| \geq \cdots \geq |\lambda_{n-1}|$ であり，

$$|\lambda_k| = \sup_{\|f\|=1,\ f \in H_k} |\langle A_k f, f \rangle|$$

である．

上で述べた操作が無限に続く場合には，固有元からなる正規直交系 $\{\varphi_n\}_{n=1}^{\infty}$ が得られる．しかも，系 6.19 より $\lim_{k\to\infty} \lambda_k = 0$ となる．

$\{\varphi_1, \varphi_2, \varphi_3, \cdots\}$ が $\mathcal{R}(A)$ で完全系になることを示す．任意の $f = Ah$ に対して，

$$g = h - \sum_{k=1}^{m} \langle h, \varphi_k \rangle \varphi_k$$

とおく．ここで，m は $\{\varphi_k\}$ が有限集合の場合はその個数に等しい数であり，そうでない場合は，任意の自然数である．

$$\langle g, \varphi_k \rangle = 0 \qquad : k = 1, 2, \cdots, m$$

であるから，$g \in H_{m+1}$ となる．よって，

$$\|Ag\|^2 \leq \|A_{m+1}\|_{H_{m+1}}^2 \|g\|^2$$

となり，

$$\left\| Ah - \sum_{k=1}^{m} \langle h, \varphi_k \rangle A\varphi_k \right\|^2 \leq \|A_{m+1}\|_{H_{m+1}}^2 \|g\|^2 \tag{6.16}$$

となる．そこで，

$$\langle h, \varphi_k \rangle A\varphi_k = \langle h, \varphi_k \rangle \lambda_k \varphi_k = \langle h, A\varphi_k \rangle \varphi_k = \langle Ah, \varphi_k \rangle \varphi_k$$

と $\|g\| \leq \|h\|$ に注意すれば，$f = Ah$ より，式 (6.16) は，

$$\left\| f - \sum_{k=1}^{m} \langle f, \varphi_k \rangle \varphi_k \right\|^2 \leq \|A_{m+1}\|_{H_{m+1}}^2 \|h\|^2 \tag{6.17}$$

となる．

$\{\varphi_1, \varphi_2, \varphi_3, \cdots\}$ が有限集合の場合は，式 (6.17) より，

$$f = \sum_{k=1}^{m} \langle f, \varphi_k \rangle \varphi_k$$

となる．$\{\varphi_1, \varphi_2, \varphi_3, \cdots\}$ が無限列の場合は，式 (6.17) より，

$$\left\| f - \sum_{k=1}^{m} \langle f, \varphi_k \rangle \varphi_k \right\|^2 \leq \lambda_{m+1}^2 \|h\|^2$$

となり，

$$0 \leq \|f\|^2 - \sum_{k=1}^{m} |\langle f, \varphi_k \rangle|^2 \leq \lambda_{m+1}^2 \|h\|^2$$

となる．ここで，$m \to \infty$ とすれば，$\lim \lambda_m = 0$ より，

$$\|f\|^2 = \sum_{k=1}^{\infty} |\langle f, \varphi_k \rangle|^2$$

となる．よって，定理 3.21 より，$\{\varphi_1, \varphi_2, \varphi_3, \cdots\}$ は $\mathcal{R}(A)$ の完全系になる．

一方，シャッテン積の定義より，

$$\begin{aligned} \left\| \left(A - \sum_{k=1}^{m} \lambda_k \varphi_k \otimes \overline{\varphi_k} \right) f \right\| &= \left\| Af - \sum_{k=1}^{m} \lambda_k \langle f, \varphi_k \rangle \varphi_k \right\| \\ &= \left\| Af - \sum_{k=1}^{m} \langle f, \varphi_k \rangle A\varphi_k \right\| \end{aligned}$$

$$\leq \|A\| \left\| f - \sum_{k=1}^{m} \langle f, \varphi_k \rangle \varphi_k \right\|$$

となる．最後の項はいくらでも小さくできるので，式 (6.15) が成立する． ■

この定理で得られた $\{\varphi_1, \varphi_2, \varphi_3, \cdots\}$ に A の零空間 $\mathcal{N}(A)$ の任意の正規直交基底を追加すれば，次の結果を得る．

□**系 6.24** ヒルベルト空間 H 上の完全連続自己共役作用素の固有元からなる H の正規直交基底が存在する．

式 (6.15) の表現を，A の**スペクトル分解** (spectral representation) という．このような表現が可能になったのは，A が完全連続自己共役作用素であったからである．一般の自己共役作用素に対しては，必ずしもこのような表現はできない．すなわち，可算無限個のシャッテン積の和では表現できないのである．

それでは，自己共役の条件をはずして，一般の完全連続作用素にしたらどうなるであろうか．その場合，次の定理が成立する．

定理 6.25 $A \in \mathcal{B}(H)$ が完全連続作用素になるための必要十分条件は，A が

$$A = \sum_{n} \lambda_n \varphi_n \otimes \overline{\psi_n} \tag{6.18}$$

と表現できることである．ここで，$\{\varphi_n\}$, $\{\psi_n\}$ はともに正規直交系であり，$\{\lambda_n\}$ は有界な正の数である．また，総和は有限か可算無限である．可算無限の場合，$\lambda_n \to 0\ (n \to \infty)$ となる．A に対して，式 (6.18) の表現は一意に定まる．

証明 A を完全連続作用素とし，A の極分解 $A = W[A]$ を考える．系 6.14 より，$[A]$ は半正値完全連続自己共役作用素になる．したがって，定理 6.23 より，正の固有値 $\{\lambda_n\}$ と対応する固有元 $\{\psi_n\}$ を用いて，

$$[A] = \sum_{n} \lambda_n \psi_n \otimes \overline{\psi_n}$$

と表すことができる．ここで，$\{\psi_n\}$ は $\{\lambda_n\}$ の重複度と同じ数だけ現れる．そこで，$\varphi_n = W\psi_n$ とおく．W は部分等長作用素であるから，第 5 章の問題 8 の結果より，

$$\langle \varphi_n, \varphi_m \rangle = \langle W\psi_n, W\psi_m \rangle = \langle \psi_n, \psi_m \rangle = \delta_{n,m}$$

となり，φ_n も正規直交系になる．こうして式 (6.18) を得る．和が可算無限の場合，系 6.19 より $\lambda_n \to 0\ (n \to \infty)$ となる．したがって，$\{\lambda_n\}$ は有界になる．

逆に式 (6.18) で表される作用素 A を考える．任意の自然数 m に対して，

$$\left\| A - \sum_{n=1}^{m} \lambda_n \varphi_n \otimes \overline{\psi_n} \right\| = \left\| \sum_{n>m} \lambda_n \varphi_n \otimes \overline{\psi_n} \right\| = \sup_{n>m} \lambda_n$$

となる．$\lambda_n \to 0\ (n \to \infty)$ より，この式の最後の項は，m を十分大きくとることにより，いくらでも小さくできる．よって，有限次元作用素 $\sum_{n=1}^{m} \lambda_n \varphi_n \otimes \overline{\psi_n}$ は A に一様収束する．したがって，定理 6.3，定理 6.7 より A は完全連続作用素になる．

表現の一意性を示す．式 (6.18) のほかに，

$$A = \sum_n \mu_n \varphi'_n \otimes \overline{\psi'_n}$$

と表されたとする．このとき，

$$[A] = \sum_n \mu_n \psi'_n \otimes \overline{\psi'_n}$$

となる．よって，$\{\mu_n\}$ は $[A]$ の正の固有値になり，$\{\psi_n\}$ は対応する固有元になる．したがって，A の極分解より，$\varphi'_n = W\psi'_n$ となる．■

6.5　シュミット族の完全連続作用素

完全連続作用素の中の特別な族を考える．

□**補題 6.26**　A をヒルベルト空間 H_1 からヒルベルト空間 H_2 への線形作用素とし，$\{\varphi_n\}$，$\{\psi_n\}$ をそれぞれ，H_1，H_2 の正規直交基底とする．3 種類の数列

$$\{\|A\varphi_j\|^2\}, \quad \{\|A^*\psi_i\|^2\}, \quad \{|\langle A\varphi_j, \psi_i\rangle|^2\} \tag{6.19}$$

の和は同時に収束するか，同時に発散する．収束するとき，それらの和は，$\{\varphi_n\}$，$\{\psi_n\}$ のとり方によらず同じ値になる．

証明　パーセバルの等式より，

$$\|A\varphi_j\|^2 = \sum_i |\langle A\varphi_j, \psi_i\rangle|^2$$

となる．したがって，式 (6.19) の和が収束するとき，

$$\sum_j \|A\varphi_j\|^2 = \sum_{j,i} |\langle A\varphi_j, \psi_i\rangle|^2 = \sum_{i,j} |\langle A^*\psi_i, \varphi_j\rangle|^2 = \sum_i \|A^*\psi_i\|^2 \tag{6.20}$$

となり，3 者の和は一致する．ここで，i, j の順序を交換したが，これは正項級数であるから許される．

3 者の和が $\{\varphi_n\}$，$\{\psi_n\}$ のとり方によらず同じ値になることを示す．$\{\varphi'_n\}$，$\{\psi'_n\}$ を別の正規直交基底とすれば，式 (6.20) より，

$$\sum_j \|A\varphi_j\|^2 = \sum_i \|A^*\psi_i\|^2 = \sum_{i,j} |\langle A^*\psi_i, \varphi'_j\rangle|^2 = \sum_{i,j} |\langle A\varphi'_j, \psi_i\rangle|^2 = \sum_j \|A\varphi'_j\|^2$$

となり，$\sum_j \|A\varphi_j\|^2 = \sum_j \|A\varphi'_j\|^2$ となる．同様にして，

$$\sum_i \|A^*\psi_i\|^2 = \sum_j \|A\varphi'_j\|^2 = \sum_{i,j} |\langle A\varphi'_j, \psi'_i\rangle|^2 = \sum_{i,j} |\langle A^*\psi'_i, \varphi'_j\rangle|^2 = \sum_i \|A^*\psi'_i\|^2$$

となり，$\sum_i \|A^*\psi'_i\|^2 = \sum_{i,j} |\langle A\varphi'_j, \psi'_i\rangle|^2 = \sum_i \|A^*\psi_i\|^2$ となる． ■

式 (6.19) の共通の和の平方根を $\|A\|_2$ と表す．これらの和が収束しないときは，$\|A\|_2 = \infty$ と定義する．$\|A\|_2$ がノルムの公理を満たすことは，以下に述べる定理 6.28 の (ii), (iii) より容易にわかる．$\|A\|_2$ を**シュミットノルム** (Schmidt norm) という．シュミットノルムが有限な作用素を**シュミット族の作用素** (Schmidt class operator) といい，その全体を (σc) または $\mathcal{B}_2(H_1, H_2)$ と表す．

□**補題 6.27** シュミットノルムと作用素ノルムの間には，次の関係が成立する．

$$\|A\| \leq \|A\|_2 \tag{6.21}$$

証明 $\|A\|_2 = \infty$ の場合は明らかであるから，$\|A\|_2 < \infty$ の場合について証明する．任意に固定した $\|f\| = 1$ なる元 f に対して，$\varphi_1 = f$ となる正規直交基底 $\{\varphi_n\}$ を選べば，

$$\|Af\| \leq \left(\sum_j \|A\varphi_j\|^2\right)^{1/2} = \|A\|_2$$

となる． ■

補題 6.27 より，シュミット族の作用素は有界線形作用素になることがわかる．

定理 6.28 次の関係が成立する．

(i) $A \in (\sigma c)$ と $A^* \in (\sigma c)$ は同値であり，$\|A^*\|_2 = \|A\|_2$ となる．

(ii) $A \in (\sigma c)$ ならば，任意の複素数 a に対して $aA \in (\sigma c)$ となり，$\|aA\|_2 = |a|\|A\|_2$ となる．

(iii) $A, B \in (\sigma c)$ ならば $A + B \in (\sigma c)$ となり，$\|A+B\|_2 \leq \|A\|_2 + \|B\|_2$ となる．

(iv) $H_1 = H_2$ のとき，$A \in (\sigma c)$ ならば，任意の $X \in \mathcal{B}(H_1)$ に対して，$XA \in (\sigma c)$，$AX \in (\sigma c)$ となり，

$$\|XA\|_2 \leq \|X\|\|A\|_2, \qquad \|AX\|_2 \leq \|A\|_2\|X\|$$

となる．

(v) 任意に固定した元 f, g に対して，$f \otimes \overline{g} \in (\sigma c)$ となり，

$$\|f \otimes \overline{g}\|_2 = \|f\|\|g\|$$

となる．

証明　(ｉ), (ii) は補題 6.26 から明らかである．

(iii) を示す．添え字 n の有限集合を N で表す．$a_n > 0$, $b_n > 0$ に対して，シュヴァルツの不等式より，

$$\sum_{n\in N} a_n b_n \le \left(\sum_{n\in N} a_n^2\right)^{1/2} \left(\sum_{n\in N} b_n^2\right)^{1/2}$$

となり，

$$\left(\sum_{n\in N} (a_n + b_n)^2\right)^{1/2} \le \left(\sum_{n\in N} a_n^2\right)^{1/2} + \left(\sum_{n\in N} b_n^2\right)^{1/2}$$

となる．したがって，

$$\begin{aligned}\left(\sum_{n\in N} \|(A+B)\varphi_n\|^2\right)^{1/2} &\le \left(\sum_{n\in N} (\|A\varphi_n\| + \|B\varphi_n\|)^2\right)^{1/2} \\ &\le \left(\sum_{n\in N} \|A\varphi_n\|^2\right)^{1/2} + \left(\sum_{n\in N} \|B\varphi_n\|^2\right)^{1/2} \\ &\le \|A\|_2 + \|B\|_2\end{aligned}$$

となるから，$\|A+B\|_2 \le \|A\|_2 + \|B\|_2$ となり，(iii) が成立する．

(iv) を示す．任意の正規直交基底 $\{\varphi_n\}$ に対して，

$$\|XA\|_2^2 = \sum_n \|XA\varphi_n\|^2 \le \|X\|^2 \sum_n \|A\varphi_n\|^2 = \|X\|^2 \|A\|_2^2$$

となり，$\|XA\|_2 \le \|X\|\|A\|_2$ と同時に，$XA \in (\sigma c)$ が成立する．一方，(ｉ) の結果といま証明した不等式より，

$$\|AX\|_2 = \|(AX)^*\|_2 = \|X^*A^*\|_2 \le \|X^*\|\|A^*\|_2 = \|X\|\|A\|_2$$

となり，第 2 の不等式と $AX \in (\sigma c)$ が成立する．

(ｖ) を示す．任意の正規直交基底 $\{\varphi_n\}$ に対して，パーセバルの等式より，

$$\begin{aligned}\|f \otimes \overline{g}\|_2^2 &= \sum_n \|(f \otimes \overline{g})\varphi_n\|^2 = \sum_n \|\langle \varphi_n, g\rangle f\|^2 \\ &= \|f\|^2 \sum_n |\langle g, \varphi_n\rangle|^2 = \|f\|^2\|g\|^2\end{aligned}$$

となり，(ｖ) が成立する．■

定理 6.28 よりさまざまなことがわかる．まず (ii), (iii) から，$\|A\|_2$ はノルムの公理を満たしており，(σc) は $\mathcal{B}(H_1, H_2)$ の部分空間になる．さらに (iv) より，$H_1 = H_2$ のとき，(σc) は $\mathcal{B}(H_1)$ の両側イデアルになっている．また，(ｖ) と (ii), (iii) より，有限次元作用素はすべて (σc) に属する．

(σc) に内積を導入するための準備を行う．

□補題 6.29　$\{\varphi_n\}$ を H_1 の正規直交基底とする．$A, B \in (\sigma c)$ に対して $\{\langle A\varphi_n, B\varphi_n\rangle\}$ は総和可能であり，その和は $\{\varphi_n\}$ の選び方によらない．

証明 シュヴァルツの不等式より，

$$|\langle A\varphi_n, B\varphi_n\rangle| \leq \|A\varphi_n\|\|B\varphi_n\| \leq \frac{1}{2}\left(\|A\varphi_n\|^2 + \|B\varphi_n\|^2\right)$$

となり，

$$\sum_n |\langle A\varphi_n, B\varphi_n\rangle| \leq \frac{1}{2}\left(\|A\|_2^2 + \|B\|_2^2\right)$$

となる．よって，$\sum_n \langle A\varphi_n, B\varphi_n\rangle$ は絶対収束する．

式 (3.14) より，

$$\begin{aligned}4\sum_n \langle A\varphi_n, B\varphi_n\rangle &= \sum_n (\|(A+B)\varphi_n\|^2 - \|(A-B)\varphi_n\|^2 \\ &\quad + i\|(A+iB)\varphi_n\|^2 - i\|(A-iB)\varphi_n\|^2) \\ &= \|A+B\|_2^2 - \|A-B\|_2^2 \\ &\quad + i\|A+iB\|_2^2 - i\|A-iB\|_2^2 \end{aligned} \tag{6.22}$$

となり，$\sum_n \langle A\varphi_n, B\varphi_n\rangle$ は正規直交基底 $\{\varphi_n\}$ の選び方によらない． ■

この補題より，$\sum_n \langle A\varphi_n, B\varphi_n\rangle$ は正規直交基底 $\{\varphi_n\}$ の選び方によらず，同じ値に収束する．それを，次のように $\langle A, B\rangle$ と表す．

$$\langle A, B\rangle = \sum_n \langle A\varphi_n, B\varphi_n\rangle \tag{6.23}$$

$\langle A, B\rangle$ は，次の定理に示すように内積の公理を満たしている．そこで，式 (6.23) の $\langle A, B\rangle$ を**シュミットの内積** (Schmidt inner product) という．

定理 6.30 シュミットの内積は次の性質をもつ．ここで，$A, B, C \in (\sigma c)$ であり，X は，AX, XA が意味をもつような有界線形作用素，f, g, u, v はヒルベルト空間の元，a, b は複素数である．

(i) $\langle B, A\rangle = \overline{\langle A, B\rangle}$

(ii) $\langle aA + bB, C\rangle = a\langle A, C\rangle + b\langle B, C\rangle$

(iii) $\langle A, A\rangle \geq 0$; $\langle A, A\rangle = 0$ と $A = 0$ は同値である．

(iv) $\langle A^*, B^*\rangle = \overline{\langle A, B\rangle}$

(v) $\langle XA, B\rangle = \langle A, X^*B\rangle$

(vi) $\langle AX, B\rangle = \langle A, BX^*\rangle$

(vii) $\langle f \otimes \overline{g}, A\rangle = \langle f, Ag\rangle$

(viii) $\langle A, f \otimes \overline{g}\rangle = \langle Ag, f\rangle$

(ix) $\langle f \otimes \overline{g}, u \otimes \overline{v}\rangle = \langle f, u\rangle\overline{\langle g, v\rangle}$

証明 (i)〜(iii) は定義より明らかである．

(iv) を示す．式 (6.22) と定理 6.28 の (i) より，

$$
\begin{aligned}
4\langle A^*, B^*\rangle &= \|A^* + B^*\|_2^2 - \|A^* - B^*\|_2^2 + i\|A^* + iB^*\|_2^2 - i\|A^* - iB^*\|_2^2 \\
&= \|A + B\|_2^2 - \|A - B\|_2^2 + i\|A - iB\|_2^2 - i\|A + iB\|_2^2 \\
&= \overline{\|A + B\|_2^2 - \|A - B\|_2^2 + i\|A + iB\|_2^2 - i\|A - iB\|_2^2} \\
&= 4\overline{\langle A, B\rangle}
\end{aligned}
$$

となり，(iv) が成立する．他も同様に証明できるので，章末の問題に譲る．■

(i)〜(iii) は，シュミットの内積が内積の公理を満たしていることを意味している．すなわち，(σc) は内積空間になり，シュヴァルツの不等式

$$|\langle A, B\rangle| \leq \|A\|_2\|B\|_2$$

が成立する．

さらに (σc) は，次の定理が示すように，ヒルベルト空間になっている．

定理 6.31　(σc) はシュミットノルムに関して完備である．

証明　$\{A_n\}$ を (σc) のコーシー列とする．式 (6.21) より，$\{A_n\}$ は $\mathcal{B}(H_1, H_2)$ のコーシー列になる．定理 4.20 より $\mathcal{B}(H_1, H_2)$ は完備な空間であるから，極限 $A \in \mathcal{B}(H_1, H_2)$ が存在する．$A \in (\sigma c)$ かつ $\|A - A_n\|_2 \to 0$ を示す．任意の $\varepsilon > 0$ に対して，ある番号 $N = N(\varepsilon)$ が存在し，

$$\|A_n - A_m\|_2 < \varepsilon \qquad : n, m \geq N$$

となる．よって，有限な自然数 r に対して，

$$\sum_{j=1}^{r} \|(A_n - A_m)\varphi_j\|^2 < \varepsilon^2 \qquad : n, m \geq N$$

となる．ここで，$m \to \infty$ とすれば $A_m\varphi_j \to A\varphi_j$ であるから，

$$\sum_{j=1}^{r} \|(A_n - A)\varphi_j\|^2 < \varepsilon^2 \qquad : n \geq N$$

となる．r は任意の自然数であるから，$r = \infty$ としても，この式は成立する．よって，

$$\|A_n - A\|_2 \leq \varepsilon \qquad : n \geq N$$

となる．したがって，$\{A_n\}$ がシュミットノルムの意味で有界であることを考慮すれば，

$$\|A\|_2 \leq \|A - A_n\|_2 + \|A_n\|_2$$

の右辺も有界になる．すなわち，$A \in (\sigma c)$ となる．■

定理 6.32　シュミット族の作用素は完全連続である．

証明 $A \in (\sigma c)$ とする．H_1 の正規直交基底 $\{\varphi_n\}_{n=1}^{\infty}$ に対して，作用素 A_n を，

$$A_n\varphi_k = \begin{cases} A\varphi_k & : 1 \leq k \leq n \\ 0 & : k > n \end{cases}$$

によって定義する．任意の $f \in H_1$ に対しては，

$$f = \sum_{k=1}^{\infty} \langle f, \varphi_k \rangle \varphi_k$$

と表すとき，

$$A_n f = \sum_{k=1}^{n} \langle f, \varphi_k \rangle A\varphi_k$$

となる．よって，A_n は H_1 全体で定義されている．その値域は $\{A\varphi_k\}_{k=1}^{n}$ で張られる空間であるから，A_n は有限次元作用素になる．ところで，

$$\|A_n - A\|_2^2 = \sum_{k=1}^{\infty} \|(A_n - A)\varphi_k\|^2 = \sum_{k=n+1}^{\infty} \|A\varphi_k\|^2$$

となるが，$A \in (\sigma c)$ より，最後の項は $n \to \infty$ のとき 0 に収束する．よって，

$$\|A_n - A\| \leq \|A_n - A\|_2 \to 0 \qquad : n \to \infty$$

となる．定理 6.3 より，有限次元作用素は完全連続である．さらに定理 6.7 より，完全連続作用素が一様収束すれば，その極限も完全連続である．よって，A は完全連続になる． ■

完全連続作用素の一般形が，シャッテン積を使って定理 6.25 で与えられていた．この中で，シュミット族の作用素は次のように特徴づけることができる．

定理 6.33 完全連続作用素 A がシュミット族になるための必要十分条件は，式 (6.18) の表現において，$\sum_n \lambda_n^2 < \infty$ となることである．そしてこのとき，

$$\|A\|_2 = \left(\sum_n \lambda_n^2 \right)^{1/2} \tag{6.24}$$

となる．

証明 A は完全連続であるから，系 6.14 より $[A]$ も完全連続になる．$[A]$ の正の固有値に対する固有元を $\{\psi_n\}$ とし，零空間 $\mathcal{N}([A])$ の任意の正規直交基底を $\{\omega_n\}$ とすれば，系 6.24 より $\{\psi_n,\ \omega_n\}$ は H_1 の正規直交基底になる．章末の問題 3 に示したように，任意の $f \in H_1$ に対して，$\|Af\| = \|[A]f\|$ であるから，

$$\begin{aligned} \|A\|_2^2 &= \sum_n \|A\psi_n\|^2 + \sum_n \|A\omega_n\|^2 \\ &= \sum_n \|[A]\psi_n\|^2 + \sum_n \|[A]\omega_n\|^2 \\ &= \sum_n \lambda_n^2 \end{aligned}$$

となる．したがって，$A \in (\sigma c)$ とすれば $\sum_n \lambda_n^2 < \infty$ となり，式 (6.24) が成立する．逆に $\sum_n \lambda_n^2 < \infty$ と仮定すれば，$\|A\|_2 < \infty$ となり，$A \in (\sigma c)$ となる．■

定理 6.34　作用素 $A \in \mathcal{B}(H)$ を定理 4.21 によって行列表現したとき，$A \in (\sigma c)$ となるための必要十分条件は，

$$\sum_{m,n=1}^{\infty} |a_{m,n}|^2 < \infty \tag{6.25}$$

となることである．

証明　補題 6.26 より，

$$\|A\|_2^2 = \sum_{m,n=1}^{\infty} |a_{m,n}|^2$$

であるから，$\|A\|_2 < \infty$ と $\sum_{m,n=1}^{\infty} |a_{m,n}|^2 < \infty$ は同値になる．■

例 6.8 で，式 (6.25) を満たす行列に対応する作用素が完全連続になることを示した．定理 6.34 が示すように，実は，そのような作用素はシュミット族の完全連続作用素だったのである．

6.6　トレース族の完全連続作用素

(σc) の更に特別な場合であるトレース族の完全連続作用素について論じる．なお，本節では，$H_1 = H_2$ の場合を考える．

□**補題 6.35**　$\{\varphi_n\}$ を H_1 の正規直交基底とする．(σc) の 2 個の作用素の積で表される作用素 A に対して，$\{\langle A\varphi_n, \varphi_n\rangle\}$ は総和可能であり，その和は $\{\varphi_n\}$ の選び方によらない．

証明　定理 6.28 より，$C \in (\sigma c)$ とすれば $C^* \in (\sigma c)$ である．そこで，$B, C \in (\sigma c)$ に対して，$A = C^*B$ とすれば，

$$\langle A\varphi_n, \varphi_n\rangle = \langle B\varphi_n, C\varphi_n\rangle \tag{6.26}$$

となる．したがって，補題 6.29 より補題 6.35 が成立する．■

(σc) の 2 個の作用素の積で表される作用素を**トレース族の作用素** (trace class operator) といい，その全体を (τc) または $\mathcal{B}_1(H_1)$ と表す．$A \in (\tau c)$ に対して，

$$\mathrm{tr}(A) = \sum_n \langle A\varphi_n, \varphi_n\rangle \tag{6.27}$$

を，A の**トレース** (trace) という．式 (6.27) の右辺が，正規直交基底 $\{\varphi_n\}$ の選び方によらず同じ値に収束することは，補題 6.35 が保証している．

A が N 次正方行列の場合，$\{\varphi_n\}$ として $\mathbf{C}^N$ の標準基底をとれば，式 (6.27) の右辺は行列 A の対角成分の和となり，通常のトレースになっている．

トレース族の定義と定理 6.28 の (iv) および定理 6.32 より，次の結果を得る．

定理 6.36 トレース族の作用素は (σc) に属し，したがって，完全連続作用素になる．

この定理を記号で表せば，

$$(\tau c) \subset (\sigma c) \subset \mathcal{B}_{cc}(H_1) \subset \mathcal{B}(H_1)$$

あるいは，

$$\mathcal{B}_1(H_1) \subset \mathcal{B}_2(H_1) \subset \mathcal{B}_{cc}(H_1) \subset \mathcal{B}(H_1)$$

となる．

定理 6.12 の極分解とトレース族の間には，次の関係がある．

□**補題 6.37** 次の各条件は互いに同値である．

(i) $A \in (\tau c)$

(ii) $[A] \in (\tau c)$

(iii) $\sum_n \langle [A]\varphi_n, \varphi_n \rangle < \infty$

証明 (i)⇒(ii) を示す．$A = BC$ $(B, C \in (\sigma c))$ とすれば，系 6.13 の (i) と定理 6.28 の (iv) より，

$$[A] = W^*A = (W^*B)C \in (\tau c)$$

となる．

(ii)⇒(iii) は，補題 6.35 より明らかである．

(iii)⇒(i) を示す．$[A] \geq 0$ より，

$$\langle [A]\varphi_n, \varphi_n \rangle = \|[A]^{1/2}\varphi_n\|^2$$

となり，$[A]^{1/2} \in (\sigma c)$ となる．したがって，定理 6.28 の (iv) より $W[A]^{1/2} \in (\sigma c)$ となり，

$$A = W[A] = (W[A]^{1/2})[A]^{1/2} \in (\tau c)$$

となる． ■

ここで一つ注意を与えておく．それは，$\mathrm{tr}(A) < \infty$ と $A \in (\tau c)$ とは異なるということである．実際，正規直交基底 $\{\varphi_n\}_{n=1}^{\infty}$ に対して，

$$A = \sum_{n=1}^{\infty} \frac{(-1)^{n-1}}{n} \varphi_n \otimes \overline{\varphi_n}$$

なる作用素 A を考える．このとき，

$$[A] = \sum_{n=1}^{\infty} \frac{1}{n} \varphi_n \otimes \overline{\varphi_n}$$

となり，

$$\mathrm{tr}(A) = \sum_{n=1}^{\infty} \frac{(-1)^{n-1}}{n} = \log 2 < \infty$$

$$\mathrm{tr}([A]) = \sum_{n=1}^{\infty} \frac{1}{n} = \infty$$

となる．補題 6.37 より，$A \in (\tau c)$ と $\mathrm{tr}([A]) < \infty$ が同値であるから，上の例のように，たとえ $\mathrm{tr}(A) < \infty$ であっても，$A \notin (\tau c)$ となることがあるのである．

定理 6.38　次の関係が成立する．

(i) $A \in (\tau c)$ と $A^* \in (\tau c)$ は同値であり，$\mathrm{tr}(A^*) = \overline{\mathrm{tr}(A)}$ となる．

(ii) $A \in (\tau c)$ ならば，任意の複素数 a に対して $aA \in (\tau c)$ となり，$\mathrm{tr}(aA) = a\,\mathrm{tr}(A)$ となる．

(iii) $A, B \in (\tau c)$ ならば $A + B \in (\tau c)$ となり，$\mathrm{tr}(A+B) = \mathrm{tr}(A) + \mathrm{tr}(B)$ となる．

(iv) $A \in (\tau c)$ ならば，AX, XA が意味をもつような任意の有界線形作用素 X に対して，$XA \in (\tau c)$，$AX \in (\tau c)$ となり，$\mathrm{tr}(XA) = \mathrm{tr}(AX)$ となる．

証明　(i) を示す．$A = BC$ とすれば $A^* = C^*B^*$ であり，$B \in (\sigma c)$ と $B^* \in (\sigma c)$ は等価であるから，(i) は明らかである．

(ii) は明らかである．

(iv) を示す．$A \in (\tau c)$ に対して $A = BC$ $(B, C \in (\sigma c))$ とおけば，定理 6.28 の (iv) より $XB, CX \in (\sigma c)$ となる．よって，$XA = (XB)C$，$AX = B(CX)$ より $XA, AX \in (\tau c)$ となる．式 (6.26)，(6.27) より，

$$\mathrm{tr}(A) = \langle C, B^* \rangle \tag{6.28}$$

であるから，定理 6.30 の (vi) より，

$$\mathrm{tr}(XA) = \mathrm{tr}(XBC) = \langle C, B^*X^* \rangle = \langle CX, B^* \rangle = \mathrm{tr}(BCX) = \mathrm{tr}(AX)$$

となる．

(iii) を示す．$A + B$ の極分解を考える．系 6.13 の (i) より，

$$[A+B] = W^*(A+B) = W^*A + W^*B$$

となる．すぐ上で証明した (iv) より W^*A，$W^*B \in (\tau c)$ であるから，

$$\sum_n \langle W^*A\varphi_n, \varphi_n \rangle < \infty, \qquad \sum_n \langle W^*B\varphi_n, \varphi_n \rangle < \infty$$

となる．したがって，

$$\langle [A+B]\varphi_n, \varphi_n \rangle = \langle W^* A\varphi_n, \varphi_n \rangle + \langle W^* B\varphi_n, \varphi_n \rangle$$

より，$\mathrm{tr}([A+B]) < \infty$ となる．よって，補題 6.37 より $A+B \in (\tau c)$ となる．$\mathrm{tr}(A+B) = \mathrm{tr}(A) + \mathrm{tr}(B)$ は明らかである． ■

(ii), (iii) から，(τc) が $\mathcal{B}(H_1)$ の部分空間になることがわかる．また (iv) より，(τc) が $\mathcal{B}(H_1)$ の両側イデアルになっていることがわかる．

$A \in (\tau c)$ に対して，

$$\|A\|_1 = \mathrm{tr}([A])$$

とおく．

定理 6.39 $A, B \in (\tau c)$ と，AX, XA が意味をもつような任意の有界線形作用素 X に対して，次の関係が成立する．

(i) $\|A^*\|_1 = \|A\|_1$

(ii) $\|aA\|_1 = |a|\|A\|_1$

(iii) $\|A+B\|_1 \leq \|A\|_1 + \|B\|_1$

(iv) $\|A\|_1 \geq 0$; $\|A\|_1 = 0$ と $A = 0$ は同値

(v) $\|XA\|_1 \leq \|X\|\|A\|_1$, $\|AX\|_1 \leq \|X\|\|A\|_1$

証明 A, B が非零作用素の場合を考えれば十分である．

(i) を示す．系 6.13 の証明で示したように，

$$W^* W[A] = [A]$$

である．したがって，系 6.13 の (iii) と定理 6.38 の (iv) より，

$$\|A^*\|_1 = \mathrm{tr}([A^*]) = \mathrm{tr}(W[A]W^*) = \mathrm{tr}(W^* W[A]) = \mathrm{tr}([A]) = \|A\|_1$$

となり，(i) が成立する．

(ii) を示す．$(aA)^*(aA) = |a|^2 A^* A$ より，$[aA] = |a|[A]$ となり，(ii) が成立する．

(iii) を示す．まず，

$$\|A\|_1 = \left\|[A]^{1/2}\right\|_2^2 \tag{6.29}$$

を示す．式 (6.28) より，

$$\|A\|_1 = \mathrm{tr}([A]) = \langle [A]^{1/2}, [A]^{1/2} \rangle = \left\|[A]^{1/2}\right\|_2^2$$

となり，式 (6.29) が成立する．次に，

$$|\mathrm{tr}(X[A])| \leq \|X\|\|A\|_1 \tag{6.30}$$

を示す．式 (6.28) より，

$$\mathrm{tr}(X[A]) = \mathrm{tr}(X[A]^{1/2}[A]^{1/2}) = \langle [A]^{1/2}, [A]^{1/2}X^* \rangle$$

となる．よって，シュヴァルツの不等式と定理 6.28 の (iv) および式 (6.29) より，

$$|\mathrm{tr}(X[A])| = \|[A]^{1/2}\|_2 \|[A]^{1/2}X^*\|_2 \leq \|X\| \|[A]^{1/2}\|_2^2 = \|X\| \|A\|_1$$

となり，式 (6.30) が成立する．

極分解

$$A = W[A], \quad B = W_1[B], \quad [A+B] = W_2^*(A+B)$$

を考えれば，

$$[A+B] = W_2^*W[A] + W_2^*W_1[B]$$

となる．よって，式 (6.30) より，

$$\begin{aligned}\|A+B\|_1 &= \mathrm{tr}([A+B]) = \mathrm{tr}(W_2^*W[A]) + \mathrm{tr}(W_2^*W_1[B]) \\ &\leq \|W_2^*W\| \|[A]\|_1 + \|W_2^*W_1\| \|[B]\|_1 \\ &\leq \|[A]\|_1 + \|[B]\|_1\end{aligned}$$

となり，(iii) が成立する．

(iv) を示す．式 (6.29) より $\|A\|_1 \geq 0$ となる．$\|A\|_1 = 0$ とすれば，再び式 (6.29) より $[A]^{(1/2)} = 0$ となり，$[A]^2 = 0$ となる．よって，$A^*A = 0$ となり，$A = 0$ となる．いまの証明手順を逆にたどれば，$A = 0$ のとき，$\|A\|_1 = 0$ となることがわかる．

(v) を示す．極分解 $A = W[A]$, $[XA] = W_1^*XA$ を考える．ここで，W, W_1^* は部分等長作用素である．さらに，$Y = W_1^*XW$ とおけば，部分等長作用素の作用素ノルムは 1 であるから，$\|Y\| \leq \|X\|$ となる．このとき，

$$[XA] = W_1^*XA = W_1^*XW[A] = Y[A]$$

となるので，式 (6.30) より，

$$\|XA\|_1 = \mathrm{tr}([XA]) = \mathrm{tr}(Y[A]) \leq \|Y\| \|A\|_1 \leq \|X\| \|A\|_1$$

となり，(v) の第 1 式が成立する．いま証明したことと (i) より，

$$\|AX\|_1 = \|(AX)^*\|_1 = \|X^*A^*\|_1 \leq \|X^*\| \|A^*\|_1 = \|X\| \|A\|_1$$

となり，(v) の第 2 式が成立する．■

(ii)〜(iv) は，トレースノルムがノルムの公理を満たしていることを意味している．

定理 6.40　$f \otimes \overline{g} \in (\tau c)$ であり，次の関係が成立する．

(i) $\mathrm{tr}(f \otimes \overline{g}) = \langle f, g \rangle$

(ii) $\mathrm{tr}(f \otimes \overline{f}) = \|f\|^2$

(iii) $\|f \otimes \overline{g}\|_1 = \|f\| \|g\|$

証明 $f \neq 0,\ g \neq 0$ の場合について証明すれば十分である．定理 6.15 の (vii), (vi) より，

$$[f \otimes \overline{g}]^2 = (f \otimes \overline{g})^*(f \otimes \overline{g}) = (g \otimes \overline{f})(f \otimes \overline{g}) = \|f\|^2(g \otimes \overline{g})$$

となり，

$$[f \otimes \overline{g}] = \frac{\|f\|}{\|g\|}(g \otimes \overline{g})$$

となる．そこで，$\varphi_1 = \dfrac{g}{\|g\|}$ となる正規直交基底を選べば，$\langle \varphi_n, g\rangle = 0\ (n = 2, 3, \cdots)$ となる．よって，

$$\begin{aligned}\sum_n \langle [f \otimes \overline{g}]\varphi_n, \varphi_n\rangle &= \frac{\|f\|}{\|g\|}\langle (g \otimes \overline{g})\varphi_1, \varphi_1\rangle \\ &= \frac{\|f\|}{\|g\|}\langle \varphi_1, g\rangle\langle g, \varphi_1\rangle \\ &= \|f\|\|g\| < \infty\end{aligned}$$

となる．したがって，補題 6.37 より $f \otimes \overline{g} \in (\tau c)$ となり，(iii) が成立する．パーセバルの等式より，

$$\sum_n \langle (f \otimes \overline{g})\varphi_n, \varphi_n\rangle = \sum_n \langle f, \varphi_n\rangle\overline{\langle g, \varphi_n\rangle} = \langle f, g\rangle$$

となり，(i) が成立する．(i) で $g = f$ とおけば (ii) を得る． ■

この補題と定理 6.38 の (ii), (iii) より，有限次元作用素はすべて (τc) に属していることがわかる．

定理 6.33 に対応して，次の定理が成立する．

定理 6.41 完全連続作用素 A がトレース族になるための必要十分条件は，式 (6.18) の表現において，$\sum_n \lambda_n < \infty$ となることである．そしてこのとき，

$$\|A\|_1 = \sum_n \lambda_n \tag{6.31}$$

となる．

証明 A は完全連続であるから，式 (6.18) の表現において $\lambda_n > 0$ である．よって，問題 5 の (iii) より，

$$[A] = \sum_{n=1}^{\infty} \lambda_n \psi_n \otimes \overline{\psi_n}$$

となり，

$$\|A\|_1 = \mathrm{tr}([A]) = \sum_{n=1}^{\infty} \lambda_n$$

となる．したがって，$A \in (\tau c)$ とすれば $\sum_n \lambda_n < \infty$ となり，式 (6.31) が成立する．逆に $\sum_n \lambda_n < \infty$ とすれば，$\mathrm{tr}([A]) < \infty$ となり，$A \in (\tau c)$ となる． ■

式 (6.24), (6.31) を比較すればわかるように，シュミットノルム $\|A\|_2$ およびトレースノルム $\|A\|_1$ の記号の添え字「2」および「1」は，それぞれ，$[A]$ の固有値 λ_n の2乗および1乗の和をとることを意味している．(σc) および (τc) の別の記号 $\mathcal{B}_2(H_1)$ および $\mathcal{B}_1(H_1)$ の添え字も，同じ意味である．これを一般化すれば，$1 \leq p < \infty$ なる p に対して，p ノルムを考えることができ，H_1 から H_1 への完全連続作用素の部分族 $\mathcal{B}_p(H_1)$ を考えることができる．そして，数列空間 l^p と同様の議論をすることができる．

6.7　完全連続作用素の不変部分空間

固有元によって張られる部分空間を固有空間という．作用素 A の固有空間は明らかに A の不変部分空間である．A が完全連続自己共役作用素の場合は，逆も成立する．すなわち，次の定理が成立する．

定理 6.42　ヒルベルト空間 H 上の完全連続自己共役作用素の不変部分空間は固有空間である．

証明　A を完全連続自己共役作用素とし，S を A の不変部分空間とする．また，S への正射影作用素を P で表す．$A^* = A$ より，S は A^* の不変部分空間にもなっている．したがって，定理 5.21 より，$AP = PA$ となる．$T = AP$ とおけば，定理 6.4 より T も完全連続作用素になる．さらに，$T = AP$, $AP = PA$ より，

$$T^* = (AP)^* = P^*A^* = PA = AP = T$$

となり，T は完全連続自己共役作用素になる．したがって，系 6.24 より，T の固有元からなる H の完全正規直交基底が存在する．その固有元を φ_n で表し，対応する固有値を λ_n で表せば，次のようになる．

$$T\varphi_n = \lambda_n\varphi_n \qquad : n = 1, 2, \cdots$$

T の非零固有値 λ_n に対応する固有元 φ_n が S に属することを示す．

$$\lambda_n\varphi_n = T\varphi_n = AP\varphi_n = PA\varphi_n \in S$$

となり，$\lambda_n \neq 0$ であるから，$\varphi_n \in S$ となる．したがって，$P\varphi_n = \varphi_n$ となるから，

$$A\varphi_n = A(P\varphi_n) = (AP)\varphi_n = T\varphi_n = \lambda_n\varphi_n$$

となり，$A\varphi_n = \lambda_n\varphi_n$ となる．すなわち，T の非零固有値 λ_n，および，それに対応する固有元 φ_n は，同時に A の固有値，固有元になっている．

この非零固有値に対応する固有元の全体によって張られる部分空間を S_1 で表す．$\varphi_n \in S$ より $S_1 \subseteq S$ である．$S_1 = S$ の場合は，証明すべき命題は成立している．そこで，$S_1 \neq S$ の場合

について考える．$S_2 = S \ominus S_1$ とおく．u を S_2 の任意の元とする．$S_2 = S \cap S_1^{\perp}$ より，$u \in S$ であるから，$Pu = u$ となる．さらに，$u \in S_1^{\perp}$ より $Tu = 0$ となる．よって，

$$Au = A(Pu) = (AP)u = Tu = 0$$

となり，$Au = 0$ となる．すなわち，S_2 の元は A の固有値 0 に対応する固有元になっている．

$S_2 = S \ominus S_1$ より，$S = S_1 \oplus S_2$ である．そして，上述のように，S_1 は A の非零固有値に対応する固有元全体で張られる部分空間であり，S_2 の元は A の固有値 0 に対応する固有元になっている．よって，S 全体としても，A の固有空間になっている．■

定理 6.3 に示したように，有限次元作用素，すなわち，値域が有限次元になる作用素は完全連続である．したがって，定理 6.42 より，次の結果を得る．

□**系 6.43**　有限次元自己共役作用素の不変部分空間は固有空間である．

問　題

1. バナッハ空間 X からバナッハ空間 Y への 完全連続作用素は全単射にならないことを示せ．

2. 系 6.13 の (iii) を証明し，その結果を用いて (ii) を証明せよ．

3. 式 (6.3) の極分解に関して，次の関係を証明せよ．

(i)　任意の $f \in H_1$ に対して，$\|[A]f\| = \|Af\|$ となる．

(ii)　$\|[A]\|_2 = \|A\|_2$

4. 定理 6.15 の残りの部分を証明せよ．

5. $A = \sum_{n=1}^{\infty} \lambda_n \varphi_n \otimes \overline{\psi_n}$ と表される作用素に対して，次の関係を示せ．

(i)　$A^* = \sum_{n=1}^{\infty} \overline{\lambda_n} \psi_n \otimes \overline{\varphi_n}$

(ii)　$A^*A = \sum_{n=1}^{\infty} |\lambda_n|^2 \psi_n \otimes \overline{\psi_n}$

(iii)　$[A] = \sum_{n=1}^{\infty} |\lambda_n| \psi_n \otimes \overline{\psi_n}$

6. $\{\varphi_n\}$, $\{\psi_n\}$ をヒルベルト空間 H の正規直交系とする．次の命題を証明せよ．

(i)　P が正射影作用素になるための必要十分条件は，

$$P = \sum_n \varphi_n \otimes \overline{\varphi_n}$$

と表されることである．$\mathcal{R}(P)$ は $\{\varphi_n\}$ によって張られる部分空間である．

(ii)　U がユニタリ作用素になるための必要十分条件は，

$$U = \sum_n \varphi_n \otimes \overline{\psi_n}$$

と表されることである．ここで，$\{\varphi_n\}$, $\{\psi_n\}$ は H の完全系である．

(iii) U が等長作用素になるための必要十分条件は，

$$U = \sum_n \varphi_n \otimes \overline{\psi_n}$$

と表されることである．ここで，$\{\psi_n\}$ は H の完全系である．

(iv) U が部分等長作用素になるための必要十分条件は，

$$U = \sum_n \varphi_n \otimes \overline{\psi_n}$$

と表されることである．ここで，U の始集合は $\{\psi_n\}$ によって張られる空間であり，終集合は $\{\varphi_n\}$ によって張られる空間である．

7. 定理 6.30 の残りの部分を証明せよ．

8. 次の関係を証明せよ．

(i) $|\mathrm{tr}(A)| \leq \|A\|_1$　　(ii) $\|A\|_2 \leq \|A\|_1$

9. P を N 次元部分空間への正射影作用素とするとき，次の関係を証明せよ．

(i) $\|P\|_2 = \sqrt{N}$　　(ii) $\|P\|_1 = N$　　(iii) $\mathrm{tr}(P) = N$

10. 有限次元作用素の全体が，シュミット族作用素の中でシュミットノルムに関して稠密になることを示せ．

第7章　一般逆と作用素方程式

7.1　一般逆

$A \in B(H_1, H_2)$ と $g \in H_2$ が与えられたとき，$f \in H_1$ に関する方程式

$$Af = g \tag{7.1}$$

を考える．A の値域は閉じているものとする．A が正則の場合は，$f = A^{-1}g$ によって解を求めることができる．しかし，A が正則でない場合は，解が存在しないか，もし存在しても一意には定まらない．そのような場合でも，何らかの意味で A の逆とよべるものを考えようというのが，本章の主題である．こうして導入された一般逆の概念は，式 (7.1) から離れても，多くの分野で重要な働きをすることになる．

まず，式 (7.1) が必ずしも解をもたない場合を考える．これは，g が必ずしも $\mathcal{R}(A)$ に属していないことを意味する．このとき，Af が g に最も近くなるような f を，式 (7.1) の**最小 2 乗解** (least squares solution) という．A の値域は閉じているので，$\mathcal{R}(A)$ への正射影作用素 $P_{\mathcal{R}(A)}$ を考えることができる．そして，射影定理より，最小 2 乗解 f は，

$$Af = P_{\mathcal{R}(A)}g \tag{7.2}$$

によって特徴づけられる．$P_{\mathcal{R}(A)}g \in \mathcal{R}(A)$ であるから，式 (7.2) は必ず解をもつ．

式 (7.2) の解は $\mathcal{N}(A) = \{0\}$ のとき一意に定まるけれども，$\mathcal{N}(A) \supsetneqq \{0\}$ のときは無限に存在する．そのような最小 2 乗解の全体を S で表す．S の元の中でノルムが最小になるものを**最小ノルム解** (minimum norm solution) という．

□**補題 7.1**　S の中に最小ノルム解が常に存在し，一意に定まる．

証明　$\mathcal{R}(A)$ が閉じているので，定理 4.50 より $\mathcal{R}(A^*)$ も閉じている．したがって，$\mathcal{R}(A^*)$ への正射影作用素 $P_{\mathcal{R}(A^*)}$ を考えることができる．

まず，任意の $f \in S$ に対して $P_{\mathcal{R}(A^*)}f$ が f によらず一意に定まることを示し，それを $\hat{f}$ で表す．実際，S の元 f, f_1 に対して，$Af = Af_1 = P_{\mathcal{R}(A)}g$ であるから，$A(f - f_1) = 0$ となる．よって，$f - f_1 \in \mathcal{N}(A) = \mathcal{R}(A^*)^{\perp}$ となる．したがって，

$$P_{\mathcal{R}(A^*)}f = P_{\mathcal{R}(A^*)}f_1 + P_{\mathcal{R}(A^*)}(f - f_1) = P_{\mathcal{R}(A^*)}f_1$$

となり，$P_{\mathcal{R}(A^*)}f$ は f によらず一意に定まる．

$\hat{f}$ の定義より $A\hat{f} = AP_{\mathcal{R}(A^*)}f = Af$ となるから，$A(f-\hat{f}) = 0$ となる．よって，$f-\hat{f} \in \mathcal{N}(A) = \mathcal{R}(A^*)^{\perp}$ かつ $\hat{f} \in \mathcal{R}(A^*)$ となり，

$$\|f\|^2 = \|f-\hat{f}+\hat{f}\|^2 = \|f-\hat{f}\|^2 + \|\hat{f}\|^2 \geq \|\hat{f}\|^2$$

となる．この式の最後の不等号で等号が成立するための必要十分条件は $f = \hat{f}$ であるから，$\hat{f}$ が唯一の最小ノルム解になる．■

定義 7.2 (**ムーア・ペンローズ一般逆の定義 1**)　任意の $g \in H_2$ に対して，補題 7.1 で定まる最小ノルム解 $\hat{f}$ を対応づける作用素を，A の**ムーア・ペンローズ一般逆** (Moore-Penrose generalized inverse) といい，$A^\dagger$ で表す．

ムーア・ペンローズ一般逆には多くの同値な定義がある．次節でそれらを述べたあとで，ムーア・ペンローズ一般逆という名前の由来も示す．その前に，定義 1 から導かれるムーア・ペンローズ一般逆の基本的な性質を述べておく．まず，A が正則ならば，$A^\dagger = A^{-1}$ となる．

定理 7.3　値域が閉じた作用素 $A \in B(H_1, H_2)$ に対して，次の関係が成立する．

$$\mathcal{R}(A^\dagger) = \mathcal{R}(A^*) = \mathcal{R}(A^\dagger A)$$

証明　まず，$\mathcal{R}(A^\dagger) \subseteq \mathcal{R}(A^*)$ を示す．任意の $g \in H_2$ に対して，

$$A^\dagger g = h_1 + h_2 \qquad : h_1 \in \mathcal{N}(A)^{\perp},\ h_2 \in \mathcal{N}(A)$$

とおく．$A^\dagger g$ は $Af = g$ の最小 2 乗解であるから，式 (7.2) より，

$$Ah_1 = A(h_1 + h_2) = AA^\dagger g = P_{\mathcal{R}(A)}g$$

となり，h_1 も $Af = g$ の最小 2 乗解になる．ところで，$h_2 \neq 0$ と仮定すれば，

$$\|h_1\|^2 < \|h_1\|^2 + \|h_2\|^2 = \|h_1 + h_2\|^2 = \|A^\dagger g\|^2$$

となり，$A^\dagger g$ が最小ノルム最小 2 乗解であることと矛盾する．よって，$h_2 = 0$ となり，$A^\dagger g = h_1 \in \mathcal{N}(A)^{\perp} = \mathcal{R}(A^*)$ となる．すなわち，$\mathcal{R}(A^\dagger) \subseteq \mathcal{R}(A^*)$ となる．

逆を示す．$\mathcal{R}(A)$ が閉じているので，定理 4.50 より $\mathcal{R}(A^*)$ も閉じている．任意の $h \in \mathcal{N}(A)^{\perp} = \mathcal{R}(A^*)$ に対して，$g = Ah$ とおく．

$$Ah = P_{\mathcal{R}(A)}Ah = P_{\mathcal{R}(A)}g$$

となり，h は $Af = g$ の最小 2 乗解になる．u を $Af = g$ の最小 2 乗解の一つとすれば，$Ah = Au = P_{\mathcal{R}(A)}g$ となる．よって，$u - h \in \mathcal{N}(A)$ となり，

$$\|u\|^2 = \|u-h+h\|^2 = \|u-h\|^2 + \|h\|^2 \geq \|h\|^2$$

となる．したがって，h は $Af = g$ の最小ノルム最小 2 乗解になり，$h = A^\dagger g$ となる．よって，$\mathcal{R}(A^*) \subseteq \mathcal{R}(A^\dagger)$ となる．すなわち，$\mathcal{R}(A^\dagger) = \mathcal{R}(A^*)$ が成立する．

最後に，任意の $g \in H_2$ に対して，

$$A^\dagger g = A^\dagger P_{\mathcal{R}(A)} g \in \mathcal{R}(A^\dagger A)$$

となる．よって，$\mathcal{R}(A^\dagger) \subseteq \mathcal{R}(A^\dagger A) \subseteq \mathcal{R}(A^\dagger)$ となり，$\mathcal{R}(A^\dagger) = \mathcal{R}(A^\dagger A)$ となる． ■

定理 7.4 値域が閉じた作用素 $A \in B(H_1, H_2)$ に対して $A^\dagger \in B(H_2, H_1)$ となる．すなわち，$A^\dagger$ も有界線形作用素になる．

証明 まず，$A^\dagger$ の加法性を示す．任意の $g_1, g_2 \in H_2$ に対して，

$$AA^\dagger g_1 = P_{\mathcal{R}(A)} g_1, \qquad AA^\dagger g_2 = P_{\mathcal{R}(A)} g_2$$

となる．よって，$g_1 + g_2 \in H_2$ より，

$$AA^\dagger g_1 + AA^\dagger g_2 = P_{\mathcal{R}(A)}(g_1 + g_2) = AA^\dagger(g_1 + g_2)$$

となる．よって，

$$A^\dagger(g_1 + g_2) - (A^\dagger g_1 + A^\dagger g_2) \in \mathcal{N}(A)$$

となる．一方，定理 7.3 より，

$$A^\dagger(g_1 + g_2) - (A^\dagger g_1 + A^\dagger g_2) \in \mathcal{R}(A^\dagger) = \mathcal{R}(A^*) = \mathcal{N}(A)^\perp$$

となる．したがって，

$$A^\dagger(g_1 + g_2) - (A^\dagger g_1 + A^\dagger g_2) \in \mathcal{N}(A) \cap \mathcal{N}(A)^\perp = \{0\}$$

となり，

$$A^\dagger(g_1 + g_2) = A^\dagger g_1 + A^\dagger g_2$$

となる．

同次性を示す．a を任意の複素数とし，$g \in H_2$ とする．

$$AA^\dagger(ag) = P_{\mathcal{R}(A)}(ag) = aP_{\mathcal{R}(A)} g = aAA^\dagger g$$

となり，

$$A^\dagger(ag) - aA^\dagger g \in \mathcal{N}(A) \cap \mathcal{N}(A)^\perp = \{0\}$$

となる．よって，$A^\dagger(ag) = aA^\dagger g$ となる．

最後に有界性を示す．定理 7.3 より $\mathcal{R}(A^\dagger) = \mathcal{R}(A^*)$ であるから，任意の $g \in H_2$ に対して，$A^\dagger g \in \mathcal{R}(A^*)$ となる．よって，定理 4.55 より，

$$\|AA^\dagger g\| \geq m\|A^\dagger g\|$$

となる正の定数 m が存在する．しかも，$A^\dagger g$ は $Af = g$ の最小 2 乗解であるから，

$$m\|A^\dagger g\| \leq \|AA^\dagger g\| = \|P_{\mathcal{R}(A)} g\| \leq \|g\|$$

となり，$A^\dagger$ は有界になる． ■

なお，A の値域が閉じていなければ，$A^\dagger$ が非有界作用素になることが知られている．

7.2　ムーア・ペンローズ一般逆の諸定義

ムーア・ペンローズ一般逆の定義には，定義 7.2 に与えたもののほかにもさまざまなものがある．本節では，それらの定義を与え，お互いに同値であることを示す．

歴史的にみて最も早いものは，ムーア (E. H. Moore) によって 1920 年に行列に対して与えられたものである．ただ，これは，アメリカ数学会紀要 (Bulletin of the American Mathematical Society) の要約の欄に発表されたものであり，しかも著者独特の表現法を用いていたために，誰からも注目されることはなかった．作用素に対して現代風に表現すれば，次のようになる．

定義 7.5 (ムーア・ペンローズ一般逆の定義 2 (ムーア))　値域が閉じた作用素 $A \in B(H_1, H_2)$ に対して

(i)　$AX = P_{\mathcal{R}(A)}$

(ii)　$XA = P_{\mathcal{R}(X)}$

を満たす作用素 X が常に存在し，一意に定まる．それをムーア・ペンローズ一般逆といい，$A^\dagger$ で表す．

その後 1955 年に，ペンローズ (R. Penrose) によって，やはり行列に対するものであるが，純粋に代数的な定義が与えられた．この定義は表現が明確であり，また使いやすいものであったために，瞬く間に世の中に認められ，普及していった．それは，作用素に対してそのまま適用でき，次のようになる．

定義 7.6 (ムーア・ペンローズ一般逆の定義 3 (ペンローズ))　値域が閉じた作用素 $A \in B(H_1, H_2)$ を考える．4 個の条件

(i)　$AXA = A$

(ii)　$XAX = X$

(iii)　$(AX)^* = AX$

(iv)　$(XA)^* = XA$

を満たす作用素 X が常に存在し，一意に定まる．それをムーア・ペンローズ一般逆といい，$A^\dagger$ で表す．

1956 年には，ラド (R. Rado) によって，ムーアの定義とペンローズの定義が同値であることが示され，以後，$A^\dagger$ はムーア・ペンローズ一般逆とよばれるようになった．

ペンローズの定義の 4 条件を満たす X の存在と一意性を直接証明するためには，膨大な計算を要する．しかし，あとで示すように，定義 1 と同値であることがわかれば，X の存在性も一意性も同時に示せたことになる．

ペンローズの定義のおかげで，$A^\dagger$ の概念をさまざまに拡張できるようになった．すなわち，ペンローズの定義の 4 条件の中の i, j, k 番目の条件を満たす X を A の i, j, k-逆といい，$A^{(i,j,k)}$ と表す．そのような逆は一般には無限に存在するので，i, j, k-逆の全体を $A\{i, j, k\}$ と表す．たとえば，1 番目の条件だけを満たす X を A の 1-逆といい，$A^{(1)}$ と表したり，A^- と表す．そして，1-逆の全体を $A\{1\}$ と表す．この表記を使えば，$A^\dagger = A^{(1,2,3,4)}$ となる．また，このことから，$A^\dagger$ の存在がわかれば，任意の i, j, k-逆が存在することもわかる．

それぞれの定義の同値性を示すためには，更に次の定義が必要になる．

定義 7.7 (**ムーア・ペンローズ一般逆の定義 4**)　値域が閉じた作用素 $A \in B(H_1, H_2)$ に対して

(i) $XAf = f \qquad : f \in \mathcal{N}(A)^\perp$

(ii) $Xg = 0 \qquad : g \in \mathcal{R}(A)^\perp$

を満たす作用素 X が常に存在し，一意に定まる．それをムーア・ペンローズ一般逆といい，$A^\dagger$ で表す．

さて，いよいよこれらの定義の同値性を示す．

定理 7.8　ムーア・ペンローズ一般逆の定義 1〜4 は，互いに同値である．

証明　定義 1 ⇒ 定義 2：X を，定義 1 で与えられるムーア・ペンローズ一般逆とする．この定義より明らかに $AX = P_{\mathcal{R}(A)}$ となり，定義 2 の (i) が成立する．(ii) を導く．任意の f は，定理 7.3 より，

$$f = f_1 + f_2 \qquad : f_1 \in \mathcal{N}(A)^\perp = \mathcal{R}(A^\dagger) = \mathcal{R}(X),\ f_2 \in \mathcal{N}(A)$$

と表すことができる．したがって，

$$AXAf = AXAf_1 = P_{\mathcal{R}(A)}Af_1 = Af_1$$

となり，

$$XAf - f_1 \in \mathcal{N}(A) \cap \mathcal{N}(A)^\perp = \{0\}$$

となる．よって，

$$XAf = f_1 = P_{\mathcal{R}(X)}f$$

となり，定義2の(ii)も成立する．また，このことから，定義2の2式を同時に満たすXが存在することもわかる．

定義2 ⇒ 定義3：Xを，定義2で与えられるムーア・ペンローズ一般逆とする．AXおよびXAは自己共役になるので，定義3の(iii), (iv)が成立する．また，

$$AXA = P_{\mathcal{R}(A)}A = A$$
$$XAX = P_{\mathcal{R}(X)}X = X$$

より，(i), (ii)も成立する．また，このことから，定義3の4式を同時に満たすXが存在することもわかる．

定義3 ⇒ 定義2：Xを，定義3で与えられるムーア・ペンローズ一般逆とする．定義3の(i), (iii)より$AX = P_{\mathcal{R}(AX)}$となる．さらに(i)より，

$$\mathcal{R}(A) = \mathcal{R}(AXA) \subseteq \mathcal{R}(AX) \subseteq \mathcal{R}(A)$$

となり，$\mathcal{R}(AX) = \mathcal{R}(A)$となるので，$AX = P_{\mathcal{R}(A)}$となり，定義2の(i)が成立する．同様にして，定義3の(ii), (iv)より定義2の(ii)が成立する．

定義2 ⇒ 定義4：Xを，定義2で与えられるムーア・ペンローズ一般逆とする．定義2の(i)より$AXA = A$となる．よって，任意の$f \in H_1$に対して，$XAf - f \in \mathcal{N}(A)$となる．したがって，任意の$f \in \mathcal{N}(A)^\perp$に対して，定義2の(ii)より，

$$\|XAf - f\|^2 + \|f\|^2 = \|XAf - f + f\|^2 = \|XAf\|^2 = \|P_{\mathcal{R}(X)}f\|^2 \leq \|f\|^2$$

となり，$XAf = f$となる．すなわち，定義4の(i)が成立する．

(ii)を示す．定義2の(ii)より$XAX = X$となる．よって，任意の$g \in \mathcal{R}(A)^\perp$に対して，定義2の(i)より，

$$Xg = XAXg = XP_{\mathcal{R}(A)}g = 0$$

となり，定義4の(ii)が成立する．また，このことから，定義4の2式を同時に満たすXが存在することもわかる．

定義4 ⇒ 定義1：Xを，定義4で与えられるムーア・ペンローズ一般逆とする．任意の$g \in H_2$は，

$$g = g_1 + g_2 \qquad : g_1 \in \mathcal{R}(A),\ g_2 \in \mathcal{R}(A)^\perp \tag{7.3}$$

と表すことができる．したがって，定義4の(ii)より，

$$AXg = AXg_1$$

となる．また，$g_1 \in \mathcal{R}(A)$であるから，$g_1 = Af$となる$f \in \mathcal{N}(A)^\perp$が存在する．よって，

$$AXg = AXg_1 = AX(Af) = A(XAf) = Af = g_1 = P_{\mathcal{R}(A)}g$$

となり，Xgは最小2乗解になる．

Xgが最小ノルム解になることを示す．hを任意の最小2乗解とすれば，$Ah = P_{\mathcal{R}(A)}g = AXg$となり，$Xg - h \in \mathcal{N}(A)$となる．一方，再び式(7.3)の分解を考えれば，

$$Xg = Xg_1 = XAf = f \in \mathcal{N}(A)^{\perp}$$

となる．よって，$Xg - h$ と Xg は直交し，

$$\|h\|^2 = \|h - Xg + Xg\|^2 = \|h - Xg\|^2 + \|Xg\|^2 \geq \|Xg\|^2$$

となる．すなわち，Xg は最小ノルム解になる． ■

定理 7.8 より，ムーア・ペンローズ一般逆の定義 1〜4 が互いに同値であることがわかった．しかも，定義 1 よりムーア・ペンローズ一般逆は一意に定まるので，各定義における条件式を満たす X も一意に定まることがわかる．

7.3 ムーア・ペンローズ一般逆の諸性質

ムーア・ペンローズ一般逆の諸性質をまとめておく．

定理 7.9 次の関係が成立する．

(i) $(A^{\dagger})^{\dagger} = A$

(ii) $(A^{\dagger})^{*} = (A^{*})^{\dagger}$

(iii) $A^{*} = A^{*}AA^{\dagger}$

(iv) $A^{*} = A^{\dagger}AA^{*}$

(v) $(AA^{*})^{\dagger} = (A^{*})^{\dagger}A^{\dagger}$

(vi) $A^{\dagger} = (A^{*}A)^{\dagger}A^{*}$

(vii) $A^{\dagger} = A^{*}(AA^{*})^{\dagger}$

証明 (iii) を示す．$A^{\dagger} \in A\{1,3\}$ より，

$$A^{*} = (AA^{\dagger}A)^{*} = A^{*}(AA^{\dagger})^{*} = A^{*}AA^{\dagger}$$

となり，(iii) が成立する．(ii) と (v) は定義 7.6 を使って直接示すことができる．(vii) を示す．$A^{\dagger} \in A\{2,4\}$ と (ii), (v) より，

$$A^{\dagger} = A^{\dagger}AA^{\dagger} = (A^{\dagger}A)^{*}A^{\dagger} = A^{*}(A^{\dagger})^{*}A^{\dagger} = A^{*}(A^{*})^{\dagger}A^{\dagger} = A^{*}(AA^{*})^{\dagger}$$

となり，(vii) が成立する．他も同様に証明できる． ■

この定理の (vi) は，もし H_1 が有限次元ならば，作用素のムーア・ペンローズ一般逆 $A^{\dagger}$ の計算が，行列のムーア・ペンローズ一般逆の計算に還元できることを表している．同様に，(vii) はもし H_2 が有限次元ならば，作用素のムーア・ペンローズ一般逆 $A^{\dagger}$ の計算が，行列の計算に還元できることを表している．

定理 7.9 の (vi), (vii) より，ただちに次の結果を得る．

□**系 7.10**　次の関係が成立する．

（i）$(A^*A)^{-1}$ が存在すれば，$A^\dagger = (A^*A)^{-1}A^*$ となる．

（ii）$(AA^*)^{-1}$ が存在すれば，$A^\dagger = A^*(AA^*)^{-1}$ となる．

□**系 7.11**　次の関係が成立する．

（i）$\mathcal{R}(AA^\dagger) = \mathcal{R}(A)$

（ii）$\mathcal{R}(A^\dagger A) = \mathcal{R}(A^\dagger) = \mathcal{R}(A^*)$

（iii）$\mathcal{N}(AA^\dagger) = \mathcal{N}(A^\dagger) = \mathcal{N}(A^*)$

（iv）$\mathcal{N}(A^\dagger A) = \mathcal{N}(A)$

証明　(ii) は定理 7.3 に示したとおりである．(i) を示す．$A^\dagger \in A\{1\}$ より，

$$\mathcal{R}(A) = \mathcal{R}(AA^\dagger A) \subseteq \mathcal{R}(AA^\dagger) \subseteq \mathcal{R}(A)$$

となり，(i) が成立する．(iii) を示す．$A^\dagger \in A\{2\}$ より，

$$\mathcal{N}(A^\dagger) = \mathcal{N}(A^\dagger AA^\dagger) \supseteq \mathcal{N}(AA^\dagger) \supseteq \mathcal{N}(A^\dagger)$$

となり，(iii) の第 1 式が成立する．(i) の両辺の直交補空間をとれば，$A^\dagger \in A\{3\}$ より，$\mathcal{N}(AA^\dagger) = \mathcal{N}(A^*)$ となる．(iv) も同様に証明できる．■

□**系 7.12**　次の関係が成立する．

（i）$AA^\dagger = P_{\mathcal{R}(A)}$

（ii）$A^\dagger A = P_{\mathcal{R}(A^*)}$

証明　$A^\dagger \in A\{1,3\}$ および $A^\dagger \in A\{2,4\}$ より，$AA^\dagger$ および $A^\dagger A$ はともに正射影作用素になる．しかも，系 7.11 と定理 7.3 より，$\mathcal{R}(AA^\dagger) = \mathcal{R}(A)$ かつ $\mathcal{R}(A^\dagger A) = \mathcal{R}(A^*)$ であるから，命題が成立する．■

7.4　作用素方程式

作用素方程式

$$AXB = C \tag{7.4}$$

を考える．ここで，H_1, H_2, H_3, H_4 をヒルベルト空間とするとき，図 7.1 に示すように，$A \in \mathcal{B}(H_3, H_4)$，$B \in \mathcal{B}(H_1, H_2)$，$C \in \mathcal{B}(H_1, H_4)$ は値域が閉じている既知の作用素であり，$X \in \mathcal{B}(H_2, H_3)$ は未知の作用素である．

この作用素方程式を論じるための準備として，次の補題から始める．

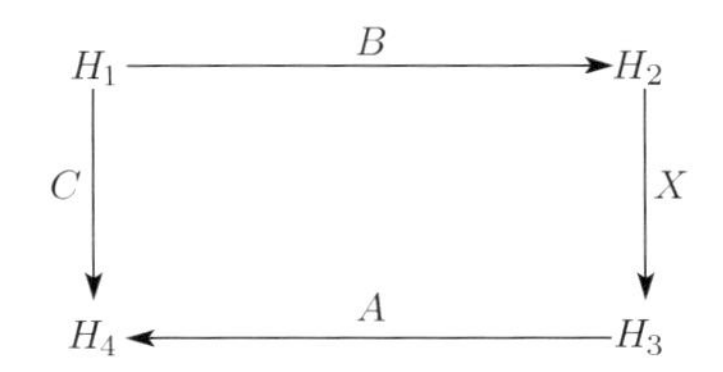

図 7.1 作用素方程式に現れる各種記号

□補題 7.13

(i) $\mathcal{R}(A) \supseteq \mathcal{R}(C)$ となるための必要十分条件は，$AA^{\dagger}C = C$ である．

(ii) $\mathcal{N}(B) \subseteq \mathcal{N}(C)$ となるための必要十分条件は，$CB^{\dagger}B = C$ である．

証明 (i) 十分性は明らかであるから，必要性を示す．$\mathcal{R}(A) \supseteq \mathcal{R}(C)$ と系 7.12，定理 5.15 より，

$$AA^{\dagger}CC^{\dagger} = CC^{\dagger}$$

となる．この式の右から C を掛ければ $AA^{\dagger}C = C$ となる．

(ii) 十分性は明らかであるから，必要性を示す．$BB^{\dagger}B = B$ より $B(B^{\dagger}B - I) = 0$ となるから，$\mathcal{R}(B^{\dagger}B - I) \subseteq \mathcal{N}(B) \subseteq \mathcal{N}(C)$ となる．よって，$C(B^{\dagger}B - I) = 0$ となり，$CB^{\dagger}B = C$ となる．■

この補題から次の定理を得る．

定理 7.14 次の 3 条件は互いに同値である．

(i) $AXB = C$ の解が存在する．

(ii) $\mathcal{R}(A) \supseteq \mathcal{R}(C)$ かつ $\mathcal{N}(B) \subseteq \mathcal{N}(C)$

(iii) $AA^{\dagger}CB^{\dagger}B = C$

これらの条件が成立するとき，$AXB = C$ の一般解 X は次式で与えられる．

$$X = A^{\dagger}CB^{\dagger} + Y - A^{\dagger}AYBB^{\dagger} \tag{7.5}$$

ここで，Y は H_2 から H_3 への任意の有界線形作用素である．

証明 (i)⇒(ii)：$AXB = C$ より，

$$\mathcal{R}(C) = \mathcal{R}(AXB) \subseteq \mathcal{R}(A)$$
$$\mathcal{N}(C) = \mathcal{N}(AXB) \supseteq \mathcal{N}(B)$$

となり，(ii) が成立する．

(ii)⇒(iii)：補題 7.13 より，

$$AA^{\dagger}CB^{\dagger}B = (AA^{\dagger}C)B^{\dagger}B = CB^{\dagger}B = C$$

となり，(iii) が成立する．

(iii)⇒(i)：(iii) より，$X = A^\dagger CB^\dagger$ が $AXB = C$ の解になっている．

最後の部分を示す．式 (7.5) で与えられる X に対して，(iii) より，

$$AXB = AA^\dagger CB^\dagger B + AYB - AA^\dagger AYBB^\dagger B = C + AYB - AYB = C$$

となるから，X は任意の Y に対して $AXB = C$ の解になっている．逆に，$AXB = C$ の解の一つを X_0 で表す．式 (7.5) で $Y = X_0$ とおけば，

$$\begin{aligned} A^\dagger CB^\dagger + X_0 - A^\dagger AX_0BB^\dagger &= A^\dagger CB^\dagger + X_0 - A^\dagger(AX_0B)B^\dagger \\ &= A^\dagger CB^\dagger + X_0 - A^\dagger CB^\dagger \\ &= X_0 \end{aligned}$$

となるから，$AXB = C$ の解はすべて式 (7.5) で表される．■

定理 7.14 で $H_4 = H_3$ かつ $A = I$，および，$H_2 = H_1$ かつ $B = I$ の場合を考えれば，それぞれ次の系を得る．

□系 7.15　次の 3 条件は互いに同値である．

(i)　$XB = C$ の解が存在する．

(ii)　$\mathcal{N}(B) \subseteq \mathcal{N}(C)$

(iii)　$CB^\dagger B = C$

これらの条件が成立するとき，$XB = C$ の一般解 X は次式で与えられる．

$$X = CB^\dagger + Y(I - BB^\dagger) \tag{7.6}$$

ここで，I は H_2 上の恒等作用素であり，Y は H_2 から H_3 への任意の有界線形作用素である．

□系 7.16　次の 3 条件は互いに同値である．

(i)　$AX = C$ の解が存在する．

(ii)　$\mathcal{R}(A) \supseteq \mathcal{R}(C)$

(iii)　$AA^\dagger C = C$

これらの条件が成立するとき，$AX = C$ の一般解 X は次式で与えられる．

$$X = A^\dagger C + (I - A^\dagger A)Y \tag{7.7}$$

ここで，I は H_3 上の恒等作用素であり，Y は H_1 から H_3 への任意の有界線形作用素である．

7.5 作用素の積の一般逆

通常の逆作用素に対しては，$(AB)^{-1} = B^{-1}A^{-1}$ なる関係が成立している．しかし，一般逆に対しては，$(AB)^{\dagger} = B^{\dagger}A^{\dagger}$ は必ずしも成立しない．実際，たとえば，

$$A = \begin{pmatrix} 1 & 1 \\ 1 & 1 \end{pmatrix}, \qquad B = \begin{pmatrix} 1 & 0 \\ 0 & 0 \end{pmatrix} \tag{7.8}$$

とすれば，

$$AB = \begin{pmatrix} 1 & 0 \\ 1 & 0 \end{pmatrix}, \quad (AB)^{\dagger} = \frac{1}{2}\begin{pmatrix} 1 & 1 \\ 0 & 0 \end{pmatrix} \tag{7.9}$$

$$A^{\dagger} = \frac{1}{4}\begin{pmatrix} 1 & 1 \\ 1 & 1 \end{pmatrix}, \ B^{\dagger} = \begin{pmatrix} 1 & 0 \\ 0 & 0 \end{pmatrix}, \ B^{\dagger}A^{\dagger} = \frac{1}{4}\begin{pmatrix} 1 & 1 \\ 0 & 0 \end{pmatrix} \tag{7.10}$$

となり，$(AB)^{\dagger} \neq B^{\dagger}A^{\dagger}$ となっている．本節では，$(AB)^{\dagger} = B^{\dagger}A^{\dagger}$ となる条件を求める．そのために，いくつかの補題を用意する．

□**補題 7.17** $A \in \mathcal{B}(H)$ を値域が閉じた半正値自己共役作用素とし，$\mathcal{R}(A)$ への正射影作用素を P で表す．このとき，$\|P - \mu A\| < 1$ となる正数 μ が存在する．

証明 系 7.12 より，

$$AP = AP_{\mathcal{R}(A)} = AP_{\mathcal{R}(A^*)} = AA^{\dagger}A = A$$

となる．よって，任意の $f \in H$ に対して，

$$(P - \mu A)f = (P - \mu A)Pf, \qquad \|Pf\| \leq \|f\|$$

なる関係が成立する．作用素の定義域を $\mathcal{R}(A)$ に制限した場合のノルムを $\|\cdot\|_{\mathcal{R}(A)}$ で表す．$\mathcal{R}(A)$ の中でみれば $P = I$ となるので，

$$\|(P - \mu A)f\| = \|(P - \mu A)Pf\| \leq \|I - \mu A\|_{\mathcal{R}(A)}\|Pf\| \leq \|I - \mu A\|_{\mathcal{R}(A)}\|f\|$$

となる．したがって，作用素の定義域を $\mathcal{R}(A)$ に制限し，$\|I - \mu A\|_{\mathcal{R}(A)} < 1$ を示せば十分である．

A は半正値であるから，$B^2 = A$ となる半正値自己共役作用素 B が存在し，$\mathcal{R}(B) = \mathcal{R}(A)$ となる．さらに定理 4.54 より，B は $\mathcal{R}(A)$ の中でみれば，正値自己共役になり，正則になる．ところで，

$$\|f\| = \|B^{-1}Bf\| \leq \|B^{-1}\|_{\mathcal{R}(A)}\|Bf\|$$

となるから，

$$\|Bf\| \geq \frac{\|f\|}{\|B^{-1}\|_{\mathcal{R}(A)}}$$

となる．そこで，

$$0 < \mu < \frac{1}{\|B\|^2_{\mathcal{R}(A)}} \quad かつ \quad \mu < \|B^{-1}\|^2_{\mathcal{R}(A)}$$

となる μ を考える．A は自己共役であるから，その2次形式は実数値をとる．よって，

$$\begin{aligned}
\|(I - \mu A)f\|^2 &= \|f\|^2 - 2\mu\langle Af, f\rangle + \mu^2\|Af\|^2 \\
&= \|f\|^2 - 2\mu\|Bf\|^2 + \mu^2\|B^2 f\|^2 \\
&\le \|f\|^2 - 2\mu\|Bf\|^2 + \mu^2\|B\|^2_{\mathcal{R}(A)}\|Bf\|^2 \\
&\le \|f\|^2 - 2\mu\|Bf\|^2 + \mu\|Bf\|^2 \\
&= \|f\|^2 - \mu\|Bf\|^2 \\
&\le \left(1 - \frac{\mu}{\|B^{-1}\|^2_{\mathcal{R}(A)}}\right)\|f\|^2 \\
&\le \|f\|^2
\end{aligned}$$

となり，$\|I - \mu A\|_{\mathcal{R}(A)} < 1$ となる．■

□**補題 7.18**　$A \in \mathcal{B}(H_1, H_2)$ を値域が閉じた作用素とし，$B \in \mathcal{B}(H_2)$ を値域が閉じた自己共役作用素とする．

$$\mathcal{R}(BA) \subseteq \mathcal{R}(A) \tag{7.11}$$

ならば，

$$\mathcal{R}(B^\dagger A) \subseteq \mathcal{R}(A) \tag{7.12}$$

となる．

証明　$\mathcal{R}(BA) \subseteq \mathcal{R}(A)$ より，

$$\mathcal{R}(B^2 A) \subseteq B\mathcal{R}(BA) \subseteq B\mathcal{R}(A) \subseteq \mathcal{R}(BA) \subseteq \mathcal{R}(A)$$

となる．したがって，任意の自然数 n に対して，$\mathcal{R}(B^n A) \subseteq \mathcal{R}(A)$ となる．

一方，B は自己共役であるから，B^2 は半正値自己共役になり，$\mathcal{R}(B^2) = \mathcal{R}(B)$ となる．しかも，B の値域が閉じているので，$\mathcal{R}(B)$ への正射影作用素 P が存在する．よって，補題7.17より，$\|P - \mu B^2\| < 1$ となる正数 μ が存在する．そこで，$\mathcal{R}(B)$ の中でノイマン級数を考えれば，

$$\begin{aligned}
B^\dagger &= B(BB)^\dagger \\
&= \mu B(P - (P - \mu B^2))^\dagger \\
&= \mu B(P + (P - \mu B^2) + (P - \mu B^2)^2 + (P - \mu B^2)^3 + \cdots)
\end{aligned}$$

となる．したがって，$B^\dagger$ は B のべき乗の和で表現でき，$\mathcal{R}(B^\dagger A) \subseteq \mathcal{R}(A)$ が成立する．■

式 (7.11) は，$\mathcal{R}(A)$ が B の不変部分空間になることを意味しており，式 (7.12) は，$\mathcal{R}(A)$ が $B^\dagger$ の不変部分空間になることを意味している．

□**補題 7.19**　$A \in \mathcal{B}(H_1, H_2)$ を，値域が閉じた作用素とし，$B \in \mathcal{B}(H_2)$ を，値域が閉じた自己共役作用素とする．$\mathcal{R}(BA) \subseteq \mathcal{R}(A)$ ならば $\mathcal{R}(BA)$ も閉じている．

証明 P を $\mathcal{R}(B)$ への正射影作用素とする．$\mathcal{R}(BA) \subseteq \mathcal{R}(A)$ であるから，補題 7.18 より，$\mathcal{R}(B^\dagger A) \subseteq \mathcal{R}(A)$ となる．よって，

$$\mathcal{R}(BA) = \mathcal{R}(BB^\dagger BA) = BB^\dagger \mathcal{R}(BA) \subseteq BB^\dagger \mathcal{R}(A) = B\mathcal{R}(B^\dagger A) \subseteq B\mathcal{R}(A) = \mathcal{R}(BA)$$

となり，$P = BB^\dagger$ より，

$$\mathcal{R}(PA) = \mathcal{R}(BA) \tag{7.13}$$

となる．したがって，$\mathcal{R}(PA)$ が閉じていることを示せばよい．

$\mathcal{R}(PA)$ の点列 $\{f_n\}$ が $f \in H_2$ に収束したとする．式 (7.13) と補題の仮定 $\mathcal{R}(BA) \subseteq \mathcal{R}(A)$ より $\{f_n\}$ は $\mathcal{R}(A)$ の点列である．しかも $\mathcal{R}(A)$ が閉じているので，$f \in \mathcal{R}(A)$ となる．よって，$f = Ag$ と表現できる．

$f_n \in \mathcal{R}(PA) \subseteq \mathcal{R}(P)$ であるから，$(I-P)f_n = 0$ となり，

$$\langle f_n, (I-P)f \rangle = \langle (I-P)f_n, f \rangle = 0$$

となる．内積の連続性より，$\langle f, (I-P)f \rangle = 0$ となる．したがって，

$$\|(I-P)f\|^2 = \langle (I-P)f, (I-P)f \rangle = \langle f, (I-P)f \rangle = 0$$

となり，$(I-P)f = 0$ となる．よって，$f = Pf = PAg \in \mathcal{R}(PA)$ となり，$\mathcal{R}(PA)$ が閉じている． ■

最後にもう一つ，補題を用意する．

□**補題 7.20** A, B を，ヒルベルト空間上で定義された，値域が閉じた有界線形作用素とする．$\mathcal{R}(A^*AB) \subseteq \mathcal{R}(B)$ ならば，$\mathcal{R}(AB)$ は閉じている．

証明 補題 7.19 において，B を A^*A とみなし，A を B とみなせば，$\mathcal{R}(A^*AB)$ は閉じている．しかも，いまの場合，式 (7.13) の P は $\mathcal{R}(A^*A)$ への正射影作用素であるから，

$$\mathcal{R}(A^*AB) = \mathcal{R}((A^*A)(A^*A)^\dagger B) = \mathcal{R}(P_{\mathcal{R}(A^*A)}B) = \mathcal{R}(P_{\mathcal{R}(A^*)}B) = \mathcal{R}(A^\dagger AB)$$

となる．よって，$\mathcal{R}(A^\dagger AB)$ が閉じていることがわかる．

$\mathcal{R}(AB)$ の点列 $\{f_n\}$ が $f \in H_2$ に収束したとする．$\{f_n\}$ は同時に $\mathcal{R}(A)$ の点列でもあり，$\mathcal{R}(A)$ が閉じているので，$f \in \mathcal{R}(A)$ となる．ここで，

$$g_n = A^\dagger f_n, \qquad g = A^\dagger f$$

とおく．$A^\dagger$ は有界であるから，g_n は g に収束する．しかも，$g_n \in \mathcal{R}(A^\dagger AB)$ であり，$\mathcal{R}(A^\dagger AB)$ は閉じているので，$g \in \mathcal{R}(A^\dagger AB)$ となる．そこで，$f \in \mathcal{R}(A)$ を考慮すれば，

$$f = AA^\dagger f = Ag \in \mathcal{R}(AA^\dagger AB) = \mathcal{R}(AB)$$

となり，$\mathcal{R}(AB)$ は閉じている． ■

補題 7.20 に現れる条件 $\mathcal{R}(A^*AB) \subseteq \mathcal{R}(B)$ は，$\mathcal{R}(B)$ が A^*A の不変部分空間になることを意味している．

これらの補題を使って，次の結果を得る．

定理 7.21　A, B を，ヒルベルト空間上で定義された，値域が閉じた有界線形作用素とする．

$$(AB)^\dagger = B^\dagger A^\dagger \tag{7.14}$$

が成立するための必要十分条件は，

$$\mathcal{R}(BB^*A^*) \subseteq \mathcal{R}(A^*) \tag{7.15}$$

$$\mathcal{R}(A^*AB) \subseteq \mathcal{R}(B) \tag{7.16}$$

が成立することである．

証明　7段階に分けて証明する．

(i)　まず，式 (7.15)，(7.16) が，それぞれ，

$$A^\dagger A(BB^*A^*) = BB^*A^* \tag{7.17}$$

$$BB^\dagger(A^*AB) = A^*AB \tag{7.18}$$

と同値であることを示す．$A^\dagger A$ は$\mathcal{R}(A^*)$ への正射影作用素であるから，式 (7.15) より式 (7.17) が成立する．逆に式 (7.17) が成立すれば，

$$\mathcal{R}(BB^*A^*) = \mathcal{R}(A^\dagger ABB^*A^*) \subseteq \mathcal{R}(A^\dagger) = \mathcal{R}(A^*)$$

となり，式 (7.15) が成立する．同様にして，式 (7.16) は式 (7.18) と同値になる．

(ii)　したがって，式 (7.17)，(7.18) が $(AB)^\dagger = B^\dagger A^\dagger$ となるための必要十分条件であることを示せばよい．十分性の証明から始める．

$$C = AB, \quad D = B^\dagger A^\dagger$$

とおき，$D = C^\dagger$ となること，すなわち，定義 7.6 の 4 条件が成立することを示す．

(iii)　補題 7.20 より $\mathcal{R}(AB)$ は閉じているので，有界な $(AB)^\dagger$ が存在する．そこで，式 (7.17) の両辺に，左から $B^\dagger$ を掛け，右から $((AB)^\dagger)^*$ を掛ける．まず左辺は，

$$\begin{aligned} B^\dagger\bigl(A^\dagger A(BB^*A^*)\bigr)((AB)^\dagger)^* &= (B^\dagger A^\dagger)(AB)\bigl((AB)^\dagger(AB)\bigr)^* \\ &= (B^\dagger A^\dagger)(AB)\bigl((AB)^\dagger(AB)\bigr) \\ &= (B^\dagger A^\dagger)(AB) \\ &= DC \end{aligned}$$

となる．一方，右辺は，定理 7.9 の (iv) の公式 $B^* = B^\dagger BB^*$ より，

$$\begin{aligned} B^\dagger(BB^*A^*)((AB)^\dagger)^* &= (B^\dagger BB^*)A^*\bigl((AB)^\dagger\bigr)^* \\ &= B^*A^*((AB)^\dagger)^* \\ &= \bigl((AB)^\dagger(AB)\bigr)^* \\ &= (AB)^\dagger(AB) \end{aligned}$$

となる．したがって，

$$DC = (AB)^\dagger (AB) \tag{7.19}$$

となる．$(AB)^\dagger (AB)$ は自己共役であるから，$D \in C\{4\}$ となる．

(iv) 同様に，式 (7.18) の両辺に，左から $(A^*)^\dagger$ を掛け，右から $(AB)^\dagger$ を掛ける．まず左辺は

$$\begin{aligned}(A^*)^\dagger BB^\dagger (A^*AB)(AB)^\dagger &= (A^*)^\dagger (BB^\dagger)^* A^* \big(AB(AB)^\dagger\big)^* \\ &= (B^\dagger A^\dagger)^* (AB)^* \big((AB)^*\big)^\dagger (AB)^* \\ &= (B^\dagger A^\dagger)^* (AB)^* \\ &= D^* C^* = (CD)^*\end{aligned}$$

となる．一方，右辺は，

$$\begin{aligned}(A^*)^\dagger (A^*AB)(AB)^\dagger &= \big((A^*)^\dagger A^*\big)^* (AB)(AB)^\dagger \\ &= AA^\dagger AB(AB)^\dagger \\ &= AB(AB)^\dagger \\ &= \big(AB(AB)^\dagger\big)^*\end{aligned}$$

となる．したがって，

$$CD = (AB)(AB)^\dagger \tag{7.20}$$

となる．$(AB)(AB)^\dagger$ は自己共役であるから，$D \in C\{3\}$ となる．

(v) $D \in C\{1\}$ を示す．式 (7.19) より，

$$CDC = C(DC) = (AB)(AB)^\dagger (AB) = AB = C$$

となり，$D \in C\{1\}$ となる．

(vi) 補題 7.18 と式 (7.15) より，

$$\mathcal{R}\big((BB^*)^\dagger A^*\big) \subseteq \mathcal{R}(A^*)$$

となる．よって，

$$\mathcal{R}\big((BB^*)^\dagger A^\dagger\big) = \mathcal{R}\big((BB^*)^\dagger A^*(AA^*)^\dagger\big) \subseteq \mathcal{R}\big((BB^*)^\dagger A^*\big) \subseteq \mathcal{R}(A^*) \tag{7.21}$$

となる．一方，$f \in \mathcal{R}(B^\dagger A^\dagger)$ とすれば，$f = B^\dagger A^\dagger g$ となる g が存在する．そして式 (7.21) より，h に関する方程式

$$A^*h = (BB^*)^\dagger A^\dagger g$$

は解をもつ．この h に対して，定理 7.9 の (vii) の公式 $B^\dagger = B^*(BB^*)^\dagger$ より，

$$B^*A^*h = B^*(BB^*)^\dagger A^\dagger g = B^\dagger A^\dagger g = f$$

となり，$\mathcal{R}(B^\dagger A^\dagger) \subseteq \mathcal{R}(B^*A^*)$ となる．したがって，式 (7.19) より，

$$\mathcal{R}(D) \subseteq \mathcal{R}(B^*A^*) = \mathcal{R}((AB)^*) = \mathcal{R}\big((AB)^*((AB)^*)^\dagger\big) = \mathcal{R}((AB)^\dagger(AB)) = \mathcal{R}(DC)$$

となり，$\mathcal{R}(D) \subseteq \mathcal{R}(DC)$ となる．よって，系 7.16 より，

$$DCX = D \tag{7.22}$$

は解をもつ．この式の左から C を掛ければ，

$$CDCX = CD$$

となる．よって，式 (7.19) より，

$$CD = CDCX = C(DC)X = C(C^\dagger C)X = CX$$

となり，$CX = CD$ となる．これを式 (7.22) に代入すれば，$DCD = D$ となり，$D \in C\{2\}$ となる．

(iii)〜(vi) より，$D \in C\{1,2,3,4\}$ となり，$D = C^\dagger$ となる．

(vii)　必要性を示す．式 (7.14) が成立したと仮定すれば，$A^\dagger$ も $B^\dagger$ も有界であるから，$(AB)^\dagger$ も有界になる．そして，

$$\begin{aligned}(AB)^* &= \big((AB)(AB)^\dagger(AB)\big)^* \\ &= (AB)^\dagger(AB)(AB)^* \\ &= (B^\dagger A^\dagger)(AB)(AB)^* \\ &= B^\dagger(A^\dagger A)(BB^*A^*)\end{aligned}$$

となる．両辺の左から ABB^*B を掛け，定理 7.9 の (iii) の公式 $B^* = B^*BB^\dagger$ を使えば，

$$\begin{aligned}ABB^*BB^*A^* &= ABB^*BB^\dagger(A^\dagger A)(BB^*A^*) \\ &= ABB^*(A^\dagger A)(BB^*A^*)\end{aligned}$$

となり，

$$ABB^*(I - A^\dagger A)BB^*A^* = 0$$

となる．そこで，$T_1 = (I - A^\dagger A)BB^*A^*$ とおけば，$T_1^*T_1 = 0$ となり，$T_1 = 0$ となる．すなわち，

$$(I - A^\dagger A)BB^*A^* = 0$$

となる．したがって，式 (7.17) が成立する．

同様にして，

$$\begin{aligned}AB &= (B^*A^*)^* \\ &= \big((B^*A^*)(B^*A^*)^\dagger(B^*A^*)\big)^* \\ &= (B^*A^*)^\dagger(B^*A^*)(B^*A^*)^* \\ &= (A^*)^\dagger(B^*)^\dagger(B^*A^*)(AB) \\ &= (A^*)^\dagger(BB^\dagger)^*(A^*AB) \\ &= (A^*)^\dagger(BB^\dagger)(A^*AB)\end{aligned}$$

となる．両辺の左から $B^*A^*AA^*$ を掛け，定理 7.9 の (iii) の公式 $A = AA^*(A^*)^\dagger$ を使えば，

$$B^*A^*AA^*AB = B^*A^*AA^*(A^*)^\dagger(BB^\dagger)(A^*AB)$$

$$= B^*A^*A(BB^\dagger)(A^*AB)$$

となり,

$$B^*A^*A(I - BB^\dagger)(A^*AB) = 0$$

となる．そこで，$T_2 = (I - BB^\dagger)(A^*AB)$ とおけば，$T_2^*T_2 = 0$ となり，$T_2 = 0$ となる．すなわち，

$$(I - BB^\dagger)(A^*AB) = 0$$

となる．したがって，式 (7.18) が成立する． ■

式 (7.15) は，$\mathcal{R}(A^*)$ が BB^* の不変部分空間になることを意味しており，式 (7.16) は，$\mathcal{R}(B)$ が A^*A の不変部分空間になることを意味している．

7.6 一般逆の表現

H_1，H_2 をヒルベルト空間とする．H_1 と複素数の空間 $\mathbf{C}$ との直和 $H_1 \oplus \mathbf{C}$ を考える．$f \in H_1$ と $a \in \mathbf{C}$ に対して，$H_1 \oplus \mathbf{C}$ の元を，

$$\begin{pmatrix} f \\ a \end{pmatrix}$$

と表す．$H_1 \oplus \mathbf{C}$ の内積は，

$$\left\langle \begin{pmatrix} f \\ a \end{pmatrix}, \begin{pmatrix} g \\ b \end{pmatrix} \right\rangle = \langle f, g \rangle + a\bar{b}$$

となる．

H_1 から H_2 への値域が閉じた有界線形作用素 A と，H_2 の元 f が与えられたとき，$H_1 \oplus \mathbf{C}$ から H_2 への有界線形作用素 T を，

$$T \begin{pmatrix} g \\ a \end{pmatrix} = Ag + af \tag{7.23}$$

によって定義する．この作用素 T を形式的に，

$$T = (A; f) \tag{7.24}$$

と表すことにする．

H_2 から $H_1 \oplus \mathbf{C}$ への作用素 S は，H_2 から H_1 への作用素 B と，H_2 の元 f が表す有界線形汎関数 f^* を用いて，任意の $h \in H_2$ に対して，

$$Sh = \begin{pmatrix} Bh \\ f^*(h) \end{pmatrix} \tag{7.25}$$

と表すことができる．そこで，

$$S = \begin{pmatrix} B \\ f^* \end{pmatrix} \tag{7.26}$$

と表すことにする．特に，次式が成立する．

$$(A; f)^* = \begin{pmatrix} A^* \\ f^* \end{pmatrix} \tag{7.27}$$

$H_1 \oplus \mathbf{C}$ から $H_1 \oplus \mathbf{C}$ への作用素も，同様にして定義することができる．

以上の準備のもとに，次の結果を得る．

定理 7.22　A をヒルベルト空間 H_1 からヒルベルト空間 H_2 への値域が閉じた有界線形作用素とし，f を H_2 の固定した元とする．

$$h = \begin{cases} \dfrac{(A^\dagger)^* A^\dagger f}{1 + \|A^\dagger f\|^2} & : f \in \mathcal{R}(A) \\ \dfrac{(I - AA^\dagger)f}{\|(1 - AA^\dagger)f\|^2} & : f \notin \mathcal{R}(A) \end{cases} \tag{7.28}$$

とおけば，

$$T = (A; f) \tag{7.29}$$

に対して，

$$T^\dagger = \begin{pmatrix} A^\dagger(I - f \otimes \overline{h}) \\ h^* \end{pmatrix} \tag{7.30}$$

となる．

証明　まずはじめに，T の値域が閉じていることを示す．式 (7.29)，(7.23) より，$f \in \mathcal{R}(A)$ のとき，$\mathcal{R}(T) = \mathcal{R}(A)$ となり，T の値域は閉じている．$f \notin \mathcal{R}(A)$ のとき，$\mathcal{R}(T)$ は $\mathcal{R}(A)$ と $(I - AA^\dagger)f$ との直交直和であるから，やはり T の値域は閉じている．よって，有界線形作用素 $T^\dagger$ を考えることができる．

式 (7.30) の右辺を X とおけば，

$$\begin{aligned} TX &= (A; f) \begin{pmatrix} A^\dagger(I - f \otimes \overline{h}) \\ h^* \end{pmatrix} \\ &= AA^\dagger(I - f \otimes \overline{h}) + f \otimes \overline{h} \\ &= AA^\dagger + (I - AA^\dagger) f \otimes \overline{h} \end{aligned}$$

となり，

$$TX = AA^\dagger + (I - AA^\dagger) f \otimes \overline{h} \tag{7.31}$$

となる．同様にして，

$$XT = \begin{pmatrix} A^\dagger(I - f \otimes \overline{h}) \\ h^* \end{pmatrix} (A; f)$$

$$= \begin{pmatrix} A^\dagger(I - f \otimes \overline{h})A & A^\dagger(I - f \otimes \overline{h})f \\ (A^* h)^* & \langle f, h \rangle \end{pmatrix}$$

$$= \begin{pmatrix} A^\dagger A - A^\dagger f \otimes \overline{A^* h} & (1 - \langle f, h \rangle)A^\dagger f \\ (A^* h)^* & \langle f, h \rangle \end{pmatrix}$$

となり，

$$XT = \begin{pmatrix} A^\dagger A - A^\dagger f \otimes \overline{A^* h} & (1 - \langle f, h \rangle)A^\dagger f \\ (A^* h)^* & \langle f, h \rangle \end{pmatrix} \tag{7.32}$$

となる．

（i） $f \in \mathcal{R}(A)$ の場合：

$f \in \mathcal{R}(A)$ のとき，$(I - AA^\dagger)f = P_{\mathcal{R}(A)^\perp} f = 0$ となるから，式 (7.31) より，

$$TX = AA^\dagger \tag{7.33}$$

となる．よって，$X \in T\{1, 3\}$ となる．

式 (7.28) より，$h \in \mathcal{R}((A^\dagger)^*) = \mathcal{R}((A^*)^\dagger) = \mathcal{R}((A^*)^*) = \mathcal{R}(A)$ となり，$h \in \mathcal{R}(A)$ となる．したがって，$AA^\dagger h = h$ となるので，式 (7.30)，(7.33) より，

$$XTX = X(TX) = XAA^\dagger$$

$$= \begin{pmatrix} A^\dagger(I - f \otimes \overline{h}) \\ h^* \end{pmatrix} AA^\dagger$$

$$= \begin{pmatrix} A^\dagger AA^\dagger - A^\dagger f \otimes \overline{AA^\dagger h} \\ (AA^\dagger h)^* \end{pmatrix}$$

$$= \begin{pmatrix} A^\dagger(I - f \otimes \overline{h}) \\ h^* \end{pmatrix} = X$$

となり，$XTX = X$ となる．よって，$X \in T\{2\}$ となる．

$X \in T\{4\}$ を示す．

$$u = A^\dagger f, \qquad a = \|u\|^2 \tag{7.34}$$

とおけば，式 (7.28) より，

$$h = \frac{(A^\dagger)^* u}{1 + a} \tag{7.35}$$

となる．したがって，

$$A^* h = \frac{A^*(A^\dagger)^* u}{1 + a} = \frac{(A^\dagger A)^* u}{1 + a} = \frac{A^\dagger A u}{1 + a}$$

$$= \frac{A^\dagger AA^\dagger f}{1 + a} = \frac{A^\dagger f}{1 + a} = \frac{u}{1 + a}$$

となり，

$$A^* h = \frac{u}{1 + a} \tag{7.36}$$

となる．式 (7.35)，(7.34) より，

$$\langle f, h\rangle = \left\langle f, \frac{(A^\dagger)^* u}{1+a}\right\rangle = \left\langle A^\dagger f, \frac{u}{1+a}\right\rangle = \frac{\|u\|^2}{1+a} = \frac{a}{1+a}$$

となり，

$$\langle f, h\rangle = \frac{a}{1+a} \tag{7.37}$$

となる．式 (7.34), (7.36), (7.37) を式 (7.32) へ代入すれば，

$$XT = \begin{pmatrix} A^\dagger A - u \otimes \overline{\dfrac{u}{1+a}} & \dfrac{u}{1+a} \\ \dfrac{u^*}{1+a} & \dfrac{a}{1+a} \end{pmatrix}$$

となり，$(XT)^* = XT$ となる．すなわち，$X \in T\{4\}$ となる．以上より，$X = T^\dagger$ となる．

（ⅱ）$f \notin \mathcal{R}(A)$ の場合：

$$v = (I - AA^\dagger)f, \qquad b = \|v\|^2 \tag{7.38}$$

とおけば，式 (7.28) より，

$$h = \frac{v}{b} \tag{7.39}$$

となる．よって，h で張られる部分空間への正射影作用素を P_h で表せば，

$$v \otimes \overline{h} = \frac{v \otimes \overline{v}}{b} = P_h \tag{7.40}$$

となる．式 (7.31), (7.38), (7.40) より，

$$TX = AA^\dagger + P_h = P_{\mathcal{R}(A)} + P_h \tag{7.41}$$

となる．さらに，式 (7.38)，(7.39) より $h \in \mathcal{R}(A)^\perp$ であるから，

$$P = P_{\mathcal{R}(A)} + P_h \tag{7.42}$$

とおけば，P は $P_{\mathcal{R}(A)}$ と h で張られる部分空間の上への正射影作用素になる．式 (7.41)，(7.42) より $TX = P$ となり，$X \in T\{3\}$ となる．

$X \in T\{2\}$ を示す．式 (7.42) と $h \in \mathcal{R}(A)^\perp$ より，

$$Ph = P_{\mathcal{R}(A)}h + P_h h = h$$

となり，

$$Ph = h \tag{7.43}$$

となる．また，$h \in \mathcal{R}(A)^\perp$ より $h \in \mathcal{N}(A^*) = \mathcal{N}(A^\dagger)$ となるから，

$$A^\dagger P = A^\dagger P_{\mathcal{R}(A)} + A^\dagger P_h = A^\dagger AA^\dagger = A^\dagger$$

となり，

$$A^\dagger P = A^\dagger \tag{7.44}$$

となる．$TX = P$ と式 (7.30), (7.44), (7.43) より，

$$XTX = XP$$

$$= \begin{pmatrix} A^\dagger(I - f \otimes \overline{h}) \\ h^* \end{pmatrix} P$$

$$= \begin{pmatrix} A^\dagger P - A^\dagger f \otimes \overline{Ph} \\ (Ph)^* \end{pmatrix}$$

$$= \begin{pmatrix} A^\dagger - A^\dagger f \otimes \overline{h} \\ h^* \end{pmatrix} = X$$

となり，$X \in T\{2\}$ となる．

$X \in T\{4\}$ を示す．$h \in \mathcal{N}(A^*)$ であるから，

$$A^* h = 0 \tag{7.45}$$

となる．また，式 (7.28)，(7.38) より，

$$\langle f, h \rangle = \left\langle f, \frac{P_{\mathcal{R}(A)^\perp} f}{b} \right\rangle = \frac{\|P_{\mathcal{R}(A)^\perp} f\|^2}{b} = \frac{b}{b} = 1$$

となり，

$$\langle f, h \rangle = 1 \tag{7.46}$$

となる．式 (7.45)，(7.46) を式 (7.32) へ代入すれば，

$$XT = \begin{pmatrix} A^\dagger A & 0 \\ 0 & 1 \end{pmatrix} \tag{7.47}$$

となり，$X \in T\{4\}$ となる．

最後に $X \in T\{1\}$ を示す．式 (7.29)，(7.47) より，

$$TXT = T(XT) = (A; f) \begin{pmatrix} A^\dagger A & 0 \\ 0 & 1 \end{pmatrix} = (A; f) = T$$

となり，$X \in T\{1\}$ となる．以上より，$X = T^\dagger$ となる． ■

定理 7.23 A をヒルベルト空間 H 上で定義された値域が閉じた非負値自己共役作用素とし，f を H の固定した元とする．

$$T = A + f \otimes \overline{f} \tag{7.48}$$

に対して，次の関係が成立する．

(i) $f \in \mathcal{R}(A)$ のとき，

$$T^\dagger = A^\dagger - \frac{A^\dagger f \otimes \overline{A^\dagger f}}{1 + \langle A^\dagger f, f \rangle} \tag{7.49}$$

(ii) $f \notin \mathcal{R}(A)$ のとき，

$$g = P_{\mathcal{R}(A)^\perp} f \tag{7.50}$$

とおけば，

$$T^\dagger = A^\dagger + \frac{1+\langle A^\dagger f, f\rangle}{\langle g, f\rangle^2}(g\otimes\overline{g}) - \frac{(A^\dagger f\otimes\overline{g}) + (g\otimes\overline{A^\dagger f})}{\langle g, f\rangle} \tag{7.51}$$

証明　定理7.22の証明のはじめに述べたことと同様にして，式(7.48)より $\mathcal{R}(T)$ の値域は閉じている．よって，有界線形作用素 $T^\dagger$ を考えることができる．

A は非負値自己共役作用素であるから，

$$A = BB^* \tag{7.52}$$

$$A^\dagger = (B^\dagger)^* B^\dagger \tag{7.53}$$

と表すことができる．式(7.24)，(7.27)の表現を用いれば，式(7.48)，(7.52)より，

$$\begin{aligned} T &= A + f\otimes\overline{f} = BB^* + f\otimes\overline{f} \\ &= (B; f)\begin{pmatrix} B^* \\ f^* \end{pmatrix} = (B; f)(B; f)^* \end{aligned}$$

となり，

$$T = (B; f)(B; f)^* \tag{7.54}$$

となる．

式(7.28)にならって，

$$h = \begin{cases} \dfrac{(B^\dagger)^* B^\dagger f}{1+\|B^\dagger f\|^2} & : f\in\mathcal{R}(B) \\ \dfrac{(I - BB^\dagger)f}{\|(I - BB^\dagger)f\|^2} & : f\notin\mathcal{R}(B) \end{cases} \tag{7.55}$$

とおく．さらに，

$$a = \langle A^\dagger f, f\rangle \tag{7.56}$$

$$b = \langle P_{\mathcal{R}(A)^\perp} f, f\rangle = \langle g, f\rangle \tag{7.57}$$

とおく．式(7.53)より，

$$\|B^\dagger f\|^2 = \langle B^\dagger f, B^\dagger f\rangle = \langle (B^\dagger)^* B^\dagger f, f\rangle = \langle A^\dagger f, f\rangle = a$$

となり，

$$a = \langle A^\dagger f, f\rangle = \|B^\dagger f\|^2 \tag{7.58}$$

となる．一方，式(7.52)より，

$$\mathcal{R}(B) = \mathcal{R}(A) \tag{7.59}$$

となり，

$$P_{\mathcal{R}(A)^\perp} = P_{\mathcal{R}(B)^\perp} = I - BB^\dagger \tag{7.60}$$

となる．したがって，式(7.57)より，

$$b = \|(I - BB^\dagger)f\|^2 \tag{7.61}$$

となる．式 (7.55), (7.58), (7.53), (7.61), (7.60), (7.50) より，

$$h = \begin{cases} \dfrac{A^\dagger f}{1+a} & : f \in \mathcal{R}(A) \\ \dfrac{g}{b} & : f \notin \mathcal{R}(A) \end{cases} \tag{7.62}$$

となる．

以上の準備のもとに，$T^\dagger$ を求める．定理 7.22 より，

$$(B; f)^\dagger = \begin{pmatrix} B^\dagger(I - f \otimes \overline{h}) \\ h^* \end{pmatrix} \tag{7.63}$$

となる．式 (7.54), (7.63), (7.27), (7.53), (7.58) より，

$$\begin{aligned} T^\dagger &= \left((B; f)^\dagger\right)^* (B; f)^\dagger \\ &= \begin{pmatrix} B^\dagger(I - f \otimes \overline{h}) \\ h^* \end{pmatrix}^* \begin{pmatrix} B^\dagger(I - f \otimes \overline{h}) \\ h^* \end{pmatrix} \\ &= ((B^\dagger)^* - h \otimes \overline{B^\dagger f}; h) \begin{pmatrix} B^\dagger - B^\dagger f \otimes \overline{h} \\ h^* \end{pmatrix} \\ &= ((B^\dagger)^* - h \otimes \overline{B^\dagger f})(B^\dagger - B^\dagger f \otimes \overline{h}) + h \otimes \overline{h} \\ &= (B^\dagger)^* B^\dagger - (B^\dagger)^* B^\dagger f \otimes \overline{h} - h \otimes \overline{(B^\dagger)^* B^\dagger f} \\ &\quad + \langle B^\dagger f, B^\dagger f \rangle h \otimes \overline{h} + h \otimes \overline{h} \\ &= A^\dagger - A^\dagger f \otimes \overline{h} - h \otimes \overline{A^\dagger f} + (1+a) h \otimes \overline{h} \end{aligned}$$

となり，

$$T^\dagger = A^\dagger - A^\dagger f \otimes \overline{h} - h \otimes \overline{A^\dagger f} + (1+a) h \otimes \overline{h} \tag{7.64}$$

となる．

(i) $f \in \mathcal{R}(B)$ のとき，式 (7.62) の第 1 式を式 (7.64) へ代入すれば，

$$T^\dagger = A^\dagger - \frac{2}{1+a} A^\dagger f \otimes \overline{A^\dagger f} + \frac{1}{1+a} A^\dagger f \otimes \overline{A^\dagger f}$$

となり，式 (7.49) を得る．

(ii) $f \notin \mathcal{R}(B)$ のとき，式 (7.62) の第 2 式を式 (7.64) へ代入すれば，式 (7.51) を得る．■

7.7 一般逆補題

A と C を正則な行列とし，B を BCB^* が A と同じ次元になるような行列とする．このとき，

$$(A + BCB^*)^{-1} = A^{-1} - A^{-1}B(C^{-1} + B^*A^{-1}B)^{-1}B^*A^{-1} \tag{7.65}$$

なる関係が成立する．この公式は，**逆行列補題** (matrix inversion lemma)，あるいは，シャーマン・モリソン・ウッドベリーの公式 (Sherman-Morrison-Woodbury's identity)

とよばれている．本節の目的は，この公式を，ヒルベルト空間上の作用素で，A が正則でない場合に拡張することである．まずは，$C = I$ の場合から始める．なお，以下に現れる作用素の値域は，すべて閉じているものとする．

□**補題 7.24** (作用素一般逆補題 (1))　A をヒルベルト空間 H_1 上の半正値作用素とし，B をヒルベルト空間 H_2 から H_1 への有界線形作用素，I を H_2 上の恒等作用素とする．

$$(A + BB^*)^\dagger = A^\dagger - A^\dagger B(I + B^* A^\dagger B)^{-1} B^* A^\dagger \tag{7.66}$$

が成立するための必要十分条件は，

$$\mathcal{R}(A) \supseteq \mathcal{R}(B) \tag{7.67}$$

が成立することである．

証明　まずはじめに，式 (7.66) の右辺が意味をもつことを示す．簡単のために，

$$D = B^* A^\dagger B \tag{7.68}$$

とおく．章末の問題7の結果と $A \geq 0$ より $A^\dagger \geq 0$ となり，$D \geq 0$ となる．よって，$I + D$ は正則になり，式 (7.66) の右辺は意味をもつ．

十分性を示す．$\mathcal{R}(A) \supseteq \mathcal{R}(B)$ は，

$$AA^\dagger B = B \tag{7.69}$$

と等価である．さらに，$A \geq 0$ より $A^* = A$ であるから，式 (7.69) は

$$B^* A^\dagger A = B^* \tag{7.70}$$

とも等価になる．ここで，

$$G = A + BB^* \tag{7.71}$$

$$X = A^\dagger - A^\dagger B(I + D)^{-1} B^* A^\dagger \tag{7.72}$$

とおく．式 (7.69) より，

$$\begin{aligned} GX &= (A + BB^*)(A^\dagger - A^\dagger B(I + D)^{-1} B^* A^\dagger) \\ &= AA^\dagger + BB^* A^\dagger - (AA^\dagger B + BB^* A^\dagger B)(I + D)^{-1} B^* A^\dagger \\ &= AA^\dagger + BB^* A^\dagger - (B + BD)(I + D)^{-1} B^* A^\dagger \\ &= AA^\dagger \end{aligned}$$

となり，

$$GX = AA^\dagger \tag{7.73}$$

となる．よって，

$$(GX)^* = GX \tag{7.74}$$

となる．式 (7.73), (7.71), (7.69) より，

$$
\begin{aligned}
GXG &= AA^{\dagger}(A + BB^*) \\
&= AA^{\dagger}A + AA^{\dagger}BB^* \\
&= A + BB^*
\end{aligned}
$$

となり，

$$GXG = G \tag{7.75}$$

となる．式 (7.72), (7.71), (7.70), (7.68) より，

$$
\begin{aligned}
XG &= (A^{\dagger} - A^{\dagger}B(I+D)^{-1}B^*A^{\dagger})(A + BB^*) \\
&= A^{\dagger}A + A^{\dagger}BB^* - A^{\dagger}B(I+D)^{-1}(B^*A^{\dagger}A + B^*A^{\dagger}BB^*) \\
&= A^{\dagger}A + A^{\dagger}BB^* - A^{\dagger}B(I+D)^{-1}(B^* + DB^*) \\
&= A^{\dagger}A + A^{\dagger}BB^* - A^{\dagger}B(I+D)^{-1}(I+D)B^* \\
&= A^{\dagger}A
\end{aligned}
$$

となり，

$$XG = A^{\dagger}A \tag{7.76}$$

となる．よって，

$$(XG)^* = XG \tag{7.77}$$

となる．式 (7.72) より，

$$X = A^{\dagger}(I - B(I+D)^{-1}B^*A^{\dagger}) \tag{7.78}$$

となるので，式 (7.76)，(7.78) より，

$$XGX = X \tag{7.79}$$

となる．式 (7.74), (7.75), (7.77), (7.79) より $X = G^{\dagger}$ となり，式 (7.66) が成立する．

必要性を示す．簡単のために，

$$T = AA^{\dagger}B \tag{7.80}$$

とおく．式 (7.71), (7.72), (7.68), (7.80) より，

$$
\begin{aligned}
GX &= AA^{\dagger} + BB^*A^{\dagger} - (T + BD)(I+D)^{-1}B^*A^{\dagger} \\
&= AA^{\dagger} + \Big(B - \big((T-B) + B(I+D)\big)(I+D)^{-1}\Big)B^*A^{\dagger} \\
&= AA^{\dagger} - (T-B)(I+D)^{-1}B^*A^{\dagger}
\end{aligned}
$$

となり，

$$GX = AA^{\dagger} - (T-B)(I+D)^{-1}B^*A^{\dagger} \tag{7.81}$$

となる．式 (7.81), (7.71), (7.80), (7.68) より，

$$
\begin{aligned}
GXG &= \big(AA^{\dagger} - (T-B)(I+D)^{-1}B^*A^{\dagger}\big)(A + BB^*) \\
&= AA^{\dagger}A + AA^{\dagger}BB^* - (T-B)(I+D)^{-1}(B^*A^{\dagger}A + B^*A^{\dagger}BB^*)
\end{aligned}
$$

$$= A + TB^* - (T - B)(I + D)^{-1}(T^* + DB^*)$$
$$= A + TB^* - (T - B)(I + D)^{-1}\big((T^* - B^*) + (I + D)B^*\big)$$
$$= A + BB^* - (T - B)(I + D)^{-1}(T^* - B^*)$$

となり，式 (7.71) より，

$$GXG = G - (T - B)(I + D)^{-1}(T^* - B^*) \tag{7.82}$$

となる．式 (7.66) より $X = G^\dagger$ であるから，$GXG = G$ となる．よって，式 (7.82) より，

$$(T - B)(I + D)^{-1}(T^* - B^*) = 0 \tag{7.83}$$

となる．さらに，$(I + D)^{-1} > 0$ より $T = B$ となり，式 (7.69) より $\mathcal{R}(A) \supseteq \mathcal{R}(B)$ が成立する． ■

この補題より，ただちに次の結果を得る．

□**系 7.25** (**作用素一般逆補題 (2)**)　補題 7.24 の条件に加えて，C をヒルベルト空間 H_2 上の正値作用素とする．

$$(A + BCB^*)^\dagger = A^\dagger - A^\dagger B(C^{-1} + B^* A^\dagger B)^{-1} B^* A^\dagger \tag{7.84}$$

が成立するための必要十分条件は，

$$\mathcal{R}(A) \supseteq \mathcal{R}(B) \tag{7.85}$$

が成立することである．

証明　$C > 0$ であるから，$C^{1/2}$ は全射となり，$\mathcal{R}(B) = \mathcal{R}(BC^{1/2})$ となる．したがって，式 (7.85) は，

$$\mathcal{R}(A) \supseteq \mathcal{R}(BC^{1/2}) \tag{7.86}$$

と等価である．そこで，補題 7.24 の B を $BC^{1/2}$ で置き換えれば，系 7.25 を得る． ■

補題 7.24 の応用を与える．

例 7.26　信号処理の分野において，ある最適復元フィルタの一般形が，

$$X = (A^* U^\dagger A)^\dagger A^* U^\dagger + Y(I - UU^\dagger) \tag{7.87}$$

で与えられている．ここで，A はヒルベルト空間 H_1 から H_2 への既知の有界線形作用素であり，Y は H_2 から H_1 への任意の有界線形作用素である．そして，

$$U = AA^* + Q$$

であり，Q は H_2 上の既知の半正値作用素である．なお，作用素の値域はすべて閉じているものとする．

$\mathcal{R}(Q) \supseteq \mathcal{R}(A)$ のとき，式 (7.87) の U を Q で置き換えることができる．すなわち，

$$X = (A^*Q^\dagger A)^\dagger A^*Q^\dagger + Y(I - QQ^\dagger) \tag{7.88}$$

となる．実際，$\mathcal{R}(U) = \mathcal{R}(A) + \mathcal{R}(Q)$ であるから，$\mathcal{R}(Q) \supseteq \mathcal{R}(A)$ より $\mathcal{R}(U) = \mathcal{R}(Q)$ となる．したがって，

$$UU^\dagger = P_{\mathcal{R}(U)} = P_{\mathcal{R}(Q)} = QQ^\dagger$$

となり，式 (7.87)，(7.88) の第 2 項が一致する．これらの式の第 1 項が一致することを示す．簡単のために，

$$D = A^*Q^\dagger A$$

$$V = A^*U^\dagger A$$

とおく．補題 7.24 の作用素一般逆補題 (1) より，

$$(AA^* + Q)^\dagger = Q^\dagger - Q^\dagger A(I + D)^{-1}A^*Q^\dagger$$

となる．よって，

$$\begin{aligned} A^*U^\dagger &= A^*(Q^\dagger - Q^\dagger A(I + D)^{-1}A^*Q^\dagger) \\ &= A^*Q^\dagger - A^*Q^\dagger A(I + D)^{-1}A^*Q^\dagger \\ &= A^*Q^\dagger - D(I + D)^{-1}A^*Q^\dagger \\ &= \big(I - D(I + D)^{-1}\big)A^*Q^\dagger \\ &= (I + D)^{-1}A^*Q^\dagger \end{aligned}$$

となり，

$$A^*U^\dagger = (I + D)^{-1}A^*Q^\dagger \tag{7.89}$$

となる．したがって，

$$V = A^*U^\dagger A = (I + D)^{-1}D$$

となる．$D^* = D$ であるから，$V^\dagger = D^\dagger(I + D)$ となる．よって式 (7.89) より，

$$V^\dagger A^*U^\dagger = D^\dagger(I + D)(I + D)^{-1}A^*Q^\dagger = D^\dagger A^*Q^\dagger$$

となり，式 (7.87)，(7.88) の第 1 項が一致する．

問　題

1. 連立作用素方程式

$$XAX = X, \quad AX = B, \quad XA = C$$

が解をもてば，それは一意に定まることを示せ．

2. 定義 7.6 で与えられるムーア・ペンローズ一般逆の定義を満たす X が一意に定まることを，定義 7.6 から直接導け．

3. 系 7.12 の 2 式をムーア・ペンローズ一般逆の定義として採用できるかどうか検討せよ．すなわち，

$$\text{(i)}\ \ AX = P_{\mathcal{R}(A)}, \qquad \text{(ii)}\ \ XA = P_{\mathcal{R}(A^*)}$$

を満たす X が $A^\dagger$ になればそれを証明し，もしならなければ，どのような i, j, k-逆になるか論じよ．

4. $A \in B(H_1, H_2)$ と $g \in H_2$ が与えられたとき，$f \in H_1$ に関する方程式 $Af = g$ の最小 2 乗解の一般形を求めよ．

5. 次の問いに答えよ．

(i) 非零ベクトル f に対して $f^\dagger$ を求めよ．

(ii) f, g をそれぞれ H_1, H_2 における非零元とするとき，$(f \otimes \overline{g})^\dagger$ を求めよ．

(iii) 行列 $A = \begin{pmatrix} 1 & 1 \\ 1 & 1 \end{pmatrix}$ に対して $A^\dagger$ を求めよ．

6. 正射影作用素 P に対して，$P^\dagger = P$ となることを示せ．

7. ヒルベルト空間 H 上の値域が閉じた有界線形作用素 A に対して，$A \geq 0$ ならば $A^\dagger \geq 0$ となることを示せ．

8. A を $\mathcal{B}(H)$ の値域が閉じた自己共役作用素とする．A の固有元は $A^\dagger$ の固有元になり，逆も成立することを示せ．

9. $\mathcal{R}(AB) = \mathcal{R}(A)$ となるための必要十分条件は，$P_{\mathcal{R}(A^*)}\mathcal{R}(B) = \mathcal{R}(A^*)$ であることを示せ．

10. 値域が閉じた $A \in \mathcal{B}(H)$ に対して $A^\dagger A = AA^\dagger$ が成立するとき，A を **EP 作用素** という．次の命題を証明せよ．

(i) A が EP 作用素になるための必要十分条件は，$\mathcal{R}(A) = \mathcal{R}(A^*)$ となることである．

(ii) A が EP 作用素ならば，$(A^\dagger)^2 = (A^2)^\dagger$ かつ $\mathcal{R}(A) = \mathcal{R}(A^2)$ となる．H が有限次元ならば，逆も成立する．H が無限次元ならば，逆は必ずしも成立しない．

第8章　再生核ヒルベルト空間

8.1　再生核ヒルベルト空間

ユークリッド空間の部分集合 $\mathcal{D}$ 上で定義された複素数値関数からなるヒルベルト空間を H で表す．$\mathcal{D} \times \mathcal{D}$ 上の複素数値関数 $K(\cdot,\cdot)$ が次の 2 条件を満たすとき，$K(\cdot,\cdot)$ を H の**再生核** (reproducing kernel) という．

(i)　任意に固定した $y \in \mathcal{D}$ に対して，$x \in \mathcal{D}$ の関数として $K(x, y)$ は H に属する．

(ii)　任意に固定した $y \in \mathcal{D}$ と，任意の $f \in H$ に対して，

$$\langle f, K(\cdot, y)\rangle = f(y) \tag{8.1}$$

が成立する．

再生核を**核関数** (kernel function) ということもある．再生核が存在するヒルベルト空間を**再生核ヒルベルト空間** (reproducing kernel Hilbert space: RKHS) という．「再生核 $K(\cdot,\cdot)$ をもつ再生核ヒルベルト空間 H」という表現が煩わしい場合には，「再生核ヒルベルト空間 H_K」と略記することもある．

式 (8.1) の左辺は有限確定値であるから，右辺も有限確定値になる．すなわち，再生核ヒルベルト空間に属する関数 $f(x)$ は，各点 $x \in \mathcal{D}$ で有限確定値をもつのである．そして式 (8.1) は，H に属する任意の関数の点 y における値 $f(y)$ が，関数 f と $K(\cdot, y)$ との内積によって表現できることを意味している．これが，“再生核”とよばれるゆえんである．

ヒルベルト空間論では，一つの関数をヒルベルト空間内の一つの点とみなして理論が展開されている．したがって，“関数のある点における値” といった事柄は，一般のヒルベルト空間論の枠組みでは議論できない．しかし，もしそのヒルベルト空間が再生核をもっていれば，式 (8.1) のように，関数のある点における値（式 (8.1) の右辺）を，ヒルベルト空間の言葉（式 (8.1) の左辺）を使って議論することができるのである．

再生核は一般には存在しないが，もし存在すれば一意に定まる．すなわち，次の定理が成立する．

定理 8.1　再生核は，もし存在すれば一意に定まる．

証明　H の再生核を $K(\cdot,\cdot)$，$K'(\cdot,\cdot)$ とすれば，各点 $y \in \mathcal{D}$ に対して，

$$f(y) = \langle f, K(\cdot, y)\rangle = \langle f, K'(\cdot, y)\rangle$$

となる．よって，任意の $f \in H$ に対して，

$$\langle f, K(\cdot, y) - K'(\cdot, y)\rangle = 0$$

となり，$K' = K$ となる．■

再生核の定義より，ただちに次の関係を得る．

□**補題 8.2**　再生核 $K(\cdot,\cdot)$ と各点 $a, b \in \mathcal{D}$ に対して，次の関係が成立する．

$$K(a, b) = \langle K(\cdot, b), K(\cdot, a)\rangle \tag{8.2}$$

$$K(a, a) = \|K(\cdot, a)\|^2 \geq 0 \tag{8.3}$$

□**補題 8.3**　再生核 $K(\cdot,\cdot)$ はエルミート対称である．すなわち，次の関係が成立する．

$$\overline{K(y, x)} = K(x, y)$$

証明　式 (8.2) より，

$$\overline{K(y, x)} = \overline{\langle K(\cdot, x), K(\cdot, y)\rangle} = \langle K(\cdot, y), K(\cdot, x)\rangle = K(x, y)$$

となり，補題が成立する．■

$L^2(-\infty, \infty)$ の部分空間 S で再生核 $K(\cdot,\cdot)$ をもつものを考える．補題 8.3 より，任意の $f \in S$ に対して，

$$f(x) = \langle f, K(\cdot, x)\rangle = \int_{-\infty}^{\infty} f(y)\overline{K(y, x)}\, dy = \int_{-\infty}^{\infty} f(y)K(x, y)\, dy$$

となり，

$$\int_{-\infty}^{\infty} K(x, y)f(y)\, dy = f(x) \tag{8.4}$$

となる．一方，ディラック (Dirac) のデルタ関数 $\delta(\cdot)$ に対して，

$$\int_{-\infty}^{\infty} \delta(x - y)f(y)\, dy = f(x)$$

が成立している．よって，式 (8.4) は，再生核 $K(x, y)$ がデルタ関数 $\delta(x - y)$ と同じ働きをしていることを意味している．しかし，デルタ関数が超関数であったのに対して，再生核は通常の関数になっているのである．

□**補題 8.4**　再生核ヒルベルト空間 H_K の任意の元 f と各点 $a \in \mathcal{D}$ に対して，

$$|f(a)| \leq \|f\|\sqrt{K(a,a)}$$

なる関係が成立する．

証明 式 (8.1)，(8.3) とシュヴァルツの不等式より，

$$|f(a)| = |\langle f, K(\cdot,a)\rangle| \leq \|f\|\|K(\cdot,a)\| = \|f\|\sqrt{K(a,a)} \tag{8.5}$$

となる． ■

この補題からさまざまな結果が得られる．たとえば，再生核のとる値 $K(x,x)$ は次の意味をもっている．

定理 8.5 再生核ヒルベルト空間 H_K のノルム 1 の関数 f の各点 $a \in \mathcal{D}$ における値の絶対値の最大値は $K(a,a)$ で与えられる．すなわち，次の関係が成立する．

$$\max_{f \in H_K,\ \|f\|=1} |f(a)| = \sqrt{K(a,a)}$$

証明 補題 8.4 より，

$$\max_{f \in H_K,\ \|f\|=1} |f(a)| \leq \sqrt{K(a,a)}$$

となる．この不等式の等号は，$f(x) = \theta\dfrac{K(x,a)}{\sqrt{K(a,a)}}$ $(|\theta| = 1)$ によって達せられるので，定理が成立する． ■

定理 8.6 再生核ヒルベルト空間 H_K において，点列 $\{f_n\}_{n-1}^{\infty}$ が f に強収束すれば，各点 $x \in \mathcal{D}$ において，$\{f_n(x)\}_{n-1}^{\infty}$ は $f(x)$ に収束する．さらに，$K(x,x)$ が有界な $\mathcal{D}$ 上の点に対して，一様収束する．

証明 補題 8.4 より，

$$|f_n(x) - f(x)| \leq \|f_n - f\|\sqrt{K(x,x)}$$

となるから，強収束すれば各点収束する．一様収束も明らかである． ■

定理 8.7 ヒルベルト空間 H の再生核をもつ閉部分空間を S で表し，S の再生核を $K_S(\cdot,\cdot)$ で表す．$f_S(x) = \langle f, K_S(\cdot,x)\rangle$ とおけば，f_S は $f \in H$ の S への正射影になる．

証明 再生核の性質より，

$$f_S(x) = \langle f, K_S(\cdot,x)\rangle = \begin{cases} f(x) & : f \in S \\ 0 & : f \in S^{\perp} \end{cases}$$

となる． ■

再生核の存在性に関して，次の結果が知られている．

定理 8.8　$\mathcal{D}$ 上で定義された複素数値関数からなるヒルベルト空間 H に再生核が存在するための必要十分条件は，任意に固定した $y \in \mathcal{D}$ に対して，$f(y)$ が H 上の有界線形汎関数になることである．

証明　必要性を示す．H に再生核 $K(x,y)$ が存在したとする．明らかに，$f(y)$ は H 上の線形汎関数である．有界性を示す．補題 8.4 より $|f(y)| \leq \|f\|\sqrt{K(y,y)}$ となるから，$f(y)$ は有界である．

十分性を示す．$f(y)$ を H 上の有界線形汎関数とすれば，リースの定理 4.36 により，各 $y \in \mathcal{D}$ に対して H の元 $K_y(\cdot)$ が存在し，

$$f(y) = \langle f, K_y \rangle$$

と表現できる．そこで，$K_y(x)$ を $K(x,y)$ と表せば，$K(x,y)$ は x の関数として H に属し，

$$f(y) = \langle f, K(\cdot, y) \rangle$$

となる．よって，$K(x,y)$ は H の再生核になる．■

たとえば L^2 の関数に対しては，1 点における値 $f(y)$ というものを定義できないので，定理 8.8 より，L^2 には再生核が存在しないことがわかる．

一方，l^2 には再生核が存在する．この場合，自然数の全体を $\mathbf{N}$ で表すとき，$\mathcal{D} = \mathbf{N}$ であり，$f = (a_n) \in l^2$ に対して $f(n) = a_n$ となる．したがって，任意に固定した $m \in \mathbf{N}$ に対して，

$$|f(m)|^2 = |a_m|^2 \leq \sum_{n=1}^{\infty} |a_n|^2 = \|f\|^2$$

となり，$f(m)$ は l^2 上の有界線形汎関数になる．よって，定理 8.8 より，l^2 は再生核ヒルベルト空間になる．そして，再生核は $K(m,n) = \delta_{m,n}$ となる．

ところで，定理 3.28 に示したように，可分なヒルベルト空間はすべて l^2 と等長的に同形である．上の例から，この同形写像は再生核の存在性を保存しないことがわかる．

$\mathcal{D} \times \mathcal{D}$ 上の複素数値関数 $k(\cdot,\cdot)$ を考える．任意有限個の点 $\{x_n\}_{n=1}^{N}$ と任意の複素数 $\{c_n\}_{n=1}^{N}$ に対して，

$$\sum_{m=1}^{N} \sum_{n=1}^{N} k(x_m, x_n) c_n \overline{c_m} \geq 0$$

が成立するとき，$k(\cdot,\cdot)$ を **2 次正定符号関数**という．

定理 8.9　再生核は 2 次正定符号関数である．

証明 再生核を $K(\cdot,\cdot)$ で表す．任意有限個の点 $\{x_n\}_{n=1}^N$ と任意の複素数 $\{c_n\}_{n=1}^N$ に対して，

$$\begin{aligned}\sum_{m=1}^N\sum_{n=1}^N K(x_m,x_n)c_n\overline{c_m} &= \sum_{m=1}^N\sum_{n=1}^N \langle K(\cdot,x_n),K(\cdot,x_m)\rangle c_n\overline{c_m}\\ &= \left\langle \sum_{n=1}^N c_nK(\cdot,x_n),\sum_{m=1}^N c_mK(\cdot,x_m)\right\rangle\\ &= \left\|\sum_{n=1}^N c_nK(\cdot,x_n)\right\|^2 \geq 0 \end{aligned}\tag{8.6}$$

となり，2 次正定符号関数になる． ■

この逆が重要である．

定理 8.10 $\mathcal{D}\times\mathcal{D}$ 上の 2 次正定符号関数 $K(\cdot,\cdot)$ に対して，それを再生核とするヒルベルト空間 H が存在し，一意に定まる．

証明 $\mathcal{D}$ 上で定義された関数 $\{K(\cdot,y):y\in\mathcal{D}\}$ で張られる空間を H_0 で表す．H_0 の元を，

$$f(x)=\sum_{n=1}^N a_nK(x,y_n)$$

$$g(x)=\sum_{n=1}^N b_nK(x,y_n)$$

で表すとき，H_0 の内積を

$$\langle f,g\rangle_{H_0}=\sum_{m=1}^N\sum_{n=1}^N K(y_m,y_n)a_n\overline{b_m}\tag{8.7}$$

によって定義する．

まず，式 (8.7) が f,g の表現によらないことを示す．f の二つの表現

$$f(x)=\sum_{l=1}^L a_lK(x,x_l)=\sum_{m=1}^M b_mK(x,y_m)\tag{8.8}$$

を考える．また，

$$g(x)=\sum_{n=1}^N c_nK(x,z_n)$$

とすれば，式 (8.7) の右辺の値は，f のそれぞれの表現に対して，$\sum_{l=1}^L\sum_{n=1}^N K(z_n,x_l)a_l\overline{c_n}$ および $\sum_{m=1}^M\sum_{n=1}^N K(z_n,y_m)b_m\overline{c_n}$ となる．これは，一見式 (8.7) の表現と異なるようにみえるけれども，$\{x_l,y_m,z_n\}$ をまとめて $\{w_k\}$ と表し，対応する点が存在しない係数を 0 とおけば，式 (8.7) と同じ値になっている．ここで，式 (8.8) を考慮すれば，

$$\sum_{l=1}^L\sum_{n=1}^N K(z_n,x_l)a_l\overline{c_n}=\sum_{n=1}^N f(z_n)\overline{c_n}$$

$$\sum_{m=1}^M\sum_{n=1}^N K(z_n,y_m)b_m\overline{c_n}=\sum_{n=1}^N f(z_n)\overline{c_n}$$

となり，両者は一致する．よって，式 (8.7) は f の表現によらない．K はエルミート対称であるから，同様にして g の表現によらない．したがって，f, g の異なる表現を f', g' で表せば，

$$\langle f', g' \rangle_{H_0} = \langle f, g' \rangle_{H_0} = \langle f, g \rangle_{H_0}$$

となり，f, g の表現にもよらないことがわかる．

式 (8.7) が内積の公理を満たすことを示す．そのために，$\langle f, f \rangle_{H_0} = 0$ ならば $f = 0$ となることを示す．$f \neq 0$ と仮定すれば，

$$f(y_{N+1}) = \sum_{n=1}^{N} a_n K(y_{N+1}, y_n) \neq 0$$

となる y_{N+1} が存在する．そこで，実数 α に対して $a_{N+1} = \alpha f(y_{N+1})$ とおき，次の式を考える．

$$\begin{aligned}
\sum_{m=1}^{N+1} \sum_{n=1}^{N+1} K(y_m, y_n) a_n \overline{a_m} &= \sum_{m=1}^{N} \sum_{n=1}^{N} K(y_m, y_n) a_n \overline{a_m} + \sum_{n=1}^{N+1} K(y_{N+1}, y_n) a_n \overline{a_{N+1}} \\
&\quad + \sum_{n=1}^{N+1} K(y_n, y_{N+1}) a_{N+1} \overline{a_n} + K(y_{N+1}, y_{N+1}) |a_{N+1}|^2 \\
&= 2\Re\bigl(\overline{a_{N+1}} f(y_{N+1})\bigr) + K(y_{N+1}, y_{N+1}) |a_{N+1}|^2 \\
&= |f(y_{N+1})|^2 \bigl(K(y_{N+1}, y_{N+1}) \alpha^2 + 2\alpha\bigr)
\end{aligned}$$

この最後の式の値は，$K(y_{N+1}, y_{N+1}) \neq 0$ のとき $\alpha = -1/(2K(y_{N+1}, y_{N+1}))$ とおけば負になるし，$K(y_{N+1}, y_{N+1}) = 0$ のとき $\alpha < 0$ とおけば負になる．これは，K が2次正定符号関数であることに矛盾する．よって，$f = 0$ となる．式 (8.7) が内積の他の公理を満たすことは明らかである．

この内積のもとで，関数 $K(\cdot, \cdot)$ は H_0 における再生核の条件を満たしている．実際，H_0 の定義より，$K(x, y)$ は各 $y \in \mathcal{D}$ に対し，x の関数として H_0 に属している．さらに，内積の定義より，

$$\langle f, K(\cdot, y) \rangle_{H_0} = \sum_{n=1}^{N} K(y, y_n) a_n = f(y)$$

となり，

$$\langle f, K(\cdot, y) \rangle_{H_0} = f(y)$$

となる．

ところで，H_0 は完備でない内積空間，すなわち，前ヒルベルト空間であるから，これを完備化して，ヒルベルト空間にする．それを H で表す．完備化を行うためには，H_0 のコーシー列の極限を H_0 に追加したものを H とすればよい．$\{f_n\}_{n=1}^{\infty}$ を H_0 のコーシー列とする．補題 8.4 の証明と同様にして，

$$|f_m(y) - f_n(y)| \leq \|f_m - f_n\| \sqrt{K(y, y)}$$

となる．よって，各点 $y \in \mathcal{D}$ に対して $\{f_n(y)\}_{n=1}^{\infty}$ は実数のコーシー列になる．実数の完備性より，その極限が存在する．それを $f(y)$ で表す．定理 2.32 に示したように，コーシー列 $\{f_n\}_{n=1}^{\infty}$

に対して，$\{\|f_n\|_{H_0}\}_{n=1}^{\infty}$ は収束し，有界になる．そこで，f のノルム $\|f\|_H$ を，

$$\|f\|_H = \lim_{n\to\infty} \|f_n\|_{H_0} \tag{8.9}$$

によって定義する．

式 (8.9) が，同じ f に収束するコーシー列の選び方によらないことを示す．まず，$f \in H_0$ ならば $\|f\|_H = \|f\|_{H_0}$ となる．また，$f \in H$ に対して，$\|f - f_n\|_H \to 0\ (n \to \infty)$ となる．実際，H_0 の元

$$g_m^{(n)} = f_m - f_n$$

を考えれば，

$$g_m^{(n)} - g_l^{(n)} = f_m - f_l$$

となり，$\{g_m^{(n)}\}_{m=1}^{\infty}$ は H_0 のコーシー列になる．よって，

$$\lim_{m\to\infty} g_m^{(n)}(y) = f(y) - f_n(y)$$

となり，

$$\|f - f_n\|_H = \lim_{m\to\infty} \|g_m^{(n)}\|_{H_0}$$

となる．したがって，

$$\lim_{n\to\infty} \|f - f_n\|_H = \lim_{n\to\infty} \lim_{m\to\infty} \|g_m^{(n)}\|_{H_0} = \lim_{n\to\infty} \lim_{m\to\infty} \|f_m - f_n\|_{H_0} = 0$$

となり，$\|f - f_n\|_H \to 0\ (n \to \infty)$ となる．そこで，コーシー列 $\{f'_n\}_{n=1}^{\infty}$ が同じ f に収束し，$\{\|f'_n\|_{H_0}\}_{n=1}^{\infty}$ が $\|f\|'_H$ に収束したと仮定する．任意の ε に対して十分大きな n をとれば，

$$\begin{aligned}
|\|f\|_H - \|f\|'_H| &\leq |\|f\|_H - \|f_n\|_{H_0}| + |\|f_n\|_{H_0} - \|f'_n\|_{H_0}| \\
&\quad + |\|f'_n\|_{H_0} - \|f\|'_H| \\
&\leq 2\varepsilon + \|f_n - f'_n\|_{H_0} \\
&\leq 2\varepsilon + \|f_n - f'_n\|_H \\
&\leq 2\varepsilon + \|f_n - f\|_H + \|f - f'_n\|_H \\
&\leq 4\varepsilon
\end{aligned}$$

となり，$\|f\|'_H = \|f\|_H$ となる．よって，式 (8.9) はコーシー列の選び方によらないので，式 (8.9) の定義は意味をもつ．

同様にして，H_0 のコーシー列 $\{g_m\}_{m=1}^{\infty}$ の極限 g に対して，内積 $\langle f, g\rangle_H$ を，

$$\langle f, g\rangle_H = \lim_{n\to\infty,\ m\to\infty} \langle f_n, g_m\rangle_{H_0} \tag{8.10}$$

によって定義する．ここでも，コーシー列の選び方によらないので，この定義は意味をもつ．

H の構成法により，H は完備になっており，したがって，ヒルベルト空間になる．また，H_0 は H で稠密になる．さらに，各点 $y \in \mathcal{D}$ と任意の $f \in H$ に対して，

$$\langle f, K(\cdot, y)\rangle_H = \lim_{n\to\infty} \langle f_n, K(\cdot, y)\rangle_{H_0} = \lim_{n\to\infty} f_n(y) = f(y)$$

となり，2 次正定符号関数 $K(\cdot, \cdot)$ は H の再生核になる．

最後に，H の一意性を示す．そのためには，$K(\cdot,\cdot)$ を再生核にもつ任意のヒルベルト空間を H_K で表すとき，集合として $H = H_K$ が成り立ち，かつ，$\langle\cdot,\cdot\rangle_H = \langle\cdot,\cdot\rangle_{H_K}$ が成り立つことを示せばよい．任意の $y \in \mathcal{D}$ に対して $K(\cdot,y) \in H_K$ であるから，

$$H_0 \subseteq H_K \tag{8.11}$$

となる．よって，式 (8.7) より任意の $f,g \in H_0$ に対して，

$$\langle f,g\rangle_{H_0} = \langle f,g\rangle_{H_K} \tag{8.12}$$

となる．

$f \in H_K$ が，すべての $y \in \mathcal{D}$ に対して $K(\cdot,y)$ に直交したとすれば，すべての $y \in \mathcal{D}$ に対して，

$$f(y) = \langle f, K(\cdot,y)\rangle_{H_K} = 0$$

となり，$f = 0$ となる．この意味で，$\{K(\cdot,y) : y \in \mathcal{D}\}$ は H_K で完全である．よって，H_0 も H_K で完全である．したがって，任意の $f \in H_K$ に対して，f に収束するコーシー列 $\{f_n\}_{n=1}^{\infty}$ が H_0 に存在する．よって，H の構成法から，

$$H_K \subseteq H \tag{8.13}$$

となる．

一方，H は H_0 の完備化であり，式 (8.11) において H_K は完備な空間であるから，

$$H_K \supseteq H \tag{8.14}$$

となる．よって，$H = H_K$ となる．

任意の $f,g \in H_K$ に対して，f,g に収束する H_0 のコーシー列 $\{f_n\}_{n=1}^{\infty}$ と $\{g_n\}_{n=1}^{\infty}$ を考えれば，内積の連続性と式 (8.12)，(8.10) より，

$$\langle f,g\rangle_{H_K} = \lim_{n\to\infty}\langle f_n,g_n\rangle_{H_K} = \lim_{n\to\infty}\langle f_n,g_n\rangle_{H_0} = \langle f,g\rangle_H$$

となり，$\langle\cdot,\cdot\rangle_H = \langle\cdot,\cdot\rangle_{H_K}$ となる．■

8.2　再生核ヒルベルト空間の例

次の定理で，再生核の具体的な求め方を与える．

定理 8.11　H が再生核 $K(x,y)$ をもてば，H の任意の正規直交基底 $\{u_n\}_{n=1}^{\infty}$ を使って，

$$K(x,y) = \sum_{n=1}^{\infty} u_n(x)\overline{u_n(y)} \tag{8.15}$$

と表される．この式の右辺は各点 $(x,y) \in \mathcal{D}\times\mathcal{D}$ において絶対収束する．

証明 式 (8.2) と定理 3.21 の一般化パーセバルの等式より，各点 $(x,y) \in \mathcal{D} \times \mathcal{D}$ に対して，

$$\begin{aligned} K(x,y) &= \langle K(\cdot,y), K(\cdot,x) \rangle \\ &= \sum_{n=1}^{\infty} \langle K(\cdot,y), u_n \rangle \overline{\langle K(\cdot,x), u_n \rangle} \\ &= \sum_{n=1}^{\infty} u_n(x)\overline{u_n(y)} \end{aligned}$$

となり，式 (8.15) は各点収束する．

次に絶対収束することを示す．$\{u_n\}_{n=1}^{N}$ で張られる部分空間を H_N で表し，その再生核を $K_N(x,y)$ で表せば，

$$K_N(x,y) = \sum_{n=1}^{N} u_n(x)\overline{u_n(y)} \tag{8.16}$$

となる．実際，任意に固定した $y \in \mathcal{D}$ に対して，式 (8.16) の右辺は H_N の元である．さらに，任意の $f \in H_N$ に対して，

$$\left\langle f, \sum_{n=1}^{N} u_n(\cdot)\overline{u_n(y)} \right\rangle = \sum_{n=1}^{N} \langle f, u_n \rangle u_n(y) = f(y)$$

となるから，式 (8.16) の右辺は H_N の再生核になっている．再生核の一意性より，式 (8.16) が成立する．したがって，

$$\sum_{n=1}^{N} |u_n(x)|^2 = K_N(x,x) \le K(x,x)$$

となる．よって，シュヴァルツの不等式より，

$$\sum_{n=1}^{N} |u_n(x)\overline{u_n(y)}| \le \sqrt{\sum_{n=1}^{N} |u_n(x)|^2} \sqrt{\sum_{n=1}^{N} |u_n(y)|^2} \le \sqrt{K(x,x)K(y,y)} \tag{8.17}$$

となる．式 (8.17) の第 2 項は，各点 $(x,y) \in \mathcal{D} \times \mathcal{D}$ において，N に関して単調増加であり，しかも，式 (8.17) より有界である．よって，式 (8.15) の右辺は絶対収束する．その極限を $K'(x,y)$ とする．$K'(x,y)$ が H の再生核であることを示せば，再生核の一意性より，$K' = K$ となる．以下，それを示す．任意の $f \in H$ と任意に固定した $y \in \mathcal{D}$ に対して，$f_N(y) = \langle f, K_N(\cdot,y) \rangle$ とおけば，補題 8.4 と式 (8.3) およびシュヴァルツの不等式より，

$$\begin{aligned} |f(y) - \langle f, K'(\cdot,y) \rangle| &\le |f(y) - \langle f, K_N(\cdot,y) \rangle| + |\langle f, K_N(\cdot,y) \rangle - \langle f, K'(\cdot,y) \rangle| \\ &= |f(y) - f_N(y)| + |\langle f, K_N(\cdot,y) - K'(\cdot,y) \rangle| \\ &\le \|f - f_N\| \|K(\cdot,y)\| + \|f\| \|K_N(\cdot,y) - K'(\cdot,y)\| \end{aligned}$$

となる．定理 8.7 より f_N は f の H_N への正射影であるから，$f_N \to f \ (N \to \infty)$ となる．よって，この最後の式は，N を十分大きくとれば，いくらでも小さくできるので，

$$f(y) = \langle f, K'(\cdot,y) \rangle$$

となり，$K'(x,y)$ は H の再生核になる． ■

再生核はヒルベルト空間に対して一意に定まるので，式 (8.15) の右辺は正規直交基底の選び方によらず，同じ $K(x,y)$ に収束する．

定理 8.11 より，有限次元ヒルベルト空間は必ず再生核をもち，式 (8.16) で与えられる．たとえば，次のとおりである．

例 8.12 (**多項式空間の再生核**)　式 (3.50) の内積のもとで N 次以下の実多項式がつくるヒルベルト空間における再生核は，定理 3.25 で述べたクリストッフェル・ダルブーの公式にほかならない．すなわち，$u_n (n = 0, 1, 2, \cdots, N)$ を n 次の実多項式からなる正規直交多項式系とするとき，

$$K(x,y) = \frac{k_N}{k_{N+1}} \frac{u_{N+1}(x)u_N(y) - u_N(x)u_{N+1}(y)}{x-y} \qquad : x \neq y \tag{8.18}$$

$$K(x,x) = \frac{k_N}{k_{N+1}} \left(u'_{N+1}(x)u_N(x) - u'_N(x)u_{N+1}(x) \right) \tag{8.19}$$

となる．ここで，$k_N > 0$ は $u_N(x)$ の x^N の係数であり，$u'_N(x)$ は $u_N(x)$ の x に関する微分である．

例 8.13 (**三角多項式空間の再生核**)　区間 $[-l, l]$ で定義された関数

$$\varphi_n(x) = \exp\left(i\frac{n\pi}{l}x \right) \qquad : n = 0, \pm 1, \pm 2, \cdots, \pm N$$

で張られる空間に，内積

$$\langle f, g \rangle = \frac{1}{2l} \int_{-l}^{l} f(x)\overline{g(x)}\, dx$$

を導入したものを，N 次以下の三角多項式空間とよぶことにする．この内積のもとで $\{\varphi_n\}_{n=-N}^{N}$ は正規直交基底になる．よって，この空間の再生核 $K(x,y)$ は，$x \neq y$ のとき，

$$\begin{aligned} K(x,y) &= \sum_{n=-N}^{N} \varphi_n(x)\overline{\varphi_n(y)} \\ &= \sum_{n=-N}^{N} e^{i\frac{n\pi}{l}(x-y)} \\ &= \frac{\sin\left(\dfrac{(2N+1)\pi}{2l}(x-y) \right)}{\sin\left(\dfrac{\pi}{2l}(x-y) \right)} \end{aligned} \tag{8.20}$$

となり，$x = y$ のとき，

$$K(x,x) = 2N + 1 \tag{8.21}$$

となる．

無限次元空間の再生核の例を与える.

例 8.14 (**帯域制限空間の再生核**) $L^2(-\infty,\infty)$ のフーリエ変換対

$$\tilde{f}(\xi) = \int_{-\infty}^{\infty} f(x) e^{-i2\pi\xi x}\,dx \tag{8.22}$$

$$f(x) = \int_{-\infty}^{\infty} \tilde{f}(\xi) e^{i2\pi\xi x}\,d\xi \tag{8.23}$$

を考える. 正の定数 W に対して,

$$\tilde{f}(\xi) = 0 \qquad : |\xi| > W$$

となる関数 f の全体を $\mathcal{B}_W$ で表し, **帯域制限空間** (band-limited function space) とよぶ.

$$\mathrm{sinc}(x) = \begin{cases} \dfrac{\sin \pi x}{\pi x} & : x \neq 0 \\ 1 & : x = 0 \end{cases}$$

とおくとき, 帯域制限空間の再生核は,

$$K(x,y) = 2W\mathrm{sinc}\bigl(2W(x-y)\bigr) \tag{8.24}$$

となる. 実際,

$$\chi(\xi) = \begin{cases} 1 & : |\xi| \leq W \\ 0 & : |\xi| > W \end{cases}$$

とおけば,

$$\int_{-\infty}^{\infty} \chi(\xi) e^{i2\pi\xi x}\,d\xi = 2W\mathrm{sinc}(2Wx)$$

となる. したがって, 各 y に対して, $2W\mathrm{sinc}\bigl(2W(x-y)\bigr)$ のフーリエ変換は $\chi(\xi)e^{-i2\pi\xi y}$ となり, $2W\mathrm{sinc}\bigl(2W(x-y)\bigr)$ は $\mathcal{B}_W$ に属している. さらに, 任意の $f \in \mathcal{B}_W$ に対して,

$$\begin{aligned}
\langle f, K(\cdot,y)\rangle &= \int_{-\infty}^{\infty} f(x) 2W\mathrm{sinc}\bigl(2W(x-y)\bigr)\,dx \\
&= \int_{-\infty}^{\infty} \tilde{f}(\xi)\chi(\xi) e^{i2\pi\xi y}\,d\xi \\
&= \int_{-\infty}^{\infty} \tilde{f}(\xi) e^{i2\pi\xi y}\,d\xi \\
&= f(y)
\end{aligned}$$

となるので, 式 (8.24) が成立する.

例 8.15 (**ガウス再生核**) 任意に固定した正の実数 c に対して,

$$G(x) = \exp\left(-\frac{x^2}{2c^2}\right) \tag{8.25}$$

とおく．$L^2(-\infty,\infty)$ に含まれ，かつ，

$$\int_{-\infty}^{\infty} \frac{|\tilde{f}(\xi)|^2}{\tilde{G}(\xi)}\,d\xi < \infty \tag{8.26}$$

を満たす f の全体を H_G で表す．H_G の内積を，

$$\langle f, g\rangle = \int_{-\infty}^{\infty} \frac{\tilde{f}(\xi)\overline{\tilde{g}(\xi)}}{\tilde{G}(\xi)}\,d\xi \tag{8.27}$$

で定義する．H_G を**ガウス再生核ヒルベルト空間** (Gaussian RKHS) とよぶ．このとき，H_G の再生核は，

$$K(x,y) = G(x-y) \tag{8.28}$$

で与えられる．実際，各 y に対する $G(x-y)$ の x の関数としてのフーリエ変換は，

$$\tilde{G}(\xi)e^{-i2\pi\xi y} = \sqrt{2\pi}ce^{-(\sqrt{2}\pi c)^2\xi^2}e^{-i2\pi\xi y}$$

であるから，

$$\int_{-\infty}^{\infty} \frac{|\tilde{G}(\xi)e^{-i2\pi\xi y}|^2}{\tilde{G}(\xi)}\,d\xi = \int_{-\infty}^{\infty} \tilde{G}(\xi)\,d\xi = \sqrt{2\pi}c\int_{-\infty}^{\infty} e^{-(\sqrt{2}\pi c)^2\xi^2}\,d\xi = 1 < \infty$$

となる．よって，各 y に対して，$G(x-y)$ は x の関数として H_G に属する．さらに，任意の $f \in H_G$ に対して，

$$\begin{aligned}\langle f(x), G(x-y)\rangle &= \int_{-\infty}^{\infty} \frac{\tilde{f}(\xi)\overline{\tilde{G}(\xi)e^{-i2\pi\xi y}}}{\tilde{G}(\xi)}\,d\xi \\ &= \int_{-\infty}^{\infty} \tilde{f}(\xi)e^{i2\pi\xi y}\,d\xi \\ &= f(y)\end{aligned}$$

となるので，式 (8.28) が成立する．

ガウス再生核ヒルベルト空間と帯域制限空間の間には，次の関係が成立する．

定理 8.16　ガウス再生核ヒルベルト空間は，帯域制限空間を真に含む．

証明　任意の $f \in \mathcal{B}_W$ に対して，

$$\begin{aligned}\int_{-\infty}^{\infty} \frac{|\tilde{f}(\xi)|^2}{\tilde{G}(\xi)}\,d\xi &= \int_{-W}^{W} \frac{|\tilde{f}(\xi)|^2}{\tilde{G}(\xi)}\,d\xi \\ &= \frac{1}{\sqrt{2\pi}c}\int_{-W}^{W} e^{(\sqrt{2}\pi c)^2\xi^2}|\tilde{f}(\xi)|^2\,d\xi \\ &\le \frac{1}{\sqrt{2\pi}c}e^{(\sqrt{2}\pi cW)^2}\int_{-W}^{W} |\tilde{f}(\xi)|^2\,d\xi \\ &= \frac{1}{\sqrt{2\pi}c}e^{(\sqrt{2}\pi cW)^2}\int_{-\infty}^{\infty} |\tilde{f}(\xi)|^2\,d\xi\end{aligned}$$

$$= \frac{1}{\sqrt{2\pi}c} e^{(\sqrt{2}\pi cW)^2} \int_{-\infty}^{\infty} |f(x)|^2 \, dx < \infty$$

となり，$\mathcal{B}_W \subseteq H_G$ となる．また，関数 G は H_G に属するが，$\mathcal{B}_W$ には属さないので，$\mathcal{B}_W$ は H_G の真の部分空間である． ■

例 8.15 のガウス再生核ヒルベルト空間 H_G では，関数 G として式 (8.25) のガウス関数を用いた．しかし，もっと広い範囲の関数 G に対して，例 8.15 と同様の議論ができる．すなわち，次の定理が成立する．

定理 8.17 (一般化ガウス再生核)　関数 G を，次の条件を満たすものとする．

(i) $G \in L^2(-\infty, \infty)$

(ii) G は実数値偶関数

(iii) $\tilde{G}(\xi) > 0$

(iv) $\displaystyle\int_{-\infty}^{\infty} \tilde{G}(\xi) \, d\xi < \infty$

この G に対して，式 (8.26) を満たす f の全体を H で表す．H の内積を式 (8.27) で定義する．このとき，H の再生核は，

$$K(x, y) = G(x - y) \tag{8.29}$$

で与えられる．

証明　各 y に対する $G(x-y)$ の x の関数としてのフーリエ変換は，$\tilde{G}(\xi)e^{-i2\pi\xi y}$ であるから，

$$\int_{-\infty}^{\infty} \frac{|\tilde{G}(\xi)e^{-i2\pi\xi y}|^2}{\tilde{G}(\xi)} \, d\xi = \int_{-\infty}^{\infty} \tilde{G}(\xi) \, d\xi < \infty$$

となる．よって，各 y に対して，$G(x-y)$ は x の関数として H に属する．さらに，任意の $f \in H$ に対して，

$$\begin{aligned} \langle f(x), G(x-y) \rangle &= \int_{-\infty}^{\infty} \frac{\tilde{f}(\xi)\overline{\tilde{G}(\xi)e^{-i2\pi\xi y}}}{\tilde{G}(\xi)} \, d\xi \\ &= \int_{-\infty}^{\infty} \tilde{f}(\xi) e^{i2\pi\xi y} \, d\xi \\ &= f(y) \end{aligned}$$

となるので，式 (8.29) が成立する． ■

定理 8.17 の応用を示す．

例 8.18 (混合形ガウス再生核)　p を正の整数とする．a_k, c_k を正の実数，b_k を実数とし，

$$G(x) = \sum_{k=1}^{p} a_k \cos(2\pi b_k x) \exp\left(-\frac{x^2}{2c_k^2}\right) \tag{8.30}$$

とおく．G のフーリエ変換は，

$$\tilde{G}(\xi) = \sqrt{\frac{\pi}{2}} \sum_{k=1}^{p} a_k c_k \left(e^{-2\pi^2 c_k^2 (\xi - b_k)^2} + e^{-2\pi^2 c_k^2 (\xi + b_k)^2} \right)$$

となるので，G は定理 8.17 の条件を満たす．

8.3　標本化定理

領域 $\mathcal{D}$ 上で定義された関数 f で構成されているヒルベルト空間 H を考える．H の正規直交基底，すなわち，完全正規直交系 $\{\varphi_n\}_{n=1}^{\infty}$ を使って，任意の $f \in H$ は，

$$f = \sum_{n=1}^{\infty} \langle f, \varphi_n \rangle \varphi_n \tag{8.31}$$

と表される．この式に現れる内積 $\langle f, \varphi_n \rangle$ が，$\mathcal{D}$ 上の点 $\{x_n\}_{n=1}^{\infty}$ と重み係数 $\{w_n\}_{n=1}^{\infty}$ を用いて，

$$\langle f, \varphi_n \rangle = w_n f(x_n) \qquad : n = 1, 2, \cdots \tag{8.32}$$

と表されるとき，すなわち，

$$f(x) = \sum_{n=1}^{\infty} w_n f(x_n) \varphi_n(x) \tag{8.33}$$

と表されるとき，$\{\varphi_n\}_{n=1}^{\infty}$ を**正規直交標本化基底** (orthonormal sampling basis) といい，$\{x_n\}_{n=1}^{\infty}$ を**標本点** (sample points) という．

式 (8.32) は式 (8.31) に対して，次の二つの意味をもっている．

(i) 式 (8.31) の内積 $\langle f, \varphi_n \rangle$ をとるという演算を，式 (8.32) のように，関数 f の標本点における値 $f(x_n)$ に重み w_n を掛けるという簡単な操作で実行することができる．

(ii) 式 (8.33) を右辺から左辺を求めるという立場でみたとき，f の標本点における値 $\{f(x_n)\}_{n=1}^{\infty}$ だけから，任意の $x \in \mathcal{D}$ に対する f の値 $f(x)$ を求めることができる．すなわち，標本値 $\{f(x_n)\}_{n=1}^{\infty}$ が関数 f の形を完全に規定する．この意味で，式 (8.33) を**標本化定理** (sampling theorem) という．

式 (8.32) を満たす標本点 $\{x_n\}_{n=1}^{\infty}$ と重み $\{w_n\}_{n=1}^{\infty}$ が存在すれば，定理 8.6 に示したように，式 (8.33) は強収束するだけでなく，各点収束し，さらに，$K(x,x)$ が有界な $\mathcal{D}$ 上の点に対して，一様収束する．

ところで，任意の正規直交基底に対して，式 (8.32) を満たす標本点 $\{x_n\}_{n=1}^{\infty}$ が存在するわけではない．あるいは逆に，任意の標本点 $\{x_n\}_{n=1}^{\infty}$ に対して，式 (8.32) が成立する正規直交基底が存在するわけではない．本節では，そのような標本点の特徴づけ

と，正規直交標本化基底の構成法を論じる．まずは，有限次元空間の場合について論じる．

定理 8.19 有限 N 次元ヒルベルト空間 H に正規直交標本化基底が存在するための必要十分条件は，H の再生核 $K(x,y)$ に対して，

$$|w_n|^2 K(x_m, x_n) = \delta_{m,n} \qquad : n = 1, 2, \cdots, N \tag{8.34}$$

を満たすような $\mathcal{D}$ の点 $\{x_n\}_{n=1}^N$ が存在することである．ここで，$\delta_{m,n}$ はクロネッカーのデルタであり，

$$|w_n|^2 = \frac{1}{K(x_n, x_n)} \qquad : n = 1, 2, \cdots, N \tag{8.35}$$

である．そしてこのとき，正規直交標本化基底 $\{\varphi_n\}_{n=1}^N$ は，

$$\varphi_n(x) = \overline{w_n} K(x, x_n) \qquad : n = 1, 2, \cdots, N \tag{8.36}$$

で与えられる．

証明 $\{\varphi_n\}_{n=1}^N$ を H の正規直交基底とし，式 (8.32) が成立したとする．このとき，

$$K(x,y) = \sum_{n=1}^{N} \varphi_n(x)\overline{\varphi_n(y)} \tag{8.37}$$

となるから，任意の $f \in H$ に対して，

$$\begin{aligned}
\langle f, \varphi_n \rangle &= w_n f(x_n) \\
&= w_n \sum_{m=1}^{N} \langle f, \varphi_m \rangle \varphi_m(x_n) \\
&= \left\langle f, \overline{w_n} \sum_{m=1}^{N} \overline{\varphi_m(x_n)} \varphi_m \right\rangle \\
&= \langle f, \overline{w_n} K(\cdot, x_n) \rangle
\end{aligned}$$

となる．よって，式 (8.36) が成立する．

さらに，式 (8.32) で $f = \varphi_m$ とおけば，

$$w_n \varphi_m(x_n) = \langle \varphi_m, \varphi_n \rangle = \delta_{m,n}$$

となり，

$$w_n \varphi_m(x_n) = \delta_{m,n} \tag{8.38}$$

となる．したがって，式 (8.36) より式 (8.34) が成立する．

逆に，式 (8.34) が成立したとする．式 (8.36) によって $\{\varphi_n\}_{n=1}^N$ を定義すれば，

$$\begin{aligned}
\langle \varphi_m, \varphi_n \rangle &= \langle \overline{w_m} K(\cdot, x_m), \overline{w_n} K(\cdot, x_n) \rangle \\
&= \overline{w_m} w_n K(x_n, x_m) = \delta_{m,n}
\end{aligned}$$

となり，$\{\varphi_n\}_{n=1}^N$ は H の正規直交基底になる．さらに，式 (8.36) より，任意の $f \in H$ に対

して,

$$\langle f, \varphi_n \rangle = \langle f, \overline{w_n} K(\cdot, x_n) \rangle = w_n f(x_n)$$

となり，$\{\varphi_n\}_{n=1}^N$ は H の正規直交標本化基底になる. ■

再生核は H に対して一意に決まるけれども，あとで示すように，標本点 $\{x_n\}_{n=1}^N$ は必ずしも一意に定まらない．また，標本点が決まれば，$|w_n|^2$ は式 (8.35) から一意に決まるけれども，w_n 自身に対しては，絶対値1の定数倍だけの自由度が残ってしまい，

$$\varphi_n(x) = \theta \frac{K(x, x_n)}{\sqrt{K(x_n, x_n)}} \qquad : |\theta| = 1 \tag{8.39}$$

となる．しかし，式 (8.33)，(8.36) より，

$$f(x) = \sum_{n=1}^{N} |w_n|^2 f(x_n) K(x, x_n) \tag{8.40}$$

$$= \sum_{n=1}^{N} f(x_n) \frac{K(x, x_n)}{K(x_n, x_n)} \tag{8.41}$$

となるので，w_n よりも $|w_n|^2$ が本質的な影響を与えることになる．したがって，

$$w_n = \frac{1}{\sqrt{K(x_n, x_n)}} > 0 \qquad : n = 1, 2, \cdots, N \tag{8.42}$$

に選んでも，本質を失うことはない.

定理 8.19 より，正規直交標本化基底を構成するためには，次の手順に従えばよいことがわかる.

(i) 空間 H の再生核を式 (8.37) に従って求める.

(ii) 再生核から式 (8.34)，(8.35) に従って標本点と重みを求める.

(iii) この標本点と重みを用い，式 (8.36) に従って正規直交標本化基底を構成する.

このように，正規直交標本化基底 $\{\varphi_n\}_{n=1}^N$ という関数系の決定問題が，再生核 $K(x, y)$ の零点を見いだす問題に帰着されるのである．しかも次に示すように，多くの場合，再生核から容易にその零点を見いだすことができる.

例 8.20 (多項式空間の正規直交標本化基底)　式 (3.50) の内積のもとで N 次以下の実多項式がつくるヒルベルト空間における再生核は式 (8.18)，(8.19) で与えられる．定理 3.26 に示したように，u_{N+1} は区間 (a, b) 内に1位の零点を $N+1$ 個もつ．そこで，u_{N+1} の零点を $\{x_n\}_{n=0}^N$ とすれば，$m \neq n$ のとき，$x_m \neq x_n$ であり，式 (8.18) より，

$$K(x_m, x_n) = \frac{k_N}{k_{N+1}} \frac{u_{N+1}(x_m) u_N(x_n) - u_N(x_m) u_{N+1}(x_n)}{x_m - x_n} = 0$$

となる．また，$m = n$ のとき，式 (8.19) より，

$$K(x_n, x_n) = \frac{k_N}{k_{N+1}} \left(u'_{N+1}(x_n) u_N(x_n) - u'_N(x_n) u_{N+1}(x_n) \right)$$
$$= \frac{k_N}{k_{N+1}} u'_{N+1}(x_n) u_N(x_n)$$

となる．定理 3.26，定理 3.27 より，この最後の式の値が零になることはない．したがって，u_{N+1} の零点 $\{x_n\}_{n=0}^{N}$ が条件式 (8.34) を満たしている．このとき，式 (8.39) で $\theta = 1$ とおけば，

$$\varphi_n(x) = \sqrt{\frac{k_N}{k_{N+1}}} \sqrt{\frac{u_N(x_n)}{u'_{N+1}(x_n)}} \frac{u_{N+1}(x)}{x - x_n} \tag{8.43}$$

となり，式 (8.41) より，

$$f(x) = \sum_{n=0}^{N} f(x_n) \frac{u_{N+1}(x)}{(x - x_n) u'_{N+1}(x_n)} \tag{8.44}$$

となる．

例 8.21 (**三角多項式空間の正規直交標本化基底**)　例 8.13 で与えた三角多項式空間の再生核は式 (8.20)，(8.21) で与えられる．よって，

$$-\frac{l}{2N+1} \leq c \leq \frac{l}{2N+1}$$

なる任意の実数 c に対して，

$$x_n = c + \frac{2ln}{2N+1} \qquad : n = 0, \pm 1, \pm 2, \cdots, \pm N$$

とおけば，式 (8.34) が成立する．したがって，

$$\varphi_n(x) = \frac{1}{\sqrt{2N+1}} \frac{\sin\left(\frac{(2N+1)\pi}{2l} \left(x - c - \frac{2ln}{2N+1} \right) \right)}{\sin\left(\frac{\pi}{2l} \left(x - c - \frac{2ln}{2N+1} \right) \right)} \tag{8.45}$$

となり，

$$f(x) = \frac{1}{2N+1} \sum_{n=-N}^{N} f\left(c + \frac{2ln}{2N+1} \right) \frac{\sin\left(\frac{(2N+1)\pi}{2l} \left(x - c - \frac{2ln}{2N+1} \right) \right)}{\sin\left(\frac{\pi}{2l} \left(x - c - \frac{2ln}{2N+1} \right) \right)} \tag{8.46}$$

となる．

無限次元空間における標本化定理について論じる．定理 8.19 に対応して次の定理が成立する．

定理 8.22　無限次元再生核ヒルベルト空間 H に正規直交標本化基底が存在するための必要十分条件は，H の再生核 $K(x,y)$ に対して，$\{K(\cdot,x_n)\}_{n=1}^{\infty}$ が H の完全系をなし，

$$|w_n|^2 K(x_m,x_n)=\delta_{m,n} \qquad : n=1,2,\cdots \tag{8.47}$$

となるような $\mathcal{D}$ の点 $\{x_n\}_{n=1}^{\infty}$ が存在することである．ここで，

$$|w_n|^2=\frac{1}{K(x_n,x_n)} \qquad : n=1,2,\cdots \tag{8.48}$$

である．そしてこのとき，正規直交標本化基底 $\{\varphi_n\}_{n=1}^{\infty}$ は，

$$\varphi_n(x)=\overline{w_n}K(x,x_n) \qquad : n=1,2,\cdots \tag{8.49}$$

で与えられ，

$$f(x)=\sum_{n=1}^{\infty} f(x_n)\frac{K(x,x_n)}{K(x_n,x_n)} \tag{8.50}$$

なる標本化定理が成立する．右辺の無限級数は，H におけるノルム収束だけでなく，各点 $x\in\mathcal{D}$ における収束にもなっている．さらに，$K(x,x)$ が有界な $\mathcal{D}$ 上の点に対して一様収束する．

証明　$\{\varphi_n\}_{n=1}^{\infty}$ を H の正規直交基底とし，式 (8.32) が成立したとする．このとき，任意の $f\in H$ に対して，式 (8.31)，(8.15) より，

$$\begin{aligned}\langle f,\varphi_n\rangle &= w_n f(x_n)\\ &= w_n\sum_{m=1}^{\infty}\langle f,\varphi_m\rangle\varphi_m(x_n)\\ &= \left\langle f,\overline{w_n}\sum_{m=1}^{\infty}\overline{\varphi_m(x_n)}\varphi_m\right\rangle\\ &= \langle f,\overline{w_n}K(\cdot,x_n)\rangle\end{aligned}$$

となる．よって，式 (8.49) が成立する．$\{\varphi_n\}_{n=1}^{\infty}$ は H の完全系であるから，$\{K(\cdot,x_n)\}_{n=1}^{\infty}$ も H の完全系になる．

さらに，式 (8.32) で $f=\varphi_m$ とおけば，

$$w_n\varphi_m(x_n)=\langle\varphi_m,\varphi_n\rangle=\delta_{m,n}$$

となり，

$$w_n\varphi_m(x_n)=\delta_{m,n} \tag{8.51}$$

となる．したがって，式 (8.49) より式 (8.47) が成立する．

逆に，式 (8.47) が成立したとする．式 (8.49) によって $\{\varphi_n\}_{n=1}^{\infty}$ を定義すれば，

$$\begin{aligned}\langle\varphi_m,\varphi_n\rangle &= \langle\overline{w_m}K(\cdot,x_m),\overline{w_n}K(\cdot,x_n)\rangle\\ &= \overline{w_m}w_nK(x_n,x_m)=\delta_{m,n}\end{aligned}$$

となり，$\{\varphi_n\}_{n=1}^{\infty}$ は H の正規直交系になる．しかも $\{K(\cdot,x_n)\}_{n=1}^{\infty}$ は H の完全系であるから，$\{\varphi_n\}_{n=1}^{\infty}$ は H の完全正規直交系になる．さらに，式 (8.49) より任意の $f\in H$ に対して，

$$\langle f,\varphi_n\rangle = \langle f,\overline{w_n}K(\cdot,x_n)\rangle = w_n f(x_n)$$

となり，$\{\varphi_n\}_{n=1}^{\infty}$ は H の正規直交標本化基底になる．

収束性に関しては，定理 8.6 から明らかである． ■

例 8.23 (**帯域制限空間の正規直交標本化基底**) 例 8.14 で与えた帯域制限空間 $\mathcal{B}_W$ の再生核は式 (8.24) で与えられる．よって，任意の実数 c に対して，

$$x_n = c + \frac{n}{2W} \qquad : n = 0,\pm1,\pm2,\cdots$$

とおけば，式 (8.47) が成立する．したがって，式 (8.49) より，

$$\varphi_n(x) = \sqrt{2W}\mathrm{sinc}\left(x-c-\frac{n}{2W}\right) \tag{8.52}$$

となる．$\{\varphi_n\}_{n=-\infty}^{\infty}$ は正規直交系であるから，更に完全系になることを示すことができれば，式 (8.50) より，

$$f(x) = \sum_{n=-\infty}^{\infty} f\left(c+\frac{n}{2W}\right)\mathrm{sinc}\left(2W\left(x-c-\frac{n}{2W}\right)\right) \tag{8.53}$$

となる．これは，ホイッタカー・コテルニコフ・染谷・シャノンの標本化定理 (Whittaker-Kotel'nikov-Someya-Shannon's sampling theorem) とよばれている．右辺の無限級数は，$\mathcal{B}_W$ におけるノルム収束だけでなく，$(-\infty,\infty)$ における各点収束にもなっている．さらに，$K(x,x)=2W$ であるから，$(-\infty,\infty)$ において一様収束する．

最後に，$\{\varphi_n\}_{n=-\infty}^{\infty}$ が完全系になることを示す．任意の $f\in\mathcal{B}_W$ は，

$$f(x) = \int_{-W}^{W} \tilde{f}(\xi)e^{i2\pi\xi x}d\xi \tag{8.54}$$

と表される．そこで，$\tilde{f}$ を $[-W,W]$ 上の関数とみなし，同じ記号 $\tilde{f}$ で表すことにする．そうすれば，$\tilde{f}\in L^2[-W,W]$ となる．ここで，$L^2[-W,W]$ の内積は，

$$\langle u,v\rangle = \int_{-W}^{W} u(\xi)\overline{v(\xi)}d\xi$$

を用いる．このとき，フーリエ変換におけるパーセバルの等式より，$\|f\| = \|\tilde{f}\|$ となる．右辺のノルム $\|\tilde{f}\|$ は $L^2[-W,W]$ のノルムである．こうして，式 (8.54) が $L^2[-W,W]$ から $\mathcal{B}_W$ への同形対応であることがわかる．この対応を作用素 A で表す．

ところで，

$$u_n(\xi) = \frac{1}{\sqrt{2W}}\exp\left(-i\frac{n\pi}{W}\xi\right) \qquad : n = 0,\pm1,\pm2,\cdots$$

とおけば，$\{u_n\}_{n=-\infty}^{\infty}$ は，$L^2[-W,W]$ の完全正規直交系になる．そして，同形対応 A によって，

$$(Au_n)(x) = \sqrt{2W}\mathrm{sinc}\left(x - \frac{n}{2W}\right)$$

と変換されるので，$\left\{\sqrt{2W}\mathrm{sinc}\left(x - \frac{n}{2W}\right)\right\}_{n=-\infty}^{\infty}$ は $\mathcal{B}_W$ の完全正規直交系になる．したがって，それを c だけ平行移動した $\{\varphi_n\}_{n=-\infty}^{\infty}$ も，$\mathcal{B}_W$ の完全正規直交系になる．

定理 8.22 より，例 8.15 で与えたガウス再生核ヒルベルト空間には，正規直交標本化基底が存在しないことがわかる．

正規直交標本化基底の概念は，正規双直交標本化基底へ拡張することができる．任意の $f \in H$ は，定理 3.29 に示したように，正規双直交基底 $\{u_n, v_n\}_{n=1}^{\infty}$ を用いて，

$$f = \sum_{n=1}^{\infty} \langle f, v_n \rangle u_n \tag{8.55}$$

と表現できる．この式に現れる内積 $\langle f, v_n \rangle$ が，$\mathcal{D}$ 上の点 $\{x_n\}_{n=1}^{\infty}$ と重み係数 $\{w_n\}_{n=1}^{\infty}$ を用いて，

$$\langle f, v_n \rangle = w_n f(x_n) \qquad : n = 1, 2, \cdots \tag{8.56}$$

と表されるとき，すなわち，

$$f(x) = \sum_{n=1}^{\infty} w_n f(x_n) u_n(x) \tag{8.57}$$

と表されるとき，$\{u_n, v_n\}_{n=1}^{\infty}$ を**正規双直交標本化基底** (biorthonormal sampling basis) という．

たとえば，例 1.34 で与えたラグランジュ補間多項式は，次の正規双直交標本化基底と深い関わりをもっている．

例 8.24 **(多項式空間の正規双直交標本化基底)**　式 (3.50) の内積のもとで N 次以下の実多項式がつくるヒルベルト空間を考える．この空間の再生核 $K(x, y)$ は，例 8.12 で述べたように，クリストッフェル・ダルブーの公式，すなわち，式 (8.18)，(8.19) で与えられる．そこで，区間 (a, b) の相異なる $N+1$ 個の点 $\{x_n\}_{n=0}^{N}$ に対して，

$$v_n(x) = K(x, x_n)$$
$$u_n(x) = \frac{\prod_{k \neq n}(x - x_k)}{\prod_{k \neq n}(x_n - x_k)}$$

とおけば，$u_n(x_m) = \delta_{m,n}$ より，

$$\langle u_n, v_m \rangle = \langle u_n, K(\cdot, x_m) \rangle = u_n(x_m) = \delta_{m,n}$$

となる．すなわち，$\{u_n, v_n\}_{n=0}^{N}$ は，この空間の正規双直交標本化基底になっている．

正規直交標本化基底の場合，標本点 $\{x_n\}_{n=0}^{N}$ は式 (8.18) の零点，すなわち，多項式 u_{N+1} の零点に決まってしまった．しかし，正規双直交標本化基底にまで拡張すれば，

区間 (a,b) の相異なる $N+1$ 個の任意の点を，標本点 $\{x_n\}_{n=0}^N$ として採用することができるのである．

問　題

1. $a\in\mathcal{D}$ が再生核ヒルベルト空間 H のすべての元に対する共通の零点になるための必要十分条件は，H の再生核 $K(\cdot,\cdot)$ に対して $K(a,a)=0$ となることであることを示せ．

2. H_K を再生核ヒルベルト空間とする．任意に固定した $a\in\mathcal{D}$ に対して，条件 $f(a)=1$ を満たす H_K の元 f で，ノルム最小のものを求めよ．また，そのときの最小値を求めよ．

3. 再生核ヒルベルト空間 H_K の任意の部分空間 S が再生核ヒルベルト空間になることを示せ．

4. 区間 $\mathcal{D}=(-\infty,\infty)$ 上で定義された関数からなるヒルベルト空間を H で表し，H の閉部分空間で再生核をもつものを S で表す．S の再生核が $K(x,y)=K(x-y)$ と差型になるための必要十分条件は，S が並進作用素に関して閉じていることであることを示せ．

5. 再生核ヒルベルト空間 H_K を考える．任意に固定した p 個の点 $\{x_n\}_{n=1}^p\subset\mathcal{D}$ に対して，

$$f(x)=\sum_{n=1}^{p}\alpha_n K(x,x_n)$$

$$g(x)=\sum_{n=1}^{p}\beta_n K(x,x_n)$$

とおく．第 m,n 成分が $K(x_m,x_n)$ で与えられる p 次の正方行列を K で表し，係数 $\{\alpha_n\}_{n=1}^p,\{\beta_n\}_{n=1}^p$ からできるベクトルをそれぞれ α,β で表せば，

$$\langle f,g\rangle=\langle K\alpha,\beta\rangle$$

となることを示せ．ここで，左辺の内積は H_K の内積であり，右辺の内積は $\mathbf{C}^N$ の内積である．

6. 例 8.15 において，フーリエ変換対として，式 (8.22)，(8.23) ではなく式 (4.89)，(4.90) を用いた場合，再生核が $K(x,y)=(1/\sqrt{2\pi})G(x-y)$ になることを示せ．

7. 式 (3.50) の内積に関する正規直交多項式 $u_n\ (n=0,1,2,\cdots)$ に対して，u_{N+1} の零点を $\{x_n\}_{n=0}^N$ とすれば，次の関係が成立することを示せ．

$$\sum_{n=0}^{N}\frac{u_{N+1}(x)}{(x-x_n)u'_{N+1}(x_n)}=1$$

8. 領域 $\mathcal{D}$ 上で定義された関数 f で構成されている有限 N 次元ヒルベルト空間 H の正規直交基底 $\{\varphi_n\}_{n=1}^N$ が標本化基底になるための必要十分条件は，$\varphi_n(x_n)\neq 0\ (n=1,2,\cdots,N)$ かつ，

$$\varphi_m(x_n)=\varphi_n(x_n)\delta_{m,n}\qquad : n=1,2,\cdots,N$$

となる $\mathcal{D}$ の点 $\{x_n\}_{n=1}^N$ が存在することであることを示せ．

9. 領域 $\mathcal{D}$ 上で定義された関数で構成されている有限 N 次元ヒルベルト空間 H に，標本点を $\{x_n\}_{n=1}^N$，重みを $\{w_n\}_{n=1}^N$ とする正規直交標本化基底が存在するとき，任意の $f,g\in H$ に対して，

$$\langle f, g \rangle = \sum_{m=1}^{N} |w_n|^2 f(x_n)\overline{g(x_n)}$$

となることを示せ．これを，内積の**選点表現**という．

10. 領域 $\mathcal{D}$ 上で定義された関数で構成されている有限 N 次元ヒルベルト空間 H_K に，標本点を $\{x_n\}_{n=1}^N$，重みを $\{w_n\}_{n=1}^N$ とする正規直交標本化基底が存在するとき，N 個の関数の組 $\{u_n\}_{n=1}^N$ に対して，次の3条件は互いに同値であることを示せ．ただし，$m, n = 1, 2, \cdots, N$ である．

(i) $\langle u_m, u_n \rangle = \delta_{m,n}$

(ii) $\sum_{l=1}^{N} |w_l|^2 u_m(x_l) u_n(x_l) = \delta_{m,n}$

(iii) $\sum_{l=1}^{N} u_l(x_m) u_l(x_n) = K(x_n, x_n)\delta_{m,n}$

(ii) の性質を，$|w_l|^2$ を重みとする**選点直交性**という．

問題の解答

第1章

1. まず，公理系 (i)〜(vii) から (viii) が成立することは，式 (1.6) に示したとおりである．逆を示す．(viii) の θ に対して，公理 (v), (vii) より，

$$f \oplus \theta = (1 \circ f) \oplus (0 \circ f) = (1+0) \circ f = 1 \circ f = f$$

となり，公理 (ii) が成立する．$f' = (-1) \circ f$ とおけば，公理 (v), (vii), (viii) より，

$$f \oplus f' = (1 \circ f) \oplus ((-1) \circ f) = (1-1) \circ f = 0 \circ f = \theta$$

となり，公理 (iii) が成立する．

2. 式 (1.10) の証明：

$$(a \circ f)' = (-1) \circ (a \circ f) = (-a) \circ f = (a \times (-1)) \circ f = a \circ ((-1) \circ f) = a \circ f'$$

式 (1.7) の証明：

$$a \circ \theta = a \circ (f \oplus f') = (a \circ f) \oplus (a \circ f') = (a \circ f) \oplus (a \circ f)' = \theta$$

式 (1.8) の証明：

$$f \oplus ((-1) \circ f) = (1 \circ f) \oplus ((-1) \circ f) = (1 + (-1)) \circ f = 0 \circ f = \theta$$

他も同様に証明できる．

3. まず，$\theta' = \theta$ を示す．$\theta' = \theta' \oplus \theta = \theta$ となり，$\theta' = \theta$ となる．

次に，$f' = f \Rightarrow f = \theta$ を示す．線形空間の公理 (vii), (v), (iii) と式 (1.7) より，

$$2 \circ f = (1+1) \circ f = (1 \circ f) \oplus (1 \circ f) = f \oplus f = f \oplus f' = \theta = 2 \circ \theta$$

となり，$2 \circ f = 2 \circ \theta$ となる．よって，式 (1.12) より $f = \theta$ となる．

4. 式 (1.18) を示す．

$$\begin{aligned}(f \oplus h) \ominus (g \oplus h) &= (f \oplus h) \ominus (h \oplus g) = \big\{(f \oplus h) \ominus h\big\} \ominus g \\ &= \big\{f \oplus (h \ominus h)\big\} \ominus g = (f \oplus \theta) \ominus g = f \ominus g\end{aligned}$$

他も同様に証明できる．

5. X の二つの部分空間を S_1, S_2 とし，$S = S_1 \cup S_2$ とおく．$S_1 \subseteq S_2$ または $S_1 \supseteq S_2$ のとき，また，そのときに限って S が部分空間になることを示す．

まず，S が部分空間になったとする．$f \in S_1$ かつ $g \in S_2$ の場合を考え，$h = f \oplus g$ とおく．S は部分空間であるから，$h \in S$ となり，$h \in S_1$ または $h \in S_2$ となる．そこで，二つの場合に分けて考える．

（i）$f \oplus g = h \in S_1$ の場合：$f \in S_1$ かつ $h \in S_1$ であり，S_1 は部分空間であるから，$g = h \ominus f \in S_1$ となる．すなわち，$S_1 \supseteq S_2$ となる．

（ii）$f \oplus g = h \in S_2$ の場合：$h \in S_2$ かつ $g \in S_2$ であり，S_2 は部分空間であるから，$f = h \ominus g \in S_2$ となる．すなわち，$S_1 \subseteq S_2$ となる．

逆を示す．$S_1 \subseteq S_2$ または $S_1 \supseteq S_2$ が成立したとする．$S_1 \subseteq S_2$ の場合，$S = S_1 \cup S_2 = S_2$ となり，S は部分空間になる．$S_1 \supseteq S_2$ の場合も，$S = S_1 \cup S_2 = S_1$ となり，S は部分空間になる．

6. 式 (1.21) のほかに

$$f = g_1 \oplus g_2 \qquad : g_1 \in S_1,\ g_2 \in S_2$$

と表現できたとすれば，$f_1 \oplus f_2 = g_1 \oplus g_2$ となり，補題 1.14 より $f_1 \ominus g_1 = g_2 \ominus f_2$ となる．補題 1.15 より $f_1 \ominus g_1 \in S_1$，$g_2 \ominus f_2 \in S_2$ であり，S_1 と S_2 の共通元は零元だけであるから，

$$f_1 \ominus g_1 = g_2 \ominus f_2 = \theta$$

となる．よって，補題 1.14 より，$g_1 = f_1$，$g_2 = f_2$ となる．

7. $\{f_n\}_{n=1}^N$ を 1 次独立とする．すべての n に対しては $a_n = 0$ にならないと仮定する．一般性を失うことなく，$a_1 \neq 0$ とする．このとき，

$$f_1 = \sum_{n=2}^{N} \left(\frac{-a_n}{a_1} \circ f_n \right)$$

となり，$\{f_n\}_{n=1}^N$ は 1 次従属になってしまう．これは 1 次独立性と矛盾するので，すべての n に対して $a_n = 0$ となる．

逆に，$\{f_n\}_{n=1}^N$ を 1 次従属とすれば，たとえば f_1 は，$f_1 = \sum_{n=2}^N (b_n \circ f_n)$ と表される．したがって，$\sum_{n=1}^N (a_n \circ f_n) = \theta$ と表すとき，$a_1 = -1$，$a_n = b_n$ $(n = 2, 3, \cdots, N)$ となり，すべての n に対して $a_n = 0$ になるということはない．

8. まず，フィボナッチ数列 $\{x_n\}_{n=1}^{\infty}$ を $\boldsymbol{x}$ で表す．$\boldsymbol{x}$，$\boldsymbol{y} \in X$ に対して，$a\boldsymbol{x} \in X$，$\boldsymbol{x} + \boldsymbol{y} \in X$ が成立することは明らかである．零元は，$x_1 = 0$，$x_2 = 0$ から導かれる数列 $\mathbf{0} = (0)$ であり，$\boldsymbol{x}$ の逆元 $\boldsymbol{x}'$ は $\boldsymbol{x}' = (-x_n)$ である．線形空間の残りの公理が成立することも容易に証明できる．

次に，$\begin{cases} \boldsymbol{p} = (1, 0, 1, 1, 2, 3, \cdots) \\ \boldsymbol{q} = (0, 1, 1, 2, 3, 5, \cdots) \end{cases}$

が X の基底になることを示す．まず，$\boldsymbol{x} = (x_n) \in X$ が

$$\boldsymbol{x} = x_1 \boldsymbol{p} + x_2 \boldsymbol{q} \tag{1}$$

と表現できることを示す．そのためには，$\boldsymbol{p}$，$\boldsymbol{q}$ の第 n 成分をそれぞれ p_n，q_n で表すとき，式 (1) を成分で書いた式

$$x_n = x_1 p_n + x_2 q_n \qquad (n = 1, 2, 3, \cdots) \tag{2}$$

が成立することを示せばよい．まず，$p_1 = 1$，$q_1 = 0$ より，$x_1 = x_1 p_1 + x_2 q_1$ となる．また，$p_2 = 0$，$q_2 = 1$ より，$x_2 = x_1 p_2 + x_2 q_2$ となる．一般に，$1 \sim n$ まで式 (2) が成立していると仮定すれば，

$$
\begin{aligned}
x_{n+1} &= x_n + x_{n-1} \\
&= (x_1 p_n + x_2 q_n) + (x_1 p_{n-1} + x_2 q_{n-1}) \\
&= x_1(p_n + p_{n-1}) + x_2(q_n + q_{n-1}) \\
&= x_1 p_{n+1} + x_2 q_{n+1}
\end{aligned}
$$

となり，$n+1$ に対しても式 (2) が成立する．よって，すべての n に対して式 (2) が成立する．

式 (1) の表現が一意であることを示す．もし，式 (1) のほかに $\boldsymbol{x} = a\boldsymbol{p} + b\boldsymbol{q}$ と表現できたとすれば，$(a - x_1)\boldsymbol{p} + (b - x_2)\boldsymbol{q} = \boldsymbol{0}$ となる．この式の第 1 成分をみれば，$p_1 = 1$, $q_1 = 0$ より $a = x_1$ となる．また，第 2 成分をみれば，$p_2 = 0$, $q_2 = 1$ より $b = x_2$ となる．よって，式 (1) の表現は一意に定まる．こうして，X が 2 次元空間であることがわかる．

9. $f_0(x) = 1$ と $f_1(x) = x$ の線形結合は，係数がすべて 0 でない限り，$\dot{C}[a,b]$ に属さない．すなわち，f_0 と f_1 は $\dot{C}[a,b]$ を法として 1 次独立である．一方，任意の $f \in C[a,b]$ に対して，

$$
g = f - f(a)f_0 - \frac{f(b) - f(a)}{b - a}(f_1 - af_0)
$$

とおけば，$g \in \dot{C}[a,b]$ となる．すなわち，任意の $f \in C[a,b]$ が，

$$
f = g + f(a)f_0 + \frac{f(b) - f(a)}{b - a}(f_1 - af_0)
$$

と表されるので，$\dot{C}[a,b]$ の余次元は 2 である．

10. 正の実数 x に対して $\varphi(x) = \log x$ とおけば，例 1.9 より式 (1.48) が成立する．すなわち，φ は $\mathbf{R}^+$ から $\mathbf{R}$ への同形写像になっている．

第 2 章

1. $0 \le \theta \le 1$ とすれば，$\|\theta f + (1-\theta)g\| \le \theta\|f\| + (1-\theta)\|g\|$

2. $\|f\| \le 1$, $\|g\| \le 1$ とし，$0 \le \theta \le 1$ とすれば，

$$
\|\theta f + (1-\theta)g\| \le \theta\|f\| + (1-\theta)\|g\| \le \theta + (1-\theta) = 1
$$

3. $f = 0$ のときは明らかであるから，$f \ne 0$ に対して証明する．

$$
a = \max_{1 \le n \le N} |x_n| \ne 0
$$

とおく．$|x_n| = a$ となる n の全体を I で表し，I の要素の数を n_0 で表す．このとき，

$$
\|f\|_p = \left(\sum_{n=1}^{N} |x_n|^p\right)^{1/p} = \left(a^p \sum_{n=1}^{N} \left|\frac{x_n}{a}\right|^p\right)^{1/p} = a\left(n_0 + \sum_{n \notin I} \left|\frac{x_n}{a}\right|^p\right)^{1/p}
$$

となる．$n \notin I$ のとき $\left|\dfrac{x_n}{a}\right| < 1$ であるから，上の最後の式で $p \to \infty$ とすれば，

$$
\lim_{p \to \infty} \|f\|_p = \lim_{p \to \infty} a n_0^{1/p} = a = \|f\|_\infty
$$

となる．

4. 空集合および全空間が閉集合になることは明らかである．さらにそれらは互いに補空間になっているから，開集合になる．

5. S を含む任意の閉集合を S_1 で表す．$f \in \overline{S}$ とすれば，S の点列 $\{f_n\}_{n=1}^{\infty}$ で f に収束するものが存在する．また，$S \subseteq S_1$ より，$\{f_n\}_{n=1}^{\infty}$ は S_1 に属し，S_1 は閉集合であるから，その極限 f も S_1 に属する．よって，$\overline{S} \subseteq S_1$ となる．

6. $C[-1,1]$ の関数列 $\{f_n\}_{n=1}^{\infty}$ として，

$$f_n(x) = \begin{cases} 0 & : -1 \le x \le 0 \\ nx & : 0 < x < 1/n \\ 1 & : 1/n \le x \le 1 \end{cases}$$

を考える．$m > n$ とすれば，

$$\int_{-1}^{1} |f_m(x) - f_n(x)|\, dx = \frac{1}{2}\left(\frac{1}{n} - \frac{1}{m}\right) \to 0 \qquad : m, n \to \infty$$

となるので，$\{f_n\}_{n=1}^{\infty}$ は L^1 ノルムでコーシー列になる．しかし，その極限は不連続な関数になるので，$C[-1,1]$ は L^1 ノルムで完備にならない．

7. $f_n = (a_1^{(n)}, a_2^{(n)}, \cdots) \in l^{\infty}$ とし，$\{f_n\}_{n=1}^{\infty}$ を l^{∞} のコーシー列とする．各 k に対して，

$$|a_k^{(m)} - a_k^{(n)}| \le \sup_i \left|a_i^{(m)} - a_i^{(n)}\right| = \|f_m - f_n\| \to 0 \qquad : m, n \to \infty$$

となる．よって，数列 $\{a_k^{(n)}\}_{n=1}^{\infty}$ は $\mathbf{C}$ のコーシー列になり，$\mathbf{C}$ の中に極限をもつ．それを a_k で表し，$f = (a_k)$ とおく．

$f \in l^{\infty}$ を示す．定理 2.32 よりコーシー列は有界であるから，$\|f_n\| \le M \ (n = 1, 2, \cdots)$ となる定数 M が存在する．したがって，

$$\left|a_i^{(n)}\right| \le \sup_i \left|a_i^{(n)}\right| = \|f_n\| \le M$$

となる．左辺で $n \to \infty$ とすれば，$|a_i| \le M$ となる．これが任意の i に対して成立するので，$\sup_i |a_i| \le M$ となり，$f \in l^{\infty}$ となる．

$f_n \to f \ (n \to \infty)$ を示す．$\{f_n\}_{n=1}^{\infty}$ はコーシー列であるから，任意の $\varepsilon > 0$ に対して自然数 $N(\varepsilon)$ が存在し，$m, n > N(\varepsilon)$ なる任意の m, n に対して，

$$\left|a_i^{(m)} - a_i^{(n)}\right| \le \|f_m - f_n\| < \varepsilon$$

となる．ここで，$m \to \infty$ とすれば，$n > N(\varepsilon)$ なる任意の n に対して，$\left|a_i - a_i^{(n)}\right| \le \varepsilon$ となる．したがって，$n > N(\varepsilon)$ なる任意の n に対して，$\|f - f_n\| \le \varepsilon$ となり，$f_n \to f \ (n \to \infty)$ となる．よって，l^{∞} は完備になる．

8. 明らかに $\|f\|_1 \le \|f\|_{C^{(1)}}$ である．一方，

$$f(x) = \int_c^x f'(y)\, dy + f(c)$$

であるから，

$$\begin{aligned} \|f\|_{C^{(1)}} &= \sup_{a \le x \le b} |f(x)| + \sup_{a \le x \le b} |f'(x)| \\ &\le \sup_{a \le x \le b} |f'(x)| + (b-a) \sup_{a \le x \le b} |f'(x)| + |f(c)| \\ &\le \|f\|_1 + (b-a)\left(\sup_{a \le x \le b} |f'(x)| + |f(c)|\right) \\ &= (1 + b - a)\|f\|_1 \end{aligned}$$

となり，$\|f\|_{C^{(1)}} \leq (1+b-a)\|f\|_1$ となる．

9. 関数

$$f(x) = \begin{cases} -1 & : -1 \leq x < 0 \\ 1 & : 0 \leq x \leq 1 \end{cases}$$

を，関数 $g_1(x)=1$ で張られる部分空間 S の元で近似する問題を考える．f が実数値関数であるから，その最良近似も実数値関数になる．そこで，S の元を $g(x)=a$ としたとき，a が実数である場合を考えればよい．このとき，

$$\|f-g\| = \int_{-1}^{1} |f(x)-a|\,dx = \begin{cases} -2a & : a < -1 \\ 2 & : -1 \leq a \leq 1 \\ 2a & : 1 < a \end{cases}$$

となり，$-1 \leq a \leq 1$ の範囲の a に対して，$g(x)=a$ は f の最良近似になっている．

10. $\|\cdot\|$ がノルムになることは，ミンコフスキーの不等式より明らかである．後半を示す．ミンコフスキーの不等式で等号が成立するための必要十分条件は，補題 2.7 より，

$$\|f+g\|_i = \|f\|_i + \|g\|_i$$
$$\frac{\|f\|_i}{\|f\|} = \frac{\|g\|_i}{\|g\|} = \frac{\|f\|_i + \|g\|_i}{\left(\sum_{i=1}^{r}(\|f\|_i + \|g\|_i)^p\right)^{1/p}}$$

が，各 i に対して成立することである．第 1 の条件式の中で，強ノルムになっているものに着目すれば，$g=\lambda f$ $(\lambda>0)$ となる．このとき残りの条件がすべて成立し，$\|\cdot\|$ は強ノルムになる．

第3章

1.

$$\langle f, ag\rangle = \overline{\langle ag, f\rangle} = \overline{a\langle g, f\rangle} = \overline{a}\langle f, g\rangle$$
$$\langle f, 0\rangle = \langle f, g-g\rangle = \langle f, g\rangle - \langle f, g\rangle = 0$$
$$\langle 0, f\rangle = \overline{\langle f, 0\rangle} = \overline{0} = 0$$

2. この式は，

$$N^2 \leq \sum_{n=1}^{N} a_n \sum_{n=1}^{N} \frac{1}{a_n}$$

と同じである．さらに，この式は，$\boldsymbol{x} = (\sqrt{a_1}, \sqrt{a_2}, \cdots, \sqrt{a_N})^{\mathrm{T}}$，$\boldsymbol{y} = \left(\frac{1}{\sqrt{a_1}}, \frac{1}{\sqrt{a_2}}, \cdots, \frac{1}{\sqrt{a_N}}\right)^{\mathrm{T}}$ に対するシュヴァルツの不等式と同じものである．

3. シュヴァルツの不等式より，

$$\sup_{\|g\|=1} |\langle f, g\rangle| \leq \sup_{\|g\|=1} \|f\|\|g\| = \|f\|$$

となる．一方，$g = \dfrac{f}{\|f\|}$ とおけば，

$$\langle f, g\rangle = \left\langle f, \frac{f}{\|f\|}\right\rangle = \|f\|$$

となり，上の不等式で等号が成立する．

4. $L^p[0,2]$ の元

$$f(x) = \begin{cases} 0 & : 0 \leq x \leq 1 \\ 1 & : 1 < x \leq 2 \end{cases}$$

$$g(x) = \begin{cases} 1 & : 0 \leq x \leq 1 \\ 0 & : 1 < x \leq 2 \end{cases}$$

に対して，$\|f\| = \|g\| = 1$，$\|f \pm g\| = 2^{1/p}$ となり，

$$\|f+g\|^2 + \|f-g\|^2 = 2 \cdot 4^{1/p}$$
$$2(\|f\|^2 + \|g\|^2) = 4$$

となる．よって，$p \neq 2$ のとき中線定理は成立しない．

5. $f = \begin{pmatrix} 1 \\ 0 \end{pmatrix}$，　$g = \begin{pmatrix} i \\ 1 \end{pmatrix}$

6. (i) $S^{\perp\perp} \supseteq S$ は明らかであるから，$S^{\perp\perp} \subseteq S$ を示す．S は H の閉部分空間であるから，任意の $f \in H$ は定理 3.17 に示したように，

$$f = g + h \qquad : g \in S,\ h \in S^{\perp}$$

と表すことができる．したがって，任意の $f \in S^{\perp\perp}$ に対して，

$$\|h\|^2 = \langle g+h, h \rangle = \langle f, h \rangle = 0$$

となり，$h = 0$ となる．よって，$f = g \in S$ となり，$S^{\perp\perp} \subseteq S$ となる．

(ii) $\overline{[S]}$ は H の閉部分空間であるから，系 3.16 と (i) より

$$S^{\perp\perp} = (S^{\perp})^{\perp} = ([S]^{\perp})^{\perp} = (\overline{[S]}^{\perp})^{\perp} = \overline{[S]}$$

となり，$S^{\perp\perp} = \overline{[S]}$ となる．

(iii) S は部分空間であるから，$S = [S]$ となる．したがって，(ii) より $S^{\perp\perp} = \overline{[S]} = \overline{S}$ となる．

7. まず第 1 式を示す．$S_1 + S_2 \supseteq S_1$ と系 3.15 より $(S_1+S_2)^{\perp} \subseteq S_1^{\perp}$ となる．同様にして，$(S_1+S_2)^{\perp} \subseteq S_2^{\perp}$ となるから，$(S_1+S_2)^{\perp} \subseteq S_1^{\perp} \cap S_2^{\perp}$ となる．逆を示すために，$f \in S_1^{\perp} \cap S_2^{\perp}$ とおく．任意の $g \in S_1 + S_2$ は，$g = g_1 + g_2$ ($g_1 \in S_1$，$g_2 \in S_2$) と表現できるので，

$$\langle f, g \rangle = \langle f, g_1 + g_2 \rangle = \langle f, g_1 \rangle + \langle f, g_2 \rangle = 0$$

となり，$S_1^{\perp} \cap S_2^{\perp} \subseteq (S_1+S_2)^{\perp}$ となる．以上より，第 1 式が成立する．したがって，

$$(S_1 \cap S_2)^{\perp} = (S_1^{\perp\perp} \cap S_2^{\perp\perp})^{\perp} = \left((S_1^{\perp} + S_2^{\perp})^{\perp}\right)^{\perp} = \overline{S_1^{\perp} + S_2^{\perp}}$$

となり，第 2 式も成立する．

8. $1 \leq n \leq N$ に対して，

$$\langle f - f_N, u_n \rangle = \langle f, u_n \rangle - \langle f_N, u_n \rangle = \langle f, u_n \rangle - \langle f, u_n \rangle = 0$$

となるから，$f - f_N \in S^{\perp}$ となる．また，$f_N - g \in S$ であるから，

$$\|f-g\|^2 = \|f-f_N+f_N-g\|^2 = \|f-f_N\|^2 + \|f_N-g\|^2 \geq \|f-f_N\|^2$$

となる．等号は，$g=f_N$ の場合，またその場合に限って成立する．

9.

$$u_n(x) = k_n x^n + k'_n x^{n-1} + w_n(x)$$

とおく．ここで，w_n は $n-2$ 次の多項式である．このとき，式 (3.65) より，

$$\langle k_n x^n, u_{n-1}\rangle = \langle u_n - k'_n x^{n-1} - w_n, u_{n-1}\rangle = -k'_n\langle x^{n-1}, u_{n-1}\rangle = \frac{-k'_n}{k_{n-1}}$$

となり，

$$\langle x^n, u_{n-1}\rangle = \frac{-k'_n}{k_n k_{n-1}}$$

となる．したがって，式 (3.65) も考慮すれば，

$$\begin{aligned}
\beta_n &= \langle x u_{n-1}, u_{n-1}\rangle \\
&= \langle x(k_{n-1}x^{n-1} + k'_{n-1}x^{n-2} + w_{n-1}), u_{n-1}\rangle \\
&= k_{n-1}\langle x^n, u_{n-1}\rangle + k'_{n-1}\langle x^{n-1}, u_{n-1}\rangle \\
&= -\frac{k'_n}{k_n} + \frac{k'_{n-1}}{k_{n-1}} \\
&= \frac{k_n k'_{n-1} - k'_n k_{n-1}}{k_n k_{n-1}}
\end{aligned}$$

となり，式 (3.60) を得る．

10.

$$f = \sum_{n=1}^{N}\langle f, u_n\rangle v_n$$

より，

$$\langle f, g\rangle = \left\langle \sum_{n=1}^{N}\langle f, u_n\rangle v_n, g\right\rangle = \sum_{n=1}^{N}\langle f, u_n\rangle\overline{\langle g, v_n\rangle}$$

となり，第 2 式が成立する．第 2 式で $g=f$ とおけば，第 1 式を得る．

第 4 章

1.

式番号	同次性	加法性
(i)	○	○
(ii)	×	×
(iii)	×	○
(iv)	○	×

よって，(i) が線形作用素になる．

2. 式 (4.21) より，

$$\begin{aligned}
\|A\| &= \sup_{\|f\|=1}\|Af\| \leq \sup_{\|f\|\leq 1}\|Af\| = \sup_{0<\|f\|\leq 1}\|Af\| \\
&= \sup_{0<\|f\|\leq 1}\|f\|\left\|A\frac{f}{\|f\|}\right\| \leq \sup_{0<\|f\|\leq 1}\left\|A\frac{f}{\|f\|}\right\|
\end{aligned}$$

$$= \sup_{\|f\|=1} \|Af\| = \|A\|$$

となり，$\|A\| = \sup_{\|f\|\leq 1} \|Af\|$ となる．

3. 式 (4.22) を示す．$l^1(N)$ の元を $f = (x_n)$ で表す．

$$\begin{aligned}\|Af\|_1 &= \sum_{m=1}^{N}\left|\sum_{n=1}^{N} a_{m,n}x_n\right| \leq \sum_{m=1}^{N}\sum_{n=1}^{N}|a_{m,n}|\,|x_n| = \sum_{n=1}^{N}\left(\sum_{m=1}^{N}|a_{m,n}|\right)|x_n| \\ &\leq \left(\max_{1\leq n\leq N}\sum_{m=1}^{N}|a_{m,n}|\right)\sum_{n=1}^{N}|x_n| = \left(\max_{1\leq n\leq N}\sum_{m=1}^{N}|a_{m,n}|\right)\|f\|_1\end{aligned}$$

となり，

$$\|Af\|_1 \leq \left(\max_{1\leq n\leq N}\sum_{m=1}^{N}|a_{m,n}|\right)\|f\|_1 \tag{3}$$

となる．そこで，

$$\begin{aligned}n_0 &= \arg\max_{1\leq n\leq N}\sum_{m=1}^{N}|a_{m,n}| \\ M &= \sum_{m=1}^{N}|a_{m,n_0}|\end{aligned}$$

とおき，$x_n = \delta_{n,n_0}$ なる f を考えれば，$\|f\|_1 = 1$ となる．よって，

$$\begin{aligned}\|Af\|_1 &= \sum_{m=1}^{N}\left|\sum_{n=1}^{N} a_{m,n}x_n\right| \\ &= \sum_{m=1}^{N}|a_{m,n_0}| \\ &= M\|f\|_1\end{aligned}$$

となる．こうして，式 (3) で実際に等号が成立し，式 (4.22) が成立する．

式 (4.23) を示す．$l^\infty(N)$ の元を $f = (x_n)$ と表し，$g = (y_n) = Af$ とおく．

$$\begin{aligned}\|Af\|_\infty &= \max_{1\leq m\leq N}\left|\sum_{n=1}^{N} a_{m,n}x_n\right| \leq \max_{1\leq m\leq N}\sum_{n=1}^{N}|a_{m,n}||x_n| \\ &\leq \max_{1\leq m\leq N}\sum_{n=1}^{N}|a_{m,n}|\max_{1\leq n\leq N}|x_n| = \left(\max_{1\leq m\leq N}\sum_{n=1}^{N}|a_{m,n}|\right)\|f\|_\infty\end{aligned}$$

となり，

$$\|A\|_{\infty,\infty} \leq \max_{1\leq m\leq N}\sum_{n=1}^{N}|a_{m,n}|$$

となる．そこで，

$$\begin{aligned}m_0 &= \arg\max_{1\leq m\leq N}\sum_{n=1}^{N}|a_{m,n}| \\ M &= \sum_{n=1}^{N}|a_{m_0,n}|\end{aligned}$$

とおき，$x_n = \operatorname{sgn} a_{m_0,n}$ $(n = 1, 2, \cdots, N)$ なる f を考える．$\|f\|_\infty = 1$ となり，

$$|y_{m_0}| = \left|\sum_{n=1}^{N} a_{m_0,n} x_n\right| = \sum_{n=1}^{N} |a_{m_0,n}| = M$$

となる．また，$m \neq m_0$ のとき，

$$|y_m| = \left|\sum_{n=1}^{N} a_{m,n} x_n\right| = \sum_{n=1}^{N} |a_{m,n} \operatorname{sgn} a_{m_0,n}| \leq \sum_{n=1}^{N} |a_{m,n}| \leq M$$

となる．したがって，$\|f\|_\infty = 1$ より，

$$\|Af\|_\infty = \max_{1 \leq m \leq N} |y_m| = M = M\|f\|_\infty$$

となり，式 (4.23) が成立する．

式 (4.24) を示す．$l^\infty(N)$ の元を $f = (x_n)$ と表し，$g = (y_n) = Af$ と表す．

$$\begin{aligned}
\|Af\|_\infty &= \max_{1 \leq m \leq N} \left|\sum_{n=1}^{N} a_{m,n} x_n\right| \leq \max_{1 \leq m \leq N} \sum_{n=1}^{N} |a_{m,n}||x_n| \\
&\leq \max_{1 \leq m \leq N} \left(\max_{1 \leq n \leq N} |a_{m,n}| \sum_{n=1}^{N} |x_n|\right) \\
&= \left(\max_{1 \leq m,n \leq N} \sum_{n=1}^{N} |a_{m,n}|\right) \|f\|_1
\end{aligned}$$

となり，

$$\|A\|_{1,\infty} \leq \max_{1 \leq m,n \leq N} \sum_{n=1}^{N} |a_{m,n}|$$

となる．そこで，

$$\begin{aligned}
(m_0,\ n_0) &= \operatorname*{arg\,max}_{1 \leq m,n \leq N} \sum_{n=1}^{N} |a_{m,n}| \\
M &= |a_{m_0,n_0}|
\end{aligned}$$

とおき，$x_n = \delta_{n,n_0}$ $(n = 1, 2, \cdots, N)$ なる f を考える．$\|f\|_1 = 1$ となり，

$$|y_{m_0}| = \left|\sum_{n=1}^{N} a_{m_0,n} x_n\right| = \sum_{n=1}^{N} |a_{m_0,n}| = M$$

となる．また，$m \neq m_0$ のとき，

$$y_m = \sum_{n=1}^{N} a_{m,n} x_n = a_{m,n_0}$$

となる．したがって，$\|f\|_\infty = 1$ より，

$$\|Af\|_\infty = \max_{1 \leq m \leq N} |y_m| = \max_{1 \leq m \leq N} |a_{m,n_0}| = M$$

となり，式 (4.24) が成立する．

4. 単位球面上の f に対して，$\|A_n f - Af\| \leq \|A_n - A\|$ となるから，必要性は明らかである．また十分性も，$\|A_n - A\| = \sup_{\|f\|=1} \|A_n f - Af\|$ から明らかである．

5. $f \neq 0$ と仮定すれば，系 4.41 より，$J[f] = \|f\| \neq 0$ となる汎関数 J が存在し，$J[f] = 0$ と矛盾する．よって，$f = 0$ となる．

6. (ｉ) を示す．H 任意の元 f, g に対して，式 (4.65) より，

$$\langle A^{**}f, g\rangle = \overline{\langle g, A^{**}f\rangle} = \overline{\langle A^{*}g, f\rangle} = \langle f, A^{*}g\rangle = \langle Af, g\rangle$$

となり，$\langle A^{**}f, g\rangle = \langle Af, g\rangle$ となる．よって，式 (ｉ) が成立する．

(ii) を示す．H 任意の元 f, g に対して，式 (4.65) より，

$$\begin{aligned}\langle f, (aA + bB)^{*}g\rangle &= \langle (aA + bB)f, g\rangle = \langle aAf, g\rangle + \langle bBf, g\rangle \\ &= \langle f, \overline{a}A^{*}g\rangle + \langle f, \overline{b}B^{*}g\rangle = \langle f, (\overline{a}A^{*} + \overline{b}B^{*})g\rangle\end{aligned}$$

となるから，(ii) が成立する．

(iii) を示す．H 任意の元 f, g に対して，式 (4.65) より，

$$\langle f, (AB)^{*}g\rangle = \langle (AB)f, g\rangle = \langle Bf, A^{*}g\rangle = \langle f, B^{*}A^{*}g\rangle$$

となるから，(iii) が成立する．

(v) を示す．式 (4.21)，(4.26) と (iv) より，

$$\begin{aligned}\|A\|^2 &= \sup_{\|f\|=1} \|Af\|^2 = \sup_{\|f\|=1} |\langle Af, Af\rangle| \\ &\leq \sup_{\|f\|=1,\ \|g\|=1} |\langle Af, Ag\rangle| = \sup_{\|f\|=1,\ \|g\|=1} |\langle A^{*}Af, g\rangle| \\ &= \|A^{*}A\| \leq \|A^{*}\|\|A\| = \|A\|^2\end{aligned}$$

となり，$\|A^{*}A\| = \|A\|^2$ となる．この式で A を A^{*} に置き換えれば，(v) の残りの部分を得る．

(vi) を示す．H 任意の元 f, g に対して，$u = A^{-1}f$，$v = (A^{*})^{-1}g$ とおけば，$f = Au$，$g = A^{*}v$ となる．よって，

$$\langle f, (A^{-1})^{*}g\rangle = \langle A^{-1}f, g\rangle = \langle u, A^{*}v\rangle = \langle Au, v\rangle = \langle f, (A^{*})^{-1}g\rangle$$

となり，$\langle A^{-1}f, g\rangle = \langle f, (A^{*})^{-1}g\rangle$ となる．したがって，(vi) が成立する．

7. (ｉ) を示す．

$$\begin{aligned}\|Af\|^2 &= \langle Af, Af\rangle = \langle A^{*}Af, f\rangle \\ \|A^{*}f\|^2 &= \langle A^{*}f, A^{*}f\rangle = \langle AA^{*}f, f\rangle\end{aligned}$$

と補題 4.14 より，明らかである．

(ii) を示す．$A - \lambda I$ も正規作用素であるから，(ｉ) の結果より，

$$\|(A - \lambda I)\varphi\| = \|(A - \lambda I)^{*}\varphi\| = \|(A^{*} - \overline{\lambda}I)\varphi\|$$

となる．よって，この式の左辺が 0 ならば，右辺も 0 になる．

(iii) を示す．(ii) の結果より，

$$(\lambda - \mu)\langle \varphi, \psi\rangle = \langle \lambda\varphi, \psi\rangle - \langle \varphi, \overline{\mu}\psi\rangle = \langle A\varphi, \psi\rangle - \langle \varphi, A^{*}\psi\rangle = \langle A\varphi, \psi\rangle - \langle A\varphi, \psi\rangle = 0$$

となる．したがって，$\lambda \neq \mu$ より $\langle \varphi, \psi\rangle = 0$ となる．

8. (ｉ) を示す．

$$A^*A = (A_1^2 + A_2^2) + i(A_1A_2 - A_2A_1)$$
$$AA^* = (A_1^2 + A_2^2) - i(A_1A_2 - A_2A_1)$$

となるから,

$$A^*A - AA^* = 2i(A_1A_2 - A_2A_1)$$

となり，この命題が成立する．

(ii)を示す．Aをユニタリ作用素とする．ユニタリ作用素は正規作用素であるから，(i)より，$A_1A_2 = A_2A_1$となる．さらに，

$$I = A^*A = (A_1^2 + A_2^2) + i(A_1A_2 - A_2A_1)$$
$$I = AA^* = (A_1^2 + A_2^2) - i(A_1A_2 - A_2A_1)$$

となるから，両辺を足せば，$A_1^2 + A_2^2 = I$となる．十分性を示す．$A_1A_2 = A_2A_1$より，

$$A^*A = AA^* = A_1^2 + A_2^2 = I$$

となり，$A^* = A^{-1}$となる．

9. $S = H$のときは明らかであるから，$S \subsetneq H$の場合について，2段階に分けて証明を行う．

(i) まず，

$$S \cap AS^{\perp} = \{0\}$$

を示す．任意の$f \in S \cap AS^{\perp}$に対して，$S^{\perp}$の非零元gで，$f = Ag$かつ$\langle f, g\rangle = 0$を満たすものが存在する．したがって，$\langle Ag, g\rangle = \langle f, g\rangle = 0$となる．$A$は半正値作用素であるから$Ag = 0$となり，$f = Ag = 0$となる．よって，$S \cap AS^{\perp} = \{0\}$が成立する．

(ii)

$$S \dotplus \overline{AS^{\perp}} = S + \overline{\mathcal{R}(A)}$$

を示す．$f \in S^{\perp} \cap (AS^{\perp})^{\perp}$とする．$\mathcal{R}(A)$は必ずしも閉じていないので，$AS^{\perp}$も必ずしも閉じていない．しかし，(i)の証明で$S$が閉じていることは何も利用していないので，$S \cap AS^{\perp} = \{0\}$の$S$として$AS^{\perp}$を考えることができる．よって，

$$Af \in AS^{\perp} \cap A(AS^{\perp})^{\perp} = \{0\}$$

となる．したがって，$f \in \mathcal{N}(A)$となり，$S^{\perp} \cap (AS^{\perp})^{\perp} \subseteq \mathcal{N}(A)$となる．この式の直交補空間を考えれば，$S \dotplus \overline{AS^{\perp}} \supseteq \overline{\mathcal{R}(A)}$となり，

$$S \dotplus \overline{AS^{\perp}} \supseteq S + \overline{\mathcal{R}(A)}$$

となる．逆向きを示す．$AS^{\perp} \subseteq \mathcal{R}(A)$であるから，その閉包をとり，$S$を加えれば，

$$S \dotplus \overline{AS^{\perp}} \subseteq S + \overline{\mathcal{R}(A)}$$

となる．したがって，$S \dotplus \overline{AS^{\perp}} = S + \overline{\mathcal{R}(A)}$が成立する．

10. 任意の$f \in H$に対して$\langle A^*BAf, f\rangle = \langle BAf, Af\rangle \geq 0$となり，$ABA^* \geq 0$となる．また，

$$\mathcal{N}(ABA^*) = \mathcal{N}(AB^{1/2}(AB^{1/2})^*) = \mathcal{N}(B^{1/2}A^*) \subseteq \mathcal{N}(BA^*) \subseteq \mathcal{N}(ABA^*)$$

となり，第1式を得る．第1式の両辺の$\perp$をとれば，第2式を得る．

第5章

1. (ⅰ) を示す．(a) が成立しているとき，$\mathcal{R}(A) = \mathcal{R}(P_{S,L}A) \subseteq \mathcal{R}(P_{S,L}) = S$ となり，(b) が成立する．逆を示す．任意の f に対して $Af \in \mathcal{R}(A) \subseteq S$ となるから，$(P_{S,L}A)f = P_{S,L}(Af) = Af$ となり，(a) が成立する．

(ⅱ) を示す．(a) が成立しているとき，$\mathcal{N}(A) = \mathcal{N}(AP_{S,L}) \supseteq \mathcal{N}(P_{S,L}) = L$ となり，(b) が成立する．逆を示す．$L \subseteq \mathcal{N}(A)$ より，

$$\begin{aligned} AP_{S,L} &= A(P_{S,L} + 0) = AP_{S,L} + A0 = AP_{S,L} + AP_{L,S} \\ &= A(P_{S,L} + P_{L,S}) = AI = A \end{aligned}$$

となり，(a) が成立する．

(ⅲ) を示す．$A = P_{S,L}$ とおけば $\mathcal{N}(A) = L$ であるから，(ⅱ) の結果より，

$$P_{S,L}P_{T,L} = AP_{T,L} = A = P_{S,L}$$

となる．

2. $A = P^*P - P$ とおく．$\langle Pf, f - Pf \rangle = 0$ より，

$$\begin{aligned} \langle Af, f \rangle &= \langle (P^*P - P)f, f \rangle = \langle Pf, Pf \rangle - \langle Pf, f \rangle \\ &= \langle Pf, Pf - f \rangle = 0 \end{aligned}$$

となり，H の任意の元 f に対して $\langle Af, f \rangle = 0$ となる．したがって，$A = 0$ となり，$P^*P = P$ となる．これは，P が正射影作用素であることにほかならない．

$H = \mathbf{R}^2$ の場合に対して，反例を与える．

$$P = \frac{1}{2}\begin{pmatrix} 1 & 1 \\ -1 & 1 \end{pmatrix}$$

とおけば，H の任意の元 f に対して $\langle Pf, f - Pf \rangle = 0$ となるが，$P^* \neq P$ であるから，P は正射影作用素にならない．

3. (ⅰ)⇒(ⅱ) を示す．式 (5.12) と定理 5.15 より，任意の $f \in H$ に対して，

$$\|P_1 f\| \geq \|P_2 P_1 f\| = \|P_2 f\|$$

となり，(ⅱ) が成立する．

(ⅱ)⇒(ⅰ) を示す．(ⅱ) より $P_1 f = 0$ ならば $P_2 f = 0$ となり，$\mathcal{N}(P_1) \subseteq \mathcal{N}(P_2)$ となる．しかも，P_1 と P_2 の値域は閉じているから，$\mathcal{R}(P_1) \supseteq \mathcal{R}(P_2)$ となり，(ⅰ) が成立する．

(ⅱ)⇔(ⅲ) を示す．任意の $f \in H$ に対して，系 5.10 より，

$$\langle (P_1 - P_2)f, f \rangle = \langle P_1 f, f \rangle - \langle P_2 f, f \rangle = \|P_1 f\|^2 - \|P_2 f\|^2$$

となり，(ⅱ)⇔(ⅲ) を得る．

4. $S_1 \ominus S \perp S_2 \ominus S$ が成立しているとき，$X = S_1 \ominus S$，$Y = S_2 \ominus S$ とおけば，

$$S_1 + S_2 = X \oplus Y \oplus S$$

となる．よって，定理 5.14，定理 5.16，定理 5.18 より，

$$P_{S_1+S_2} = P_X + P_Y + P_S = (P_1 - P_S) + (P_2 - P_S) + P_S$$
$$= P_1 + P_2 - P_S = P_1 + P_2 - P_1P_2 = P$$

となり，P は $S_1 + S_2$ への正射影作用素になる．

逆を示す．$P = P_1 + P_2 - P_1P_2$ であるから，

$$\begin{aligned}P^*P &= (P_1 + P_2 - P_1P_2)^*(P_1 + P_2 - P_1P_2)\\ &= (P_1 + P_2 - P_2P_1)(P_1 + P_2 - P_1P_2)\\ &= (P_1 + P_1P_2 - P_1P_2) + (P_2P_1 + P_2 - P_2P_1P_2)\\ &\quad -(P_2P_1 + P_2P_1P_2 - P_2P_1P_2)\\ &= P_1 + P_2 - P_2P_1P_2\\ &= P + P_1P_2 - P_2P_1P_2\end{aligned}$$

となり，$P^*P - P = P_1P_2 - P_2P_1P_2$ となる．したがって，P を正射影作用素とすれば，系 5.9 より，この左辺が 0 になり，$P_1P_2 = P_2P_1P_2$ となる．この式の右辺は自己共役であるから左辺も自己共役になり，$P_1P_2 = P_2P_1$ となる．よって，定理 5.17 より $S_1 \ominus S \perp S_2 \ominus S$ が成立する．

5. $S_2^\perp$ への正射影作用素を $P_2^\perp$ と表す．すなわち，$P_2^\perp = I - P_2$ とおく．

$$S_1 + S_2^\perp = (P_2 + P_2^\perp)S_1 + S_2^\perp \subseteq P_2S_1 + (P_2^\perp S_1 + S_2^\perp) = P_2S_1 \oplus S_2^\perp$$

となり，$S_1 + S_2^\perp \subseteq P_2S_1 \oplus S_2^\perp$ となる．また，

$$P_2S_1 \oplus S_2^\perp = (I - P_2^\perp)S_1 + S_2^\perp \subseteq S_1 + (S_2^\perp - P_2^\perp S_1) = S_1 + S_2^\perp$$

となり，$P_2S_1 \oplus S_2 \subseteq S_1 + S_2^\perp$ となる．よって，$S + S_2^\perp = P_2S \oplus S_2^\perp$ となる．

6. A は自己共役であるから，S は A の可約不変部分空間になっている．よって，定理 5.21 より $AP_S = P_SA$ となる．したがって，定理 5.15 より，

$$\begin{aligned}AS &= A\mathcal{R}(P_S) = \mathcal{R}(AP_S) = \mathcal{R}(P_SA) = P_S\mathcal{R}(A)\\ &= P_S\mathcal{R}(P_{\mathcal{R}(A)}) = \mathcal{R}(P_SP_{\mathcal{R}(A)}) = \mathcal{R}(P_S) = S\end{aligned}$$

となる．

7. H_1 から H_2 への部分等長作用素の列 $\{A_n\}_{n=1}^\infty$ が作用素 $A \in \mathcal{B}(H_1, H_2)$ に一様収束したとき，A も部分等長作用素になることを示せばよい．定理 5.22 より，$A_nA_n^*A_n = A_n$ $(n = 1, 2, \cdots)$ となる．よって，$\|A^*\| = \|A\|$ と $\|A^*A\| = \|A\|^2$ より，

$$\begin{aligned}\|AA^*A - A\| &= \|AA^*A - A_nA_n^*A_n + A_n - A\|\\ &= \|AA^*A - A_nA^*A + A_nA^*A - A_nA_n^*A_n + A_n - A\|\\ &= \|(A - A_n)A^*A + A_nA^*A - A_nA_n^*A + A_nA_n^*A\\ &\quad - A_nA_n^*A_n + A_n - A\|\\ &= \|(A - A_n)A^*A + A_n(A^* - A_n^*)A\\ &\quad + A_nA_n^*(A - A_n) + (A_n - A)\|\end{aligned}$$

$$
\begin{aligned}
&\leq \|(A-A_n)A^*A\| + \|A_n(A^*-A_n^*)A_n\| \\
&\quad + \|A_nA_n^*(A-A_n)\| + \|A_n - A\| \\
&\leq \|A-A_n\|(\|A^*A\| + \|A_n\|^2 + \|A_nA_n^*\| + 1) \\
&\leq \|A-A_n\|(\|A\|^2 + 2\|A_n\|^2 + 1)
\end{aligned}
$$

となる．収束する点列は有界であるから，$\|A\|^2+2\|A_n\|^2+1$ は有界になる．よって，$A_n \to A$ のとき，上の最後の式はいくらでも小さくなり，$AA^*A = A$ となる．

8. 部分等長作用素 U の始集合を S とする．系 5.23 より $S = \mathcal{R}(U^*)$ であるから，$f, g \in S$ とすれば $f, g \in \mathcal{R}(U^*)$ となる．よって，式 (5.24) より，

$$\langle Uf, Ug\rangle = \langle U^*Uf, g\rangle = \langle P_{\mathcal{R}(U^*)}f, g\rangle = \langle f, g\rangle$$

となり，

$$\frac{\langle Uf, Ug\rangle}{\|Uf\|\|Ug\|} = \frac{\langle f, g\rangle}{\|f\|\|g\|}$$

となる．

9.

$$\|P_2P_1\| = \sup_{f\in H}\frac{\|P_2P_1f\|}{\|f\|} \geq \sup_{f\in S_1}\frac{\|P_2P_1f\|}{\|f\|} = \sup_{f\in S_1}\frac{\|P_2f\|}{\|f\|}$$

となる．一方，$\|P_1f\| \leq \|f\|$ より，

$$
\begin{aligned}
\|P_2P_1\| &= \sup_{f\in H}\frac{\|P_2P_1f\|}{\|f\|} = \sup_{f\in H,\ P_1f\neq 0}\frac{\|P_2P_1f\|}{\|f\|} \\
&\leq \sup_{f\in H,\ P_1f\neq 0}\frac{\|P_2P_1f\|}{\|P_1f\|} = \sup_{f\in S_1}\frac{\|P_2f\|}{\|f\|}
\end{aligned}
$$

となり，逆向きの不等号も成立する．よって，命題が成立する．

10. $P_2f = 0$ のとき，任意の $g \in S_2$ に対して，$\langle f, g\rangle = \langle f, P_2g\rangle = \langle P_2f, g\rangle = 0$ となり，命題が成立する．$P_2f \neq 0$ のとき，任意の $g \in S_2$ に対して，

$$\frac{|\langle f, g\rangle|}{\|f\|\|g\|} = \frac{|\langle f, P_2g\rangle|}{\|f\|\|g\|} = \frac{|\langle P_2f, g\rangle|}{\|f\|\|g\|} \leq \frac{\|P_2f\|\|g\|}{\|f\|\|g\|} = \frac{\|P_2f\|}{\|f\|}$$

となり，

$$\sup_{g\in S_2}\frac{|\langle f, g\rangle|}{\|f\|\|g\|} \leq \frac{\|P_2f\|}{\|f\|}$$

となる．この式の左辺で，$g = P_2f \neq 0$ とおけば，

$$\frac{|\langle f, g\rangle|}{\|f\|\|g\|} = \frac{|\langle f, P_2f\rangle|}{\|f\|\|P_2f\|} = \frac{|\langle P_2f, P_2f\rangle|}{\|f\|\|P_2f\|} = \frac{\|P_2f\|}{\|f\|}$$

となり，実際に等号が成立する．よって，命題が成立する．

第6章

1. もし全単射と仮定すれば，バナッハの逆定理 4.26 より，有界な逆が存在することになる．しかし，完全連続作用素は有界な逆をもたないので，これは矛盾である．

2. (iii) を示す．(i) の証明より $W^*W[A]=[A]$ であるから，式 (6.3) より，

$$(W[A]W^*)^2 = W[A](W^*W[A])W^* = (W[A])([A]W^*) = AA^* = [A^*]^2$$

となる．$[A]\geq 0$ より $W[A]W^*\geq 0$ であるから，(iii) が成立する．

(ii) を示す．(iii) の左から W^* を掛け，$W^*W[A]=[A]$ を使えば，式 (6.3) より，

$$W^*[A^*] = W^*(W[A]W^*) = (W^*W[A])W^* = [A]W^* = (W[A])^* = A^*$$

となり，(ii) が成立する．

3. (i) を示す．$\|Af\|^2 = \langle Af, Af\rangle = \langle A^*Af, f\rangle = \langle [A]^2 f, f\rangle = \|[A]f\|^2$

(ii) を示す．$[A]=W^*A$ と定理 6.28 の (iv) より $[A]\in(\sigma c)$ となる．よって，式 (6.3) と，部分等長作用素の作用素ノルムが 1 であることから，

$$\begin{aligned}\|[A]\|_2 &= \|W^*A\|_2 \leq \|W^*\|\|A\|_2 = \|W\|\|A\|_2 = \|A\|_2\\ &= \|W[A]\|_2 \leq \|W\|\|[A]\|_2 = \|[A]\|_2\end{aligned}$$

4. (v) を示す．

$$\begin{aligned}(f\otimes\overline{g})A &= ((f\otimes\overline{g})A)^{**} = (A^*(f\otimes\overline{g})^*)^* = (A^*(g\otimes\overline{f}))^*\\ &= (A^*g\otimes\overline{f})^* = f\otimes\overline{(A^*g)}\end{aligned}$$

となり，(v) が成立する．他も同様に証明できる．

5. 定理 6.15 より明らかである．

6. (iii) を示す．任意の $f\in H$ に対して，

$$\|Uf\|^2 = \|\sum_n \langle f,\psi_n\rangle\varphi_n\|^2 = \sum_n |\langle f,\psi_n\rangle|^2 = \|f\|^2$$

となり，U は等長作用素になる．他も同様に証明できる．

7. (v) を示す．定理 6.28 の (iv) より $XA, X^*B\in(\sigma c)$ である．したがって，式 (6.23) と $\langle XA\varphi_n, B\varphi_n\rangle = \langle A\varphi_n, X^*B\varphi_n\rangle$ より，(v) が成立する．

(vi) を示す．(iv), (v) より，

$$\langle AX, B\rangle = \overline{\langle X^*A^*, B^*\rangle} = \overline{\langle A^*, XB^*\rangle} = \langle A, BX^*\rangle$$

(vii) を示す．正規直交基底 $\{\varphi_n\}$ と式 (6.23) より，

$$\begin{aligned}\langle f\otimes\overline{g}, A\rangle &= \sum_n \langle (f\otimes\overline{g})\varphi_n, A\varphi_n\rangle = \sum_n \langle\varphi_n, g\rangle\langle f, A\varphi_n\rangle\\ &= \sum_n \langle A^*f,\varphi_n\rangle\overline{\langle g,\varphi_n\rangle} = \langle A^*f, g\rangle = \langle f, Ag\rangle\end{aligned}$$

(viii) を示す．(i), (vii) より，

$$\langle A, f\otimes\overline{g}\rangle = \overline{\langle f\otimes\overline{g}, A\rangle} = \overline{\langle f, Ag\rangle} = \langle Ag, f\rangle$$

(ix) を示す．(viii) より，

$$\langle f\otimes\overline{g}, u\otimes\overline{v}\rangle = \langle (f\otimes\overline{g})v, u\rangle = \langle v, g\rangle\langle f, u\rangle = \langle f, u\rangle\overline{\langle g, v\rangle}$$

8. (i) を示す．式 (6.30) と部分等長作用素の作用素ノルムが 1 であることを考慮すれば，

$$|\mathrm{tr}(A)| = |\mathrm{tr}(W[A])| \le \|W\|\|A\|_1 = \|A\|_1$$

(ⅱ) を示す．式 (6.24)，(6.31) と $\lambda_n > 0$ より，

$$\|A\|_2 = \left(\sum_n \lambda_n^2\right)^{1/2} \le \sum_n \lambda_n = \|A\|_1$$

9. $[P] = P$ であるから，問題 6 の (ⅰ) より明らかである．

10. $A \in (\sigma c)$ とすれば，A は式 (6.18) のように表現でき，定理 6.33 より $\sum_n \lambda_n^2 < \infty$ となる．よって，$A_n = \sum_{k=1}^n \lambda_k \varphi_k \otimes \overline{\psi_k}$ とおけば，$\lim_{n\to\infty} \|A - A_n\|_2^2 = \lim_{n\to\infty} \sum_{k>n} \lambda_k^2 = 0$ となる．

第 7 章

1. 連立方程式の解を X, Y で表せば，

$$X = XAX = X(AX) = XB = X(AY) = (XA)Y = CY = (YA)Y = Y$$

となり，$X = Y$ となる．

2. 定義 7.6 の 4 条件を満たす解を X, Y とすれば，

$$\begin{aligned} X &= XAX = X(AX)^* = XX^*A^* = X(XAX)^*(AYA)^* \\ &= X(X^*A^*X^*)(A^*Y^*A^*) = XX^*(AXA)^*(AY)^* \\ &= XX^*A^*(AY) = X(AX)^*(AY) = X(AX)(AY) \\ &= X(AXA)Y = XAY = (XA)^*(YAY) = (XA)^*(YA)^*Y \\ &= (A^*X^*)(A^*Y^*)Y = (AXA)^*Y^*Y = A^*Y^*Y \\ &= (YA)^*Y = YAY = Y \end{aligned}$$

となり，一意に定まる．

3. (ⅰ)$\Leftrightarrow X \in A\{1,3\}$ および (ⅱ)$\Leftrightarrow X \in A\{1,4\}$ を示せば，(ⅰ), (ⅱ)$\Leftrightarrow X \in A\{1,3,4\}$ がわかる．(ⅰ) を仮定すれば，$AXA = P_{\mathcal{R}(A)}A = A$ となり，$X \in A\{1\}$ となる．$X \in A\{3\}$ は明らかである．$X \in A\{1,3\}$ を仮定する．$X \in A\{1\}$ より AX は $\mathcal{R}(A)$ への射影になる．さらに $X \in A\{3\}$ より，AX は $\mathcal{R}(A)$ への正射影になる．よって，(ⅰ) が成立する．

(ⅱ) を仮定すれば，$AXA = AP_{\mathcal{R}(A^*)} = A$ となり，$X \in A\{1\}$ となる．$X \in A\{4\}$ は明らかである．$X \in A\{1,4\}$ を仮定する．$AXA = A$ の両辺の*をとれば $A^*X^*A^* = A^*$ となり，A^*X^* は射影になる．さらに $X \in A\{4\}$ より，

$$(A^*X^*)^* = XA = (XA)^* = A^*X^*$$

となり，A^*X^* は正射影になる．再び $A^*X^*A^* = A^*$ より，

$$\mathcal{R}(A^*) = \mathcal{R}(A^*X^*A^*) \subseteq \mathcal{R}(A^*X^*) \subseteq \mathcal{R}(A^*)$$

となるので，$A^*X^* = P_{\mathcal{R}(A^*)}$ となる．この式の両辺の*をとれば (ⅱ) になる．

4. $Af = g$ の最小 2 乗解の一般形が，任意の $h \in H_1$ を用いて，

$$f = A^\dagger g + (I - A^\dagger A)h$$

で与えられることを示す．この式の左から A を掛ければ，$Af = AA^\dagger g = P_{\mathcal{R}(A)}g$ となり，任意の $h \in H_1$ に対して，$Af = g$ の最小 2 乗解になっている．逆に，最小 2 乗解の一つを f_0 とする．このとき，$h = f_0$ とおけば，$Af_0 = g$ より，上式の右辺は，$A^\dagger g + (I - A^\dagger A)f_0 = f_0$ となる．すなわち，上式は最小 2 乗解の一般形になっている．

5. (i) f の階数は 1 であるから，系 7.11(ii) より，$f^\dagger$ の階数も 1 である．そこで $X = af^*$ とおいて，$X = f^\dagger$ となるように係数 a を決めることにする．$Xf = af^*f = a\|f\|^2$ であるから，$X \in f\{3\}$ より a は実数になる．さらに，$f = fXf = a\|f\|^2 f$ より，$a = \dfrac{1}{\|f\|^2}$ となる．このとき，$X \in f\{2,4\}$ は明らかであるから，$f^\dagger = \dfrac{f^*}{\|f\|^2}$ となる．

(ii) $A = f \otimes \overline{g}$ とおけば，A の階数は 1 であるから，系 7.11(ii) より，$A^\dagger$ の階数も 1 である．そこで $X = a(g \otimes \overline{f})$ とおいて，$X = A^\dagger$ となるように係数 a を決めることにする．$AX = a\|g\|^2(f \otimes \overline{f})$ であるから，$X \in A\{3\}$ より a は実数になる．さらに，

$$A = AXA = a\|f\|^2\|g\|^2(f \otimes \overline{g}) = a\|f\|^2\|g\|^2 A$$

より，$a = \dfrac{1}{\|f\|^2\|g\|^2}$ となる．このとき，$X \in A\{2,4\}$ は明らかであるから，

$$(f \otimes \overline{g})^\dagger = \frac{g \otimes \overline{f}}{\|f\|^2\|g\|^2}$$

となる．

(iii) $f = \begin{pmatrix} 1 \\ 1 \end{pmatrix}$ とおけば，$A = f \otimes \overline{f}$ となる．したがって，(ii) の結果より，

$$A^\dagger = \frac{f \otimes \overline{f}}{\|f\|^2\|f\|^2} = \frac{1}{4}A = \frac{1}{4}\begin{pmatrix} 1 & 1 \\ 1 & 1 \end{pmatrix}$$

となる．

6. $P^2 = P$, $P^* = P$ より，$X = P$ がムーア・ペンローズ一般逆の定義 7.6 の 4 条件を満たすことは明らかである．

7. $A^* = A$ であるから，$(A^\dagger)^* = A^\dagger$ となる．よって，H の任意の元 f に対して，

$$\langle A^\dagger f, f\rangle = \langle A^\dagger AA^\dagger f, f\rangle = \langle AA^\dagger f, A^\dagger f\rangle \geq 0$$

となり，$A^\dagger \geq 0$ となる．

8. $\mathcal{N}(A^\dagger) = \mathcal{N}(A^*) = \mathcal{N}(A)$ であるから，固有値 0 に対応する固有元は一致する．そこで，固有値が 0 でない場合を考える．$A\varphi = \lambda\varphi$ とすれば，

$$\lambda A^\dagger\varphi = A^\dagger A\varphi = P_{\mathcal{R}(A^*)}\varphi = P_{\mathcal{R}(A)}\varphi = \varphi$$

となり，φ は，$A^\dagger$ の固有値 $1/\lambda$ に対応する固有元になる．逆に $A^\dagger\varphi = \lambda\varphi$ とすれば，

$$\lambda A\varphi = AA^\dagger\varphi = P_{\mathcal{R}(A)}\varphi = P_{\mathcal{R}(A^*)}\varphi = P_{\mathcal{R}(A^\dagger)}\varphi = \varphi$$

となり，φ は，A の固有値 $1/\lambda$ に対応する固有元になる．

9. $\mathcal{R}(AB) = \mathcal{R}(A)$ が成立したとすれば，

$$P_{\mathcal{R}(A^*)}\mathcal{R}(B) = A^\dagger A\mathcal{R}(B) = A^\dagger\mathcal{R}(A) = \mathcal{R}(A^\dagger A) = \mathcal{R}(A^*)$$

となる．逆に $P_{\mathcal{R}(A^*)}\mathcal{R}(B) = \mathcal{R}(A^*)$ が成立したとすれば，

$$A\mathcal{R}(B) = AA^\dagger A\mathcal{R}(B) = AP_{\mathcal{R}(A^*)}\mathcal{R}(B) = A\mathcal{R}(A^*) = A\mathcal{R}(A^\dagger A) = \mathcal{R}(AA^\dagger A) = \mathcal{R}(A)$$

となる．

10. (ⅰ)は系 7.11 より明らかである．(ⅱ)を示す．A を EP 作用素とし，$T = A^2$，$X = (A^\dagger)^2$ とおけば，

$$TX = A^2A^\dagger A^\dagger = AA^\dagger AA^\dagger = AA^\dagger$$

となり，$X \in T\{3\}$ となる．また，

$$TXT = AA^\dagger A^2 = A^2 = T$$

となり，$X \in T\{1\}$ となる．同様に，

$$XT = A^\dagger A^\dagger A^2 = A^\dagger AA^\dagger A = A^\dagger A$$

となり，$X \in T\{4\}$ となる．また，

$$XTX = A^\dagger AA^\dagger A^\dagger = A^\dagger A^\dagger = X$$

となり，$X \in T\{2\}$ となる．よって $X = T^\dagger$ となる．さらに，

$$\mathcal{R}(A^2) = A\mathcal{R}(A) = A\mathcal{R}(AA^\dagger) = A\mathcal{R}(A^\dagger A) = \mathcal{R}(AA^\dagger A) = \mathcal{R}(A)$$

となり，$\mathcal{R}(A) = \mathcal{R}(A^2)$ となる．

逆を示す．

$$AA^\dagger = P_{\mathcal{R}(A)} = P_{\mathcal{R}(A^2)} = A^2(A^2)^\dagger = A^2(A^\dagger)^2$$

となる．右から A を掛け，左から $A^\dagger$ を掛ければ，

$$P_{\mathcal{R}(A^*)}P_{\mathcal{R}(A)}P_{\mathcal{R}(A^*)} = P_{\mathcal{R}(A^*)}$$

となる．したがって，任意の $f \in \mathcal{R}(A^*)$ に対して，

$$\begin{aligned}\|f\| &= \|P_{\mathcal{R}(A^*)}f\| = \|P_{\mathcal{R}(A^*)}P_{\mathcal{R}(A)}P_{\mathcal{R}(A^*)}f\| \\ &= \|P_{\mathcal{R}(A^*)}P_{\mathcal{R}(A)}f\| \le \|P_{\mathcal{R}(A)}f\| \le \|f\|\end{aligned}$$

となり，$\|P_{\mathcal{R}(A)}f\| = \|f\|$ となる．よって $f \in \mathcal{R}(A)$ となり，$\mathcal{R}(A^*) \subseteq \mathcal{R}(A)$ となる．したがって，H が有限次元の場合，$\mathrm{rank}(A^*) = \mathrm{rank}(A)$ となり，$\mathcal{R}(A^*) = \mathcal{R}(A)$ となる．よって，(ⅰ)の結果より，A は EP 作用素になる．H が無限次元の場合，反例を示す．

$$A = \begin{pmatrix} 0 & 1 & 0 & 0 & 0 & 0 & \cdots \\ 0 & 0 & 1 & 0 & 0 & 0 & \cdots \\ 0 & 0 & 0 & 1 & 0 & 0 & \cdots \\ 0 & 0 & 0 & 0 & 1 & 0 & \cdots \\ \vdots & \vdots & \vdots & \vdots & \vdots & \vdots & \end{pmatrix}$$

とおけば，

$$A^2 = \begin{pmatrix} 0 & 0 & 1 & 0 & 0 & 0 & \cdots \\ 0 & 0 & 0 & 1 & 0 & 0 & \cdots \\ 0 & 0 & 0 & 0 & 1 & 0 & \cdots \\ 0 & 0 & 0 & 0 & 0 & 1 & \cdots \\ \vdots & \vdots & \vdots & \vdots & \vdots & \vdots & \end{pmatrix}, \quad A^\dagger = \begin{pmatrix} 0 & 0 & 0 & 0 & 0 & 0 & \cdots \\ 1 & 0 & 0 & 0 & 0 & 0 & \cdots \\ 0 & 1 & 0 & 0 & 0 & 0 & \cdots \\ 0 & 0 & 1 & 0 & 0 & 0 & \cdots \\ \vdots & \vdots & \vdots & \vdots & \vdots & \vdots & \end{pmatrix}$$

となり，$\mathcal{R}(A) = \mathcal{R}(A^2) = H$，$(A^\dagger)^2 = (A^2)^\dagger$ となる．しかし，$\mathcal{R}(A^*) \subsetneq \mathcal{R}(A)$ であるから，A は EP 作用素にならない．

第8章

1. 必要性を示す．すべての $f \in H$ に対して $f(a) = 0$ とすれば，

$$\langle f, K(\cdot, a) \rangle = f(a) = 0$$

となり，$K(\cdot, a) = 0$ となる．よって，式 (8.3) より $K(a, a) = \|K(\cdot, a)\|^2 = 0$ となる．

十分性を示す．式 (8.3) より $\|K(\cdot, a)\|^2 = K(a, a) = 0$ となり，$K(\cdot, a) = 0$ となる．よって，

$$f(a) = \langle f, K(\cdot, a) \rangle = \langle f, 0 \rangle = 0$$

となる．

2. 補題 8.4 より，

$$\|f\| \geq \frac{|f(a)|}{\sqrt{K(a, a)}} = \frac{1}{\sqrt{K(a, a)}}$$

となる．この不等式の等号は，補題 8.4 の証明からわかるように，$f(x) = \dfrac{K(x, a)}{K(a, a)}$ によって達せられる．また，そのときの最小値は $\dfrac{1}{\sqrt{K(a, a)}}$ になる．

3. H_K から S への正射影作用素を P で表し，$PK(\cdot, y) = K_S(\cdot, y)$ と表せば，任意の $f \in S$ に対して，

$$\langle f, K_S(\cdot, y) \rangle = \langle f, PK(\cdot, y) \rangle = \langle Pf, K(\cdot, y) \rangle = \langle f, K(\cdot, y) \rangle = f(y)$$

となる．しかも，$K_S(x, y)$ は x の関数として S に属するので，$K_S(x, y)$ は S の再生核になる．

4. $K(x, y) = K(x - y)$ と仮定する．任意の $f \in S$ と任意の $a \in \mathcal{D}$ に対して，$g(x) = f(x - a)$ とおく．$g \in S$ を示すためには，

$$g = g_1 + g_2 \qquad : g_1 \in S,\ g_2 \in S^\perp$$

と分解したとき，$g_1 = g$ になることを示せばよい．並進作用素を $T(a)$ で表せば，$g = T(a)f$ であるから，定理 8.7 より，

$$\begin{aligned} g_1(x) &= \langle g, K(\cdot, x) \rangle = \langle T(a)f, K(\cdot, x) \rangle = \langle f, T(-a)K(\cdot, x) \rangle \\ &= \langle f(y), K(y + a, x) \rangle = \langle f(y), K(y + a - x) \rangle \\ &= \langle f(y), K(y - (x - a)) \rangle = \langle f, K(\cdot, x - a) \rangle \end{aligned}$$

$$= f(x-a) = g(x)$$

となる．逆に，任意の $a \in \mathcal{D}$ に対して $g \in S$ と仮定すれば，上と同様にして，

$$g(x) = \langle g, K(\cdot, x)\rangle = \langle f(y), K(y+a, x)\rangle$$

となる．一方，$g(x) = f(x-a) = \langle f, K(\cdot, x-a)\rangle$ となるから，任意の $f \in S$ に対して，

$$\langle f(y), K(y+a, x)\rangle = \langle f, K(\cdot, x-a)\rangle$$

となり，$K(y+a, x) = K(y, x-a)$ となる．この式で $y=0$ とおき，$a=y$ とおけば，$K(y,x) = K(0, x-a)$ となる．両辺の複素共役をとれば，$K(x,y) = K(x-a, 0)$ となる．したがって，$K(x) = K(x, 0)$ とおけば，$K(x,y) = K(x-a)$ となる．

5.

$$\begin{aligned}
\langle f, g\rangle &= \left\langle \sum_{n=1}^{p} \alpha_n K(x, x_n), \sum_{m=1}^{p} \beta_m K(x, x_m) \right\rangle \\
&= \sum_{m=1}^{p}\sum_{n=1}^{p} \overline{\beta_m}\alpha_n \langle K(x, x_n), K(x, x_m)\rangle \\
&= \sum_{m=1}^{p}\sum_{n=1}^{p} \overline{\beta_m}\alpha_n K(x_m, x_n) \\
&= \langle K\alpha, \beta\rangle
\end{aligned}$$

6. 各 y に対する $G(x-y)$ の x の関数としてのフーリエ変換は，

$$\tilde{G}(\xi)e^{-i\omega y} = ce^{\frac{-c^2\omega^2}{2}}e^{-i\omega y}$$

であるから，

$$\int_{-\infty}^{\infty} \frac{|\tilde{G}(\xi)e^{-i\omega y}|^2}{\tilde{G}(\xi)}\, d\xi = \int_{-\infty}^{\infty} \tilde{G}(\xi)\, d\xi = c\int_{-\infty}^{\infty} e^{\frac{-c^2\omega^2}{2}}\, d\omega = \sqrt{2\pi} < \infty$$

となる．よって，各 y に対して，$G(x-y)$ は x の関数として H_G に属する．さらに，任意の $f \in H_G$ に対して，

$$\begin{aligned}
\langle f(x), G(x-y)\rangle &= \int_{-\infty}^{\infty} \frac{\tilde{f}(\xi)\overline{\tilde{G}(\xi)e^{-i\omega y}}}{\tilde{G}(\xi)}\, d\xi \\
&= \int_{-\infty}^{\infty} \tilde{f}(\xi)e^{i\omega y}\, d\xi \\
&= \sqrt{2\pi}f(y)
\end{aligned}$$

となるので，$K(x,y) = (1/\sqrt{2\pi})G(x-y)$ が成立する．

7. 式 (8.44) で $f(x) = 1$ とおけば，この公式が成立する．

8. 必要性は式 (8.51) より明らかである．十分性を示す．$w_n = \dfrac{1}{\varphi_n(x_n)}$ とおく．式 (8.37) より，

$$K(x, x_n) = \sum_{m=1}^{N} \varphi_m(x)\overline{\varphi_m(x_n)} = \overline{\varphi_n(x_n)}\varphi_n(x)$$

となり，式 (8.36) が成立する．

9.

$$f(x) = \sum_{n=1}^{N} w_n f(x_n) \varphi_n(x)$$

より明らかである．

10. (i)⇔(ii) は前問の結果から明らかである．(ii)⇔(iii) を示す．$u_{m,n} = w_m u_n(x_m)$ とおき，$u^*_{m,n} = \overline{u_{n,m}}$ とおけば，(ii), (iii) はそれぞれ，

$$\sum_{l=1}^{N} u^*_{n,l} u_{l,m} = \delta_{m,n}$$

$$\sum_{l=1}^{N} u_{m,l} u^*_{l,n} = \delta_{m,n}$$

となる．これらの式はともに，行列 $(u_{m,n})$ がユニタリであることを表しているので，(ii)⇔(iii) が成立する．

参考文献

本書の執筆にあたり，次の書籍を参考にした．

(1) A. N. コルモゴロフ，S. V. フォーミン（山崎三郎，柴岡泰光訳）：函数解析の基礎，原著第 4 版，岩波書店，1979.
(2) N. I. アヒエゼル，I. M. グラズマン（千葉克裕訳）：ヒルベルト空間論 上，共立出版，1972.
(3) L. A. リュステルニク，W. I. ソボレフ（柴岡泰光訳）：関数解析入門 1・2，総合図書，1969, 1972.
(4) L. V. カントロヴィチ，G.P. アキロフ（山崎三郎，柴岡泰光訳）：ノルム空間の函数解析 1，東京図書，1964.
(5) V. I. スミルノフ（彌永昌吉他訳）：高等数学教程 12，共立出版，1962.
(6) F. リース，B. Sz. ナジー（絹川正吉，清原岑夫訳）：関数解析学 上・下，共立出版，1973, 1974.
(7) M. A. ナイマルク（功力金二郎，井関清志，笠原章郎訳）：関数解析入門 1・2，共立全書，共立出版，1964, 1965.
(8) 加藤敏夫：位相解析，共立出版，1967.
(9) 黒田成俊：関数解析，共立数学講座 15，共立出版，1980.
(10) 前田周一郎：函数解析，森北出版，2007.
(11) 宮寺功：関数解析，理工学社，1972.
(12) 田辺広城：関数解析 上・下，実教出版，1978, 1981.
(13) 伊藤清三：ルベーグ積分入門，裳華房，1963.
(14) 斎藤三郎：再生核の理論入門，牧野書店，2002.
(15) D. G. Luenberger：Optimization by Vector Space Methods, John Wiley & Sons, Inc., New York, 1969.
(16) R. Schatten：Norm Ideals of Completely Continuous Operators, 2nd. Printing. Springer-Verlag, Berlin, 1970.
(17) G. Szegö: Orthogonal Polynomials, American Mathematical Society, Providence, Rhode Island, 1939.
(18) I. Singer: Best Approximation in Normed Linear Spaces by Elements of Linear Subspaces, Springer-Verlag, Berlin, 1970.
(19) C. W. Groetsch: Generalized Inverses of Linear Operators - Representation & Approximation, Marcel Dekker, Inc., New York and Basel, 1977.

(20) A. Albert: Regression and the Moore-Penrose Pseudoinverse, Academic Press, New York, 1972.

(21) A. Ben-Israel, T. N. E. Greville: Generalized Inverses - Theory and Applications, 2nd Edition, Springer-Verlag New York Inc., 2003.

(22) S. L. Campbell, C. D. Meyer, Jr.: Generalized Inverses of Linear Transformations, Dover Publications, Inc., New York, 1979.

(23) S. Bergman：The Kernel Function and Conformal Mapping, American Mathematical Society, Providence, Rhode Island, 1970.

(24) S. Saitoh：Theory of Reproducing Kernels and its Aplications, Longman Scientific & Technical, Harlow, UK, 1988.

(25) J. R. Higgins：Sampling Theory in Fourier and Signal Analysis - Foundations, Claredon Press, Oxford, 1996.

(26) A. I. Zayed：Advances in Shannon's Sampling Theory, CRC Press, Boca Raton, FL, 1993.

記号一覧

記号	ページ	記号	ページ	記号	ページ
$\dot{+}$	10,161	$\mathcal{B}_2(H_1, H_2)$	199	L^p	30
$\oplus$	1,85,161	$\mathcal{B}_{cc}(X, Y)$	186	$L^p(a, b)$	30
$\ominus$	7,170	c_0	64	$L^\infty(a, b)$	30
$A \geq 0$	151	$C[a, b]$	7,24	$L^2_w(a, b)$	77,92
$A \geq B$	152	$\dot{C}[a, b]$	21	$L_n(x)$	94
$[A]$	188	$C^{(1)}[0, 1]$	109	$L^{(\alpha)}_n(x)$	94
$\|A\|$	112	$C^{(n)}[a, b]$	44	$P_n(x)$	17,93
$\|A\|_1$	207	$CP[a, b]$	16	$\mathbf{R}^+$	7
$\|A\|_2$	199	$\mathrm{conv}(S)$	12	s	24
$\langle A, B\rangle$	201	$\cos(S_1, S_2)$	175	$[S]$	9
$A^{1/2}$	155	$[f]$	48	$\overline{S}$	37
$A^\dagger$	214	$[f, g]$	124	$\mathrm{sinc}(x)$	251
A^-	217	$[f_1, f_2]$	12	$T_n(x)$	93
$A^{(1)}$	217	$f \otimes \overline{g}$	189	X/S	49
$A^{(i,j,k)}$	217	H_G	252	$\theta(S_1, S_2)$	179
$A\{i, j, k\}$	217	H_K	241	(σc)	199
$A\{1\}$	217	$H_n(x)$	93	(τc)	204
$\mathcal{B}_W$	251	$H^*_n(x)$	93	Π	7
$\mathcal{B}(X)$	108	l^p	25	Π_N	7
$\mathcal{B}(X, Y)$	108	$l^p(N)$	35	$\Pi[a, b]$	7
$\mathcal{B}_1(H_1, H_2)$	204	l^∞	25	$\Pi_N[a, b]$	7

索　引

あ　行

か　行

さ 行

た 行

な　行

は　行

ま　行

や　行

ら　行

わ　行

著 者 略 歴

小川　英光（おがわ・ひでみつ）

1965年　東京工業大学理工学部電子工学科卒業
1965年　通商産業省工業技術院電気試験所（現産業技術総合研究所）入所
1972年　東京工業大学工学部電気工学科助手
1978年　東京工業大学工学部情報工学科助教授
1987年　東京工業大学工学部情報工学科教授
1994年　東京工業大学大学院情報理工学研究科計算工学専攻教授
2005年　東レエンジニアリング株式会社非常勤顧問
2007年　東京福祉大学教育学部教育学科教授
現在に至る
工学博士

主要著書
パターン認識・理解の新たな展開－挑戦すべき課題－
（編著，電子情報通信学会）

工学系の関数解析

2010年5月21日　第1版第1刷発行

著　　者　小川英光
発 行 者　森北博巳
発 行 所　**森北出版株式会社**
東京都千代田区富士見1-4-11（〒102-0071）
電話 03-3265-8341 ／ FAX 03-3264-8709
http://www.morikita.co.jp/
日本書籍出版協会・自然科学書協会・工学書協会　会員
JCOPY <（社）出版者著作権管理機構 委託出版物>

落丁・乱丁本はお取替えいたします　　印刷／モリモト・製本／ブックアート

Printed in Japan ／ ISBN978-4-627-07661-7

工学系の関数解析　POD版

2019年7月30日　発行

著　　者　小川英光
発 行 者　森北博巳
発 行 所　森北出版株式会社
東京都千代田区富士見 1-4-11（〒102-0071）
電話 03-3265-8341／FAX 03-3264-8709
https://www.morikita.co.jp/

印刷・製本　大日本印刷株式会社

ISBN978-4-627-07669-3／Printed in Japan